高等职业技术教育"十二五"规划教材

光传输设备与实训

主　编　林稳章

副主编　王　伟　邱太俊
　　　　漆晓静　唐　敏

主　审　梁卫华

西南交通大学出版社
·成　都·

内容简介

本书简单介绍了光纤通信系统的组成、特点等基础知识；重点介绍了 SDH 传输技术，以中兴 ZXMP S320 设备为例，重点讲解了硬件结构及组网、多业务传送技术、SDH 网络保护机理、定时与同步；最后介绍了网络的管理与维护。全书共分为 9 章，10 个实训项目。

本书可作为高等职业院校通信专业教材，也可作为通信专业相关方向的培训教材以及从事通信行业的工程技术人员自学阅读用书。

图书在版编目（CIP）数据

光传输设备与实训 / 林稳章主编. —成都：西南交通大学出版社，2014.2（2020.1 重印）
高等职业技术教育"十二五"规划教材
ISBN 978-7-5643-2910-5

Ⅰ.①光… Ⅱ.①林… Ⅲ.①光传输设备－高等职业教育－教材 Ⅳ.①TN818

中国版本图书馆 CIP 数据核字（2014）第 027340 号

高等职业技术教育"十二五"规划教材

光传输设备与实训

主编　林稳章

*

责任编辑　李芳芳
特邀编辑　李庞峰　刘东霖
封面设计　墨创文化

西南交通大学出版社出版发行
四川省成都市金牛区二环路北一段 111 号西南交通大学创新大厦 21 楼
邮政编码：610031　　发行部电话：028-87600564
http://press.swjtu.edu.cn

成都蜀通印务有限责任公司印刷

*

成品尺寸：185 mm×260 mm　　印张：13
字数：325 千字
2014 年 2 月第 1 版　　2020 年 1 月第 2 次印刷
ISBN 978-7-5643-2910-5
定价：29.50 元

图书如有印装质量问题　本社负责退换
版权所有　盗版必究　举报电话：028-87600562

前 言

随着光纤通信的飞速发展，光传输网络的广泛应用和普及，电信新业务日新月异，对高速、大容量传输网的可靠性、灵活性和针对性提出了更高的要求。SDH正是满足了高速大容量光纤传输技术和智能网络技术要求的新体制，已经在世界各国得到广泛的应用。

我们依据教育部《关于全面提高高等职业教育教学质量的若干意见》的精神和教育部《关于"十二五"职业教育教材建设的若干意见》的要求，全面落实教育规划纲要，以服务为宗旨，以就业为导向，遵循技能型人才成长规律，适应经济发展方式、产业发展水平、岗位对技能型人才的要求；坚持行业指导、企业参与、校企合作的教材开发机制，编写了本书，并特别邀请重庆通信产业服务公司渝西分公司沙坪坝中心王伟主任参加了教材开发和编写工作，切实反映了职业岗位能力要求，对接企业用人需求。

全书共分为9章，三大模块：基本理论模块（第1~3章）；设备及应用模块（第4~7章）；管理与维护模块（第8~9章）。根据以理论和实训相结合的方式，在介绍了SDH光传输技术基本概念以及SDH设备系统的基础上，以中兴公司的ZXMP S320产品为例，详细介绍了ZXMP S320的系统结构、特点、系统功能、系统配置、应用与组网，并结合设备的系统特性，重点介绍了SDH网络管理和维护。

本书由林稳章担任主编，负责全书的统稿，由王伟、邱太俊、漆晓静、唐敏担任副主编。重庆电讯职业学院通信技术系梁卫华主任担任主审，为本书的编写提出了很多指导性意见。

本书在编写过程中参考了众多专家学者的研究成果，书后列出了参考文献。在此，向所有作者表示深深的谢意。

由于编者水平有限，加之时间仓促，书中不妥之处在所难免，诚望读者批评指正。

编 者
2014年1月于重庆

目 录

第1章 光传输技术概述 1
1.1 光纤通信的发展史及组成部分 1
1.2 光纤通信的特点及分类 5
1.3 光纤通信的发展趋势及展望 9

第2章 SDH传输技术概述 12
2.1 两种传输体制（PDH和SDH） 12
2.2 SDH帧结构 18
2.3 SDH基本复用单元 20
2.4 SDH的复用结构和步骤 22

第3章 开销和指针 33
3.1 开 销 33
3.2 指 针 42

第4章 光传输设备简介及组网结构 47
4.1 中兴常用光传输设备 ZXMP S320 48
4.2 ZXMP S320 网管软件 65
实训一 ZXMP S320 网元的建立 68
4.3 SDH网络的常见网元 71
4.4 SDH设备的逻辑功能块 74
4.5 网元的组成及功能 86
实训二 SDH网络的搭建 92
实训三 传统的SDH电路业务组网配置 94

第5章 多业务传送技术 99
5.1 MSTP发展概述 99
5.2 MSTP-关键技术 103
5.3 MSTP业务介绍 106
5.4 网单板介绍（SFE4/SFE8） 109
5.5 以太网单板配置 114
实训四 数据业务配置 117

第6章 SDH 网络保护机理 ··· 125
6.1 自愈的概念与分类 ··· 125
6.2 自愈网的类型和原理 ·· 126
6.3 自愈环网的特点 ··· 129
实训五 通道保护配置实例 ·· 130
实训六 二纤双向复用段保护环配置实例 ································ 132

第7章 SDH 网络定时与同步 ··· 137
7.1 同步方式 ·· 137
7.2 SDH 网同步 ·· 139
7.3 SDH 网的同步方式 ··· 143
7.4 S1 字节和 SDH 网络时钟保护倒换原理 ······························· 146
实训七 时钟配置实例训练 ·· 149
7.5 公务配置 ·· 150
实训八 公务配置项目实训 ·· 151
实训九 光传输综合组网实训 ··· 153
实训十 ZXMP S320/S360 AGENT 程序配置 ·························· 173

第8章 SDH 网络管理 ··· 182
8.1 电信管理网概述 ··· 182
8.2 SDH 网络管理 ··· 185
8.3 城域网概述 ··· 187

第9章 传输网的日常操作维护 ··· 191
9.1 光传输网的维护 ··· 191
9.2 注意事项与基本操作 ·· 193

附录 A 英文缩略词 ··· 197

附录 B 时隙编号对照表 ··· 200

参考文献 ··· 202

第1章 光传输技术概述

1.1 光纤通信的发展史及组成部分

1.1.1 光纤通信的概念

光纤通信是利用光波作载波，以光纤作为传输媒质将信息从一处传至另一处的通信方式。即在发射端把信息调制到光波上，通过光纤把调制后的光波信号传送到接收端；接收端经过光/电转换和解调以后，从光波信号中分离出传输的信息。目前，光纤通信作为现代通信的一种主要方式，在现代通信网中起着举足轻重的作用。

1.1.2 光纤通信发展简史

1. 早期的光通信

① 早在3000多年前，人类就已经开始利用光传递信息了。中国古代使用的"烽火台"报警，直到现在仍然使用的信号灯、旗语、打手势等都可以看作是原始形式的光通信。另外，望远镜的出现又极大地延长了这类目视形式的光通信的距离。这类光通信方式有一个显著的缺点，就是它们能够传输的容量极其有限。

② 近代历史上，早在1880年，美国的贝尔（Bell）发明了"光电话"。这种光电话利用太阳光或弧光灯作光源，通过透镜把光束聚焦在送话器前的振动镜片上，使光强度随话音的变化而变化，实现话音对光强度的调制。在接收端，用抛物面反射镜把从大气传来的光束反射到硅光电池上，使光信号变换为电流信号传送到受话器，如图1.1所示。

光电话并未能在人类生活中得到实际的使用，这主要是因为当时没有合适的光源和传输介质。其所利用的自然光为非相干光，方向性不好，不易调制和传输；而以空气作为传输介质，损耗会很大，无法实现远距离传输，又易受天气影响，通信极不稳定可靠。因此，这种光电话并没有太大的实际应用价值,然而它的出现证明了用光波作为载波传输信息是可行的，所以我们把贝尔光电话称为现代光通信的雏形。

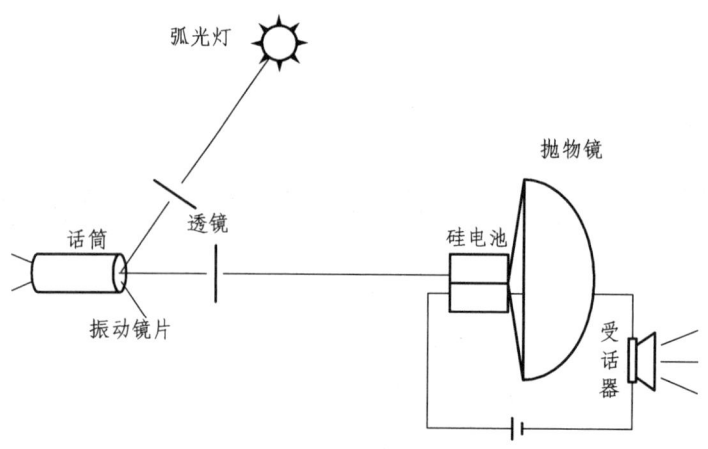

图 1.1 贝尔光电话系统

③ 1960 年，美国科学家海曼发明了世界上第一台红宝石激光器。同年，贝尔实验室又发明了氦-氖激光器，初步解决了光通信的光源问题，这让沉睡了 80 年的光通信又见到了一丝曙光。但由于两种激光器的体积和重量较大，不能进入实用阶段。同时没有找到稳定可靠和低损耗的传输介质，使得对光通信的研究又陷入了低谷。

2. 现代光纤通信

① 1996 年 7 月，英籍华人学者高锟博士（K.C.Kao）在 PIEE 杂志上发表了一篇十分著名的文章《用于光频的光纤表面波导》，该文从理论上分析证明了用光纤作为传输媒体以实现光通信的可能性，并设计了通信用光纤的波导结（即阶跃光纤）。更重要的是用科学的语言介绍了制造通信用的超低耗光纤的可能性，即加强原材料提纯，加入适当的掺杂剂，可以把光纤的衰耗系数降低到 20 dB/km 以下。而当时全世界只能制造用于工业、医学方面的光纤，其衰耗在 1 000 dB/km 以上，对于制造衰耗在 20 dB/km 以下的光纤，被认为是可望而不可即的。以后的事实发展雄辩地证明了高锟博士文章的理论性和科学大胆预言的正确性，所以该文被誉为光纤通信的里程碑。

② 1970 年美国康宁玻璃公司根据高锟文章的设想，用改进型化学相沉积法（MCVD 法）制造出当时世界上第一根超低耗光纤，成为使光纤通信爆炸性竞相发展的导火索。虽然当时康宁玻璃公司制造出的光纤只有几米长，衰耗约 20 dB/km，而且几个小时之后便损坏了，但它毕竟证明了用当时的科学技术与工艺方法制造通信用的超低耗光纤是完全有可能的，也就是说找到了实现低衰耗传输光波的理想传输媒体，是光通信研究的重大实质性突破。自 1970 年以后，世界各发达国家对光纤通信的研究倾注了大量的人力与物力，其来势之凶、规模之大、速度之快远远超出了人们的意料之外，从而使光纤通信技术取得了极其惊人的进展。1972 年光纤衰耗下降到 4 dB/km，1973 年则下降到 2.5 dB/km，1974 年更是降到 1.1 dB/km，1986 年降为 0.154 dB/km，这个数值已经接近石英光纤的理论衰耗极限值 0.1 dB/km。

③ 1970 年之后，光纤通信的光源也取得实质性进展。

1970 年，美国贝尔实验室、日本电气公司（NEC）和苏联先后突破了半导体激光器在低温（-200 ℃）或脉冲激励条件下工作的限制，研制成功室温下连续工作的镓铝砷（GaAlAs）双异质结半导体激光器（短波长）。虽然寿命只有几个小时，但其意义是重大的，它为半导体激光器的发展奠定了基础。1973年，半导体激光器寿命达到10万小时（约11.4年），外推寿命达到100万小时，完全满足实用化的要求。在这期间，1976年日本电报电话公司研制成功发射波长为1.3 μm的铟镓砷磷（InGaAsP）激光器，1979年美国电报电话（AT&T）公司和日本电报电话公司研制成功发射波长为1.55 μm的连续振荡半导体激光器。激光器的发明和应用，使沉睡了80年的光通信进入一个崭新的阶段。

④ 光纤通信系统的发展。

1977年美国在芝加哥相距7 000米的两电话局之间，首次用多模光纤成功地进行了光纤通信试验。85 μm波段的多模光纤为第一代光纤通信系统。1981年又实现了两电话局间使用1.3 μm多模光纤的通信系统，为第二代光纤通信系统。1984年实现了1.3 μm单模光纤的通信系统，即第三代光纤通信系统。80年代中后期又实现了1.55 μm单模光纤通信系统，即第四代光纤通信系统。用光波分复用提高速率，用光波放大增长传输距离的系统，为第五代光纤通信系统。新系统中，相干光纤通信系统，已达现场实验水平，将得到应用。光孤子通信系统可以获得极高的速率，20世纪末或21世纪初可能达到实用化，在该系统中加上光纤放大器有可能实现极高速率和极长距离的光纤通信。

光纤通信的发展极其迅速，至1991年底，全球已敷设光缆563万千米，到1995年已超过1 100万千米。光纤通信在单位时间内能传输的信息量大。一对单模光纤可同时开通35 000个电话，而且它还在飞速发展。光纤通信的建设费用正随着使用数量的增大而降低，同时它具有体积小，重量轻，使用金属少，抗电磁干扰、抗辐射性强，保密性好，频带宽，抗干扰性好，防窃听、价格便宜等优点。

⑤ 我国研究光纤通信现状。

在我国，世界光纤通信尚未实用的时候，邮电部武汉邮电科学研究院（当时是武汉邮电学院）从1973年就开始研究光纤通信。由于当时采用了石英光纤、半导体激光器和编码制式通信机正确的技术路线，使我国在发展光纤通信技术上少走了不少弯路，从而使我国光纤通信在高新技术中与发达国家的差距不大。我国研究开发光纤通信时正处于十年动乱时期，处于封闭状态。国外技术基本无法借鉴，纯属自己摸索，一切都要自己搞，包括光纤、光电子器件和光纤通信系统。就研制光纤来说，原料提纯、熔炼车床、拉丝机，还包括光纤的测试仪表和接续工具也全都要自己开发，困难极大。

1978年改革开放后，光纤通信的研发工作大大加快，完成了武汉市话中继实用化工程，武汉—荆州多模光缆34 Mbps省内干线工程以及合肥—芜湖140 Mbps单模光缆一级干线工程等，为大规模推广应用打下了基础。90年代初期，我国开始了光纤通信系统的大量建设，光缆逐渐取代电缆，并完成了"八纵八横"国家干线。这些干线主要是采用PDH 140 Mbps系统。随着市场需求量的增加以及技术水平的不断提高，逐渐采用了SDH 622 Mbps和2.5 Gbps系统。郑州—洛阳—开封的16×2.5 Gbps和上海—南京的32×10 Gbps的波分复用数字光纤通信系统的研究开发与投入商用等工作正在加速进行之中。

1982年建武汉市话中继光缆（0.85窗口、3.5 dB/km，多模、8 Mbps、13.5 km），1988年建第一条国产设备长途直埋光缆兰州至武威工程（1.30窗口、1.2 dB/km、多模、140 Mbps、286 km），1989年起大量用单模光纤建线路。至2000年底，光缆总长度达125万千米（其中长途干线光缆28.6万千米、中国电信23万千米、中国联通5.6万千米），通达250多个地市，总用光纤约3 000万千米。上述线路基本上是G.652单模光纤（只有京九光缆放了6根G.653

光纤），且 1995 年前只开通 1 310 nm 窗口，1995 年后才开通 1 550 nm 窗口。90 年代末期传输速率才开始从 622 Mbps 提升到 2.5 Gbps。这两年新建线路用到 10 Gbps，波分复用最高达 32，总传输容量达 320 Gbps（32×10 Gbps）。1999 年中国生产的 8×2.5 Gbps WDM 系统首次在青岛至大连开通，随之沈阳至大连的 32×2.5 Gbps WDM 光纤通信系统开通。2005 年 3.2 Tbps 超大容量的光纤通信系统在上海至杭州开通，是目前世界容量最大的实用线路。

在光纤研制方面，我国对国际上现有的光纤类型都在跟踪研究并有了成果，武汉邮科院和长飞公司研制的非零色散位移光纤已经实用。其他如色散补偿光纤、偏振保持光纤、掺铒光纤、数据光纤、塑料光纤等均能达到生产阶段。光有源器件的研制在掺铒光纤激光器、主动锁模光纤环形激光器、被动锁模光纤环形激光器、光纤光栅激光器、增益平坦 EDFA、高增益低噪声 EDFA、掺铒光纤均衡放大器、DFB-LD 与 EA 型外调制器的集成器件等方面都有显著进展。

有人认为，我国光纤通信主要干线已经建成，光纤通信容量达到 Tbps，几乎用不完，再则 2000 年的 IT 泡沫，使光纤的价格低到每千米 100 元，几乎无利可图，因此放弃了光纤通信技术的发展。但由于光纤本身制造属性决定，光纤通信仍然有较大的发展空间：新光纤研制，光子晶体。实际上，很多农村仍有许多空白需要建设，3G 移动通信网的建设也需要光纤网来支持；随着宽带业务的发展、网络需要扩容等，光纤通信仍有巨大的市场。

综上所述，光纤通信的发展可以大致分为四个阶段：

第一阶段（1880—1969 年）：光话系统的发明及光通信理论的提出，光纤通信处于初级探索阶段。

第二阶段（1970—1978 年）：光源和传光介质进入实用化，1976 年实现第一个实用的光纤通信系统。

第三阶段（1979—1989 年）：传输介质和光源进一步得到发展，光纤类型由多模转向单模，由短波长向长波长转移，数字系统速率不断提高，光纤连接技术与器件寿命问题都得到解决，系统建设和光缆铺设逐渐进入高潮。

第四阶段（1989 年至今）：以超大容量超长距离为目标，逐渐将光纤通信进入光放大、光交叉连接和光交换的全光网时代。

1.1.3 光纤通信系统的组成

光纤通信系统是以光波作载波、以光纤为传输媒介的通信系统，其基本构成如图 1.2 所示，由光发信机、光收信机、光纤或光缆、中继器和光无源器件五个部分组成。

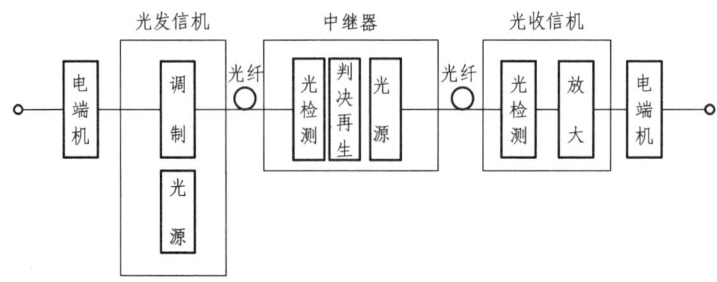

图 1.2 光纤通信系统的基本组成

1. 光发信机

光发信机是实现电/光转换的光端机。它由光源、驱动器和调制器组成。其功能是将来自于电端机的电信号对光源发出的光波进行调制，成为已调光波，然后再将已调的光信号耦合到光纤或光缆去传输。电端机就是常规的电子通信设备。

2. 光收信机

光收信机是实现光/电转换的光端机。它由光检测器和光放大器组成。其功能是将光纤或光缆传输来的光信号，经光检测器转变为电信号，然后，再将这微弱的电信号经放大电路放大到足够的电平，送到接收端的电端机去。

3. 光纤或光缆

光纤或光缆构成光的传输通路。其功能是将发信端发出的已调光信号，经过光纤或光缆的远距离传输后，耦合到收信端的光检测器上去，完成传送信息任务。

4. 中继器

中继器由光检测器、光源和判决再生电路组成。它的作用有两个：一个是补偿光信号在光纤中传输时受到的衰减；另一个是对波形失真的脉冲进行整形。

5. 光纤连接器、耦合器等无源器件

由于光纤或光缆的长度受光纤拉制工艺和光缆施工条件的限制，且光纤的拉制长度也是有限度的（如 1 km）。因此，一条光纤线路可能存在多根光纤相连接的问题。于是，光纤间的连接、光纤与光端机的连接及耦合，对光纤连接器、耦合器等无源器件的使用是必不可少的。

1.2 光纤通信的特点及分类

1.2.1 光纤通信系统的优点

光纤通信之所以应用如此广泛，便是因为它比起其他传输方式具有很大的优越性。

（1）频带极宽，通信容量大。光纤的传输带宽比铜线或电缆大得多。对于单波长光纤通信系统，由于终端设备的限制往往发挥不出带宽的优势，因此需要增加传输容量的技术，密集波分复用技术就能解决这个问题。

（2）损耗低，中继距离长。目前，商品石英光纤和其他传输介质相比，损耗是最低的。如果将来使用非石英极低损耗传输介质，理论上传输的损耗还可以降到更低的水平。这就表明通过光纤通信系统可以减少系统的施工成本，带来更好的经济效益。

（3）抗电磁干扰能力强。石英有很强的抗腐蚀性和绝缘性。而且它还有一个重要的性质，

就是抗电磁干扰的能力很强,它不受外部环境的影响,也不受人们架设的电缆等干扰。这一点对于在强电领域的通信应用特别有用,而且在军事上也大有用处。

(4)保密性好。在电波传输的过程中,电磁波的传播容易泄露,保密性差。而光波在光纤中传播,不会发生串扰的现象,且保密性强。

除此之外,光纤还有光纤径细、重量轻、柔软、易于铺设、资源丰富、成本低、稳定性好、寿命长等优点。正是因为光纤的这些优点,光纤的应用范围越来越广。

1.2.2 光纤通信系统的缺点

当然,事物都是一分为二的,光纤通信也存在以下缺点:

(1)抗拉强度低。光纤的理论抗拉强度大于钢的抗拉强度。但是,由于光纤在生产过程中表面存在或产生微裂痕,光纤受拉时应力全都加于此,从而使光纤的实际抗拉强度非常低,这就是裸光纤很容易折断的原因。

(2)光纤连接困难。要使光纤的连接损耗小,两根光纤的纤芯必须严格对准。由于光纤的纤芯很细,加之石英的熔点很高,因此连接很困难,需要昂贵的专门工具。

(3)光纤怕水。水进入光缆后主要会产生三个方面的问题:① 水进入光缆后,会增加光纤的 OH^- 离子吸收损耗,使信道总损耗增大,甚至使通信中断;② 水进入光缆后,会造成光缆中的金属构件氧化,使金属构件腐蚀,导致光缆强度降低;③ 进入光缆中的水遇冷后,水结冰体积增大,有可能压坏光纤。为了保持光纤的特性不致劣化,在光纤和光缆的结构设计、生产、运输、施工和维护中应采取针对性的防水措施。

应当指出,随着研究的深入和技术的发展,光纤通信的这些缺点都已被克服了,介绍这些缺点,是要求我们在实际应用时尽量避免这些问题的产生。

1.2.3 光纤的分类

光纤可以根据构成光纤的材料成分、制造方法、传输模数、横截面上的折射率分布以及工作波长进行分类。对目前通信上所采用的石英系光纤,常从以下两方面来分类:

1. 按照折射率分布不同进行分类

① 均匀光纤。

光纤纤芯的折射率 n_1 和包层的折射率 n_2 都为常数,且 $n_1 > n_2$,在纤芯和包层的交界处折射率呈阶梯形变化,这种光纤称为均匀光纤。

② 非均匀光纤。

光纤纤芯的折射率 n_1 随着半径的增加而按一定规律减小,到纤芯与包层交界处为包层的折射率 n_2,这种光纤称为非均匀光纤。

2. 按照传输模式数量进行分类

所谓模式，实质上是电磁场的一种分布形式，模式不同，其电磁场的分布形式也不同。根据光纤中传输模式数量，可分为单模光纤和多模光纤。

① 单模光纤（SM）。

单模光纤的纤芯直径很小，为 4～10 μm，理论上只传输一种模式。由于单模光纤只传输主模，从而完全避免了模式色散，使得这种光纤的传输频带很宽，传输容量很大，适用于大容量、长距离的光纤通信。

② 多模光纤（MM）。

在一定的工作波长下，当有多个模式在光纤中传输时，则这种光纤称为多模光纤。多模光纤的纤芯直径一般为 50～75 μm，包层直径为 100～200 μm。这种光纤的传输性能较差，带宽比较窄，传输容量也比较小。

由于单模光纤具有带宽大、易于升级扩容和成本低的优点，国际上已一致认为同步光缆数字传输系统只使用单模光纤作为传输媒质。在 3 个光传输窗口中，850 nm 窗口只用于多模传输，1 310 nm 和 1 550 nm 两个窗口用于单模传输。

3. ITU-T 规定了三种常用光纤规范

① G.652：G.652 光纤又称标准光纤，其零色散波长在 1 310 nm，在波长为 1 550 nm 处衰减最小，所以 G.652 光纤可以工作于 1 310 nm 和 1 550 nm 两个窗口。

② G.653：G.653 光纤又称色散位移单模光纤。它通过改变光纤内部的折射率分布，将零色散点从 1 310 nm 处位移至 1 550 nm 处，成功实现了在 1 550 nm 处的低衰减和零色散。这种光纤工作于 1 550 nm 窗口。

③ G.654：G.654 光纤又称 1 550 nm 波长最低衰减光纤，优点是在 1 550 nm 处的最低衰减为 0.15 dB/km，工作于 1 550 nm 窗口。这种光纤制造困难，价格昂贵，应用于需要很长再生段传输距离的海底光纤通信。

1.2.4 光纤的传输特性

光信号在光纤中的传输距离要受到以下两个因素的影响：

1. 传输损耗

在光纤内传输的光，由于光纤的散射、吸收和辐射等原因而受到衰减，光功率随着距离的增加按指数规律减小，这就是光纤的损耗。光纤每单位长度上的传输损耗直接关系到光纤通信系统传输距离的长短。

2. 色散特性

由于光纤材料中色散的存在，使输入的光脉冲波形随着传输距离的增加而增宽、变形，产生码间干扰，增加误码率，使光纤通信的通信容量和传输距离受到影响。光纤的色散包括模式色散、材料色散和光波导色散。其中模式色散的影响最大。对于多模光纤主要考虑色散的影响，而在单模光纤中只有材料色散和光波导色散，而不存在模式色散。所以说，单模光纤的色散较小。

为了延长系统的传输距离，人们在减小色散和损耗两方面入手。1 310 nm 光传输窗口称为零色散窗口，光信号在此窗口的传输色散最小，1 550 nm 窗口称为最小损耗窗口，光信号在此窗口的传输衰减最小。

1.2.5 光纤通信系统的分类

1. 按波长分类

短波长光纤通信系统，工作波长在 0.8~0.9 μm 范围，典型值为 0.85 μm，这种系统的中继间距离较短，目前使用较少。

长波长光纤通信系统，工作波长在 1.0~1.6 μm 范围，通常采用 1.3~1.5 μm 两种波长。这类系统的中继距离较长，尤其是采用 1.5 μm 零色散位移的单模光纤时，140 Mbps 系统的中继距离可达到 100 km。

超长波长光纤通信系统，采用非石英光纤，例如卤化物光纤，工作波长大于 2 μm 时，衰减为 $10^{-2} \sim 10^{-5}$ dB/km，可实现 1 000 km 无中继传输。

2. 按光纤模式分类

多模光纤通信系统，采用石英多模梯度光纤作为传输线路，因传输频率受限制，一般应用于 140 Mbps 以下的系统。

单模光纤通信系统，采用石英单模光纤作为传输线，传输容量大，距离长。目前建设的光纤通信系统都是这一类型的。

3. 按光纤传输型号分类

光纤模拟通信系统，它是用模拟信号直接对光源进行强度调制的系统。

光纤数字系统，它是用 PCM 数字电信号直接对光源进行强度调制的系统，其通信距离长，传输质量高，是被广泛采用的系统。

4. 按传输速率分类

低速光纤通信系统，一般传输信号速率为 2 Mbps 或 8 Mbps。

高速光纤通信系统，它的传输信号速率为 34 Mbps、140 Mbps 以上的系统。有时把速率等于 140 Mbps 和高于 140 Mbps 的系统才称为高速通信系统，如 1.5 Gbps，2.5 Gbps 等。

5. 按应用范围分类

公用光纤通信系统，是电信部门应用的光纤通信系统。包括光纤市话中继通信系统、光纤长途通信系统、光纤用户环路通信系统等。

专用光纤通信系统，是电信部门以外的各部门应用的光纤通信系统，例如电力、铁路、交通、石油、广播、银行、军事等应用的部门，统称为专用光纤通信系统。

1.3　光纤通信的发展趋势及展望

对光纤通信而言，超高速度、超大容量、超长距离一直都是人们追求的目标，光纤到户和全光网络也是人们追求的梦想。

1.3.1　光纤到户

现在移动通信发展速度惊人，因其带宽有限，终端体积不可能太大，显示屏幕受限等因素，人们依然追求性能相对占优的固定终端，希望实现光纤到户。光纤到户的魅力在于它有极大的带宽，是解决从互联网主干网到用户桌面的"最后一公里"瓶颈现象的最佳方案。随着技术的更新换代，光纤到户的成本大大降低，不久可降到与 DSL 和 HFC 网相当，这使 FITH 的实用化成为可能。据报道，1997 年日本 NTT 公司就开始发展 FTTH，2000 年后由于成本降低而使用户数量大增。美国在 2002 年前后的 12 个月中，FTTH 的安装数量增加了 200% 以上。在我国，光纤到户也是势在必行。光纤到户的实验网已在武汉、成都等市开展，预计 2012 年前后，我国从沿海到内地将兴起光纤到户建设高潮。可以说光纤到户是光纤通信的一个亮点，同时相应技术的成熟与实用化，使成本降低到能承受的水平。FTTH 的大趋势是不可阻挡的。

1.3.2　全光网络

传统的光网络实现了节点间的全光化，但在网络节点处仍用电器件，限制了目前通信网干线总容量的提高，因此，真正的全光网络成为非常重要的课题。

全光网络以光节点代替电节点，节点之间也是全光化，信息始终以光的形式进行传输与交换，交换机对用户信息的处理不再按比特进行，而是根据其波长来决定路由。全光网络具有良好的透明性、开放性、兼容性、可靠性、可扩展性，并能提供巨大的带宽、超大容量、极高的处理速度、较低的误码率，网络结构简单，组网非常灵活，可以随时增加新节点而不必安装信号的交换和处理设备。当然全光网络的发展不可能独立于众多通信技术之外，它必须要与因特网、ATM 网、移动通信网等相融合。

目前全光网络的发展仍处于初期阶段，但已显示出良好的发展前景。从发展趋势上看，形成一个真正的、以 WDM 技术与光交换技术为主的光网络层，建立纯粹的全光网络，消除电光瓶颈已成未来光通信发展的必然趋势，更是未来信息网络的核心，也是通信技术发展的最高级别，更是理想级别。

1.3.3　无源光网络（PON）技术

无源光网络（PON）是一种很有吸引力的纯介质网络，避免了外部设备的电磁干扰和雷电影响，减少了线路和外部设备的故障率，提高了系统可靠性，同时节省了维护成本，是电信维护部门长期以来期待的技术。无源光网络作为一种新兴的覆盖"最后一公里"的宽带接入光纤技术，其在光分支点不需要节点设备，只需安装一个简单的光分支器即可，因此具有节省光缆资源、带宽资源共享、节省机房投资、设备安全性高、建网速度快、综合建网成本低等优点。

PON 包括 APON、EPON 和 GPON 三种。

ATM-PON（APON，基于 ATM 的无源光网络），在传输质量和维护成本上有很大优势，其发展已经比较成熟，国内的烽火通信、华为等厂商都有实用化的 APON 产品。

Ethernet-PON（EPON，基于以太网的无源光网络），是基于以太网的无源光网络，为了克服 APON 标准缺乏视频能力、带宽不够、过于复杂、造价过高等缺点，EPON 应运而生。EPON 的基本做法是在 G.983 的基础上，设法保留物理层 PON，而以以太网代替 ATM 作为二层协议，构成一个可以提供更大带宽、更低成本和更宽业务能力的新的结合体。

GPON（Gigabit PON）是一种按照消费者的需求而设计运营商驱动的解决方案。具有高达 2.4 Gbps 速率，能以原格式传送多种业务，效率高达 90% 以上，是目前世界上最为先进的 PON 系统，是解决"最后一公里"瓶颈的理想技术。

1.3.4　光孤子通信系统

在常规的线性光纤通信系统中，光纤损耗和色散是限制其传输容量和距离的主要因素。由于光纤制作工艺的不断提高，光纤损耗已接近理论极限，因此，光纤色散已成为实现超大容量、超长距离光纤通信的"瓶颈"，亟待解决。人们用了一百多年的时间来探讨，发现由光纤非线性效应所产生的光孤子可以抵消光纤色散的作用，利用光孤子进行通信，可以很好地解决这个问题，从而形成了新一代光纤通信系统，也是 21 世纪最有发展前途的通信方式。

1.3.5　开发新一代的光纤

传统的 G.652 单模光纤在适应上述超高速长距离传送网络的发展需要方面已暴露出力不从心的态势，开发新型光纤已成为开发下一代网络基础设施的重要组成部分。目前，为了适应干线网和城域网的不同发展需要，已出现了两种不同的新型光纤，即非零色散光（G.655 光纤）和无水吸收峰光纤（全波光纤）。其中，全波光纤将是以后开发的重点，也是现在研究的热点。从长远来看，BPON 技术无可争议地将是未来宽带接入技术的发展方向，但从当前技术发展、成本及应用需求的实际状况看，距离实现广泛应用于电信接入网络这一最终目标还会有一个较长的发展过程。

1.3.6　IP over SDH 与 IP over Optical

以 IP 业务为主的数据业务是当前世界信息业发展的主要推动力，因而能否有效地支持

IP 业务已成为新技术能否有长远技术寿命的标志。目前，ATM 和 SDH 均能支持 IP，分别称为 IP over ATM 和 IP over SDH，两者各有千秋。但从长远看，当 IP 业务量逐渐增加，需要高于 2.4 Gbps 的链路容量时，则有可能最终会省掉中间的 SDH 层，IP 直接在光路上跑，形成十分简单统一的 IP 网结构（IP over Optical）。三种 IP 传送技术都将在电信网发展的不同时期和网络的不同部分发挥自己应有的历史作用。但从面向未来的视角看，IP over Optical 将是最具长远生命力的技术，特别是随着 IP 业务逐渐成为网络的主导业务后，这种对 IP 业务最理想的传送技术将会成为未来网络特别是骨干网的主导传送技术。

从上述涉及光纤通信的几个方面的发展现状与趋势来看，光纤通信的发展涉及的范围、技术、影响力和影响面已远远超越其本身，势必对整个电信网和信息业产生深远的影响。在 IT 方面，光纤通信对数据服务的发展特别有利，例如空间数据、多媒体数据之类的海量数据的传输，正需要光纤通信来支持。

本章小结

本章从介绍中国古代的烽火通信、旗语、打手势等原始形式的光通信，近代历史上美国的贝尔发明的"光电话"，到现代光纤通信系统发展等阶段，详细讲述了光纤通信的发展历史，以及国内外光纤通信发展研究的现状。阐明了光纤通信的定义，即光纤通信是利用光波作载波，以光纤作为传输媒质将信息从一处传至另一处的通信方式。

本章指出了光纤通信最主要的两个问题：一个是光源，另一个是传输介质。同时还介绍了光纤通信系统主要是由光发信机、光收信机、光纤或光缆、中继器、光纤连接器、耦合器等无源器件组成。通过对光纤通信系统的优缺点及分类的分析，对未来光纤通信技术的发展趋势进行了展望。

目前，光纤通信作为现代通信的一种主要方式，在现代通信网中起着举足轻重的作用。通过对本章内容的学习，重点掌握光纤通信的定义、光纤通信系统的组成，了解光纤通信的发展历史、光纤通信的特点及发展趋势等内容。

习　　题

一、填空题

1. 光纤通信是以_____为传输介质，以_____为信息载体的通信方式。
2. 光纤通信系统主要由光发送设备、_____、_____组成。
3. 光纤通信的三个低损耗窗口分别是_____、_____、_____。
4. 光信号在光纤中的传输距离要受到_____、_____两个因素的双重影响。

二、简答题

1. 什么叫光纤通信？
2. 光纤通信系统由哪几部分组成？各部分的功能是什么？
3. 光纤通信有哪些优缺点？

第 2 章　SDH 传输技术概述

2.1　两种传输体制（PDH 和 SDH）

为了在同一信道中增加通信容量，必须采用多路复用的方法，提高传输速率。目前，大容量的数字光纤通信系统均采用同步时分复用技术，并且存在着两种传输体制：准同步数字通信系统 PDH 和同步数字通信系统 SDH。所谓同步，是指在数字通信系统中，传送的信号都是数字化的脉冲序列，这些数字信号流在数字交换设备之间传输时，其速率必须完全保持一致，才能保证信息传送的准确无误。

2.1.1　准同步数字系列（Plesiochronous Digital Hierarchy）

采用准同步数字系列（PDH）的系统，是在数字通信网的每个节点上都分别设置高精度的时钟，这些时钟的信号都具有统一的标准速率。尽管每个时钟的精度都很高，但总还是有一些微小的差别。为了保证通信的质量，要求这些时钟的差别不能超过规定的范围。因此，这种同步方式严格来说不是真正的同步，所以叫作"准同步"。

1. PDH 制式

国际上主要有两种 PDH 制式：一种是以日本/北美的 PCM 基群 24 路帧/1.5M 为第一级比特率而构成的，另一种是以中国/西欧的 PCM 基群 30/32 路帧/2M 为第一级比特率构成的。我国使用后一种制式，其基群、二次群、三次群、四次群、五次群、六次群的速率依次为 2 048 kbps、8 448 kbps、34 368 kbps、139 264 kbps、564 992 kbps、2.4 Gbps，话务容量为 30、120、480、1 920、7 680、30 720 路。

2. PDH 长途光缆通信系统的构成

PDH 数字光缆通信系统由 PCM 基群复用设备、高次群数字复用设备、光端机、光中继机和光缆等部分组成。PCM 基群复用设备的主要作用是对话音信号进行取样、量化、编码，然后将 30 个话路进行复接，组成基群帧结构，速率为 2 048 kbps，在接收端则进行相反的处理。高次群数字复用设备包括二次群复用设备、三次群复用设备、四次群复用设备等。其主要作用是将低次群复接组成高次群，如图 2.1 所示。

由 MUX1、MUX2、MUX3、MUX4、OLT4、光缆、光中继机等可组成四次群光缆通信系统。接口 1、接口 2、接口 3、接口 4 为电接口，S、R 为光接口。电接口的速率依次为 2 048 kbps、8 448 kbps、34 368 kbps、139 264 kbps，码型依次为 HDB3、HDB3、HDB3 和 CMI。话路容量为 1 920 路。

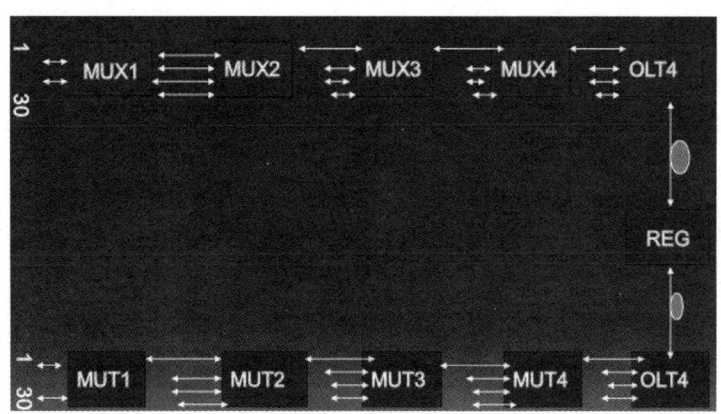

图 2.1　四次群光纤通信系统的结构

2.1.2　SDH 全称同步数字体系（Synchronous Digital Hierarchy）

SDH 规范了数字信号的帧结构、复用方式、传输速率等级、接口码型特性，提供了一个国际支持框架，在此基础上发展并建成了一种灵活、可靠、便于管理的世界电信传输网。这种传输网易于扩展，适于新电信业务的开展，并且使不同厂家生产的设备互通成为可能，这正是网络建设者长期以来追求的目标。

2.1.3　PDH 传输体制存在的问题

在 SDH 应用之前，传输系统采用准同步数字体系 PDH（Plesiochronous Digital Hierarchy）。PDH 采用比特填充和码位交织的方法将低速率等级的信号复合成高速信号，它能够独立传送国内长途和市话网业务。当网络需要扩容时，只需增加新的 PDH 设备就行。但随着电信网的发展，PDH 逐渐暴露出其本身固有的缺点，主要体现在以下几个方面。

1．接口方面

（1）电接口方面。

只有地区性的数字信号速率和帧结构而不存在世界性的标准。现行国际上有三种信号速率等级，即欧洲系列、北美系列和日本系列。

欧洲使用 2 M 体制，北美和日本使用 1.5 M 体制，我国采用的是欧洲体制。欧洲体制的速率标准是 2 Mbps（E1），8 Mbps（E2），34 Mbps（E3），140 Mbps（ET4）；北美体制的速率标准是 1.5 Mbps（T1），6.3 Mbps（T2），45 Mbps（T3）；日本体制的速率标准是 1.5 Mbps，6.3 Mbps，32 Mbps。这三种通行的信号速率等级互不兼容，造成了国际互通的困难。这三个系列信号的电接口速率等级如图 2.2 所示。

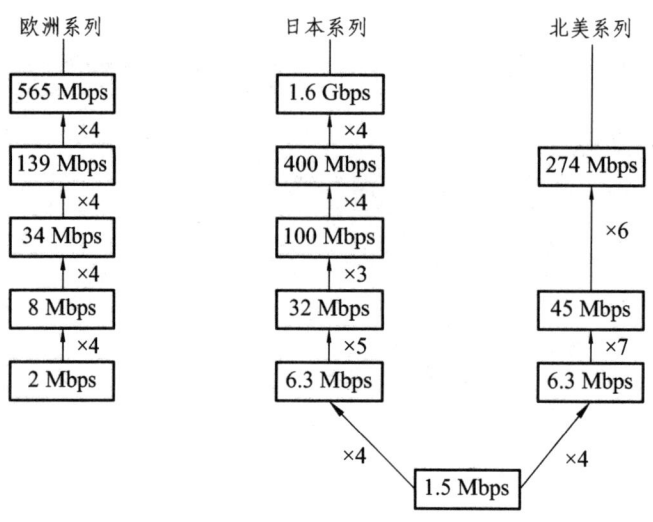

图 2.2　PDH 的速率等级

（2）光接口方面。

没有世界性标准的光接口规范。为了完成设备对光路上的传输性能进行监控，各厂家各自采用自行开发的线路码型。典型的例子是 mBnB 码，其中 mB 为信息码，nB 为冗余码，冗余码的作用是实现设备对线路传输性能的监控功能。由于冗余码的接入使同一速率等级上光接口的信号速率大于电接口的标准信号速率，不仅增加了发光器的光功率代价，而且由于各厂家在进行线路编码时，为完成不同的线路监控功能，在信息码后加上不同的冗余码，导致不同厂家同一速率等级的光接口码型和速率也不一样，致使不同厂家的设备无法实现横向兼容。这样在同一传输路线两端必须采用同一厂家的设备，给组网、管理及网络互通带来困难。以武汉邮电科学院生产的 PDH 为例，说明采用不同的光线路码型其传输速率不一样，如表 2.1 所示。

表 2.1　不同光线路码型的传输速率　　　　　　　　　　单位：Mbps

码　型	类　型				
	普通型 8M 设备	干线型 34M 设备	本地型 34M 设备	干线型 34M 设备	本地型 140M 设备
5B6B	10.14	41.24	—	167.12	—
8B1H	9.504	38.664	—	156.72	—
1B1H	16.896	68.736	67.584	278.53	270.34

2. 复用方式方面

PDH 的复用结构中除了像欧洲的 2 Mbps、北美的 1.5 Mbps 以及日本的 1.5 Mbps 和

6.3 Mbps 这几个低速率等级的信号采用同步复用外,其他多数等级的信号采用的是异步复用,也就是说靠塞入一些额外的比特使各支路信号和复用设备同步并复用成高速信号,这种方式难以从高速信号中识别和提取低速支路信号。为了上下话路,唯一的办法就是将整个高速线路信号一步步地解复用到所要取出的低速线路信号,上下话路后,再一步步地复用到高速线路信号进行传输,在这过程中使用了大量的"背靠背"设备。

例如:从 140 Mbps 码流中分出一个 2 Mbps 的低速支路信号,采用 PDH 时,光信号经光/电转换成电信号后,需要经过 140→34 Mbps(140 M 解复用到 34 M)、34→8 Mbps 和 8→2 Mbps 这三次解复用到 2 Mbps 下话路,再经过 2→8 Mbps(2 M 复用到 8 M)、8→34 Mbps 和 34→140 Mbps 三次复用到 140 Mbps 来进行传输,如图 2.3 所示。可见 PDH 系统不仅复用结构复杂,也缺乏灵活性,硬件数量大,上下业务费用高,数字交叉连接功能的实现也十分复杂。

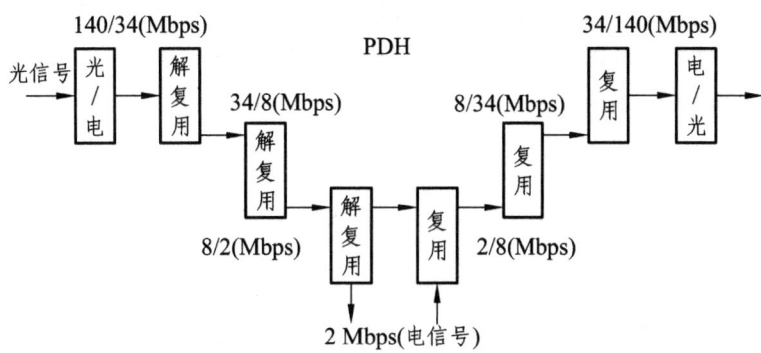

图 2.3 从 140 Mbps 信号分/插出 2 Mbps 信号示意图

3. 运行维护方面

因 PDH 信号帧结构中未安排用于网络运行、管理和维护的开销比特,这种开销比特的缺乏使得难以建立集中式的传输网管,难以满足用户对网络动态组网和新业务接入的要求,对完成传输网的分层管理、性能监控、业务的实时调度、传输带宽的控制、告警的分析定位是很不利的。所以在设备进行光路上的线路编码时,要通过增加冗余编码来完成线路性能监控功能。

4. 没有统一的网管接口

由于没有统一的网管接口,这就使用户买一套某厂家的设备,就需买一套该厂家的网管系统,容易形成网络的七国八制局面,不利于形成统一的电信管理网。

要满足现代电信网络的发展需求,在原有体制和技术框架内解决上述问题是事倍功半的,最佳途径就是从技术体制上进行根本的改革。于是美国贝尔通信研究所首先提出了用一整套分等级的标准数字传递结构组成的同步网络(SONET)体制。CCITT 于 1988 年接受了 SONET 概念,并重命名为同步数字体系(SDH),使其成为不仅适用于光纤传输,也适用于微波和卫星传输的通用技术体制。

2.1.4 SDH 的优越性

SDH 概念的核心是从统一的国家电信网和国际互通的高度来组建数字通信网，是构成综合业务数字网（ISDN），特别是宽带综合业务数字网（B-ISDN）的重要组成部分。与传统的 PDH 体制不同，按 SDH 组建的网络是一个高度统一的、标准化的、智能化的网络。它采用全球统一的接口，以实现设备多厂家环境的兼容，在全程全网范围实现高效的协调一致的管理和操作，实现灵活的组网与业务调度，实现网络自愈功能，提高网络资源利用率。并且由于维护功能的加强大大降低了设备的运行维护费用。

SDH 是为克服 PDH 的缺点而产生的，它是先有目标再定规范，然后研制设备，这个过程与 PDH 正好相反。显然，这就可能最大限度地以最理想的方式来定义符合未来电信网要求的系统和设备。下面我们从以下几个方面进一步加以说明。

1. 接口方面

（1）电接口方面。

接口的规范化与否是决定不同厂家的设备能否互连的关键。SDH 体制对网络节点接口（NNI）作了统一的规范。规范的内容有数字信号速率等级、帧结构、复接方法、线路接口、监控管理等。于是这就使 SDH 设备容易实现多厂家互连，也就是说在同一传输线路上可以安装不同厂家的设备，体现了横向兼容性。

SDH 体制有一套标准的信息结构等级，即有一套标准的速率等级。使北美、日本和欧洲三个地区性的标准在 STM-1 及其以上等级获得了统一。数字信号在跨越国界通信时不再需要转换成另一种标准，因而第一次真正实现了数字传输体制上的世界性标准。

基本的信号传输结构等级是同步传输模块——STM-1，相应的速率是 155 Mbps。高等级的数字信号系列，例如：622 Mbps（STM-4）、2.5 Gbps（STM-16）等，可通过将低速率等级的信息模块（例如 STM-1）通过字节间插同步复接而成，复接的个数是 4 的倍数，例如：STM-4 = 4 × STM-1，STM-16 = 4 × STM-4。

（2）光接口方面。

线路接口（这里指光口）采用世界性统一标准规范，SDH 信号的线路编码仅对信号进行扰码，不再进行冗余码的插入。

扰码的标准是世界统一的，这样对端设备仅需通过标准的解码器就可与不同厂家 SDH 设备进行光口互连。扰码的目的是抑制线路码中的长连"0"和长连"1"，便于从线路信号中提取时钟信号。由于线路信号仅通过扰码，所以 SDH 的线路信号速率与 SDH 电口标准信号速率相一致，这样就不会增加发端激光器的光功率代价。目前，ITU-T 正式推荐 SDH 光接口的统一码型为加扰的 NRZ 码。

2. 复用方式方面

SDH 采用同步复用方式和灵活的复用映射结构。各种不同等级的码流在帧结构净负荷内的排列是有规律的,而净负荷与网络是同步的,因而只需利用软件即可使高速信号一次直接分出低速支路信号,也就是所谓的一步解复用特性,如图 2.4 所示。要从 155 Mbps 码流中分出一个 2 Mbps 的低速支路信号,采用了 SDH 的分插复用器 ADM 后,可以利用软件直接一次分出 2 Mbps 的支路信号,避免了对全部高速信号进行逐级分解后再重新复用的过程,省去了全套背靠背的复用设备。所以 SDH 的上下业务十分容易,网络结构和设备都大大简化,而且数字交叉连接的实现也比较容易,使网络具有了很强的自愈功能,便于用户按需动态组网,实时灵活地调配业务。

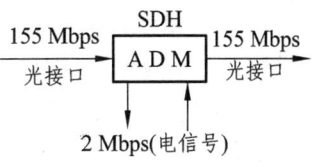

图 2.4 SDH 分插信号图

3. 运行维护方面

SDH 信号的帧结构中安排了丰富的用于运行维护(OAM)功能的开销字节,使网络的监控功能大大加强,也就是说维护的自动化程度大大加强。PDH 的信号中开销字节不多,以至于在对线路进行性能监控时,还要通过在线路编码时加入冗余比特来完成。以 PCM30/32 信号为例,其帧结构中仅有 TS0 时隙和 TS16 时隙中的比特是用于 OAM 功能的。

SDH 信号丰富的开销占用整个帧所有比特的 1/20,大大加强了 OAM 功能。SDH 网络具有智能检测的网管系统和网络动态配置功能,自愈能力极强。当设备或系统发生故障时,能迅速恢复业务,这样就使系统的维护费用大大降低,而在通信设备的综合成本中,维护费用占相当大的一部分。于是 SDH 系统的综合成本要比 PDH 系统的综合成本低,据估算仅为 PDH 系统的 65.8%。

4. 兼容性

SDH 网与现有网络能够完全兼容,即 SDH 兼容现有 PDH 的各种速率,使 SDH 可以支持已经建起来的 PDH 网络,也有利于 PDH 向 SDH 顺利过渡。同时,SDH 网还能容纳像 ATM 信元、FDDI 信号等其他体制的信号,也就是说,SDH 具有完全的后向兼容性和前向兼容性。

那么 SDH 传输网是怎样实现这种兼容性的呢?SDH 网中用 SDH 信号的基本传输模块(STM-1),可以容纳 PDH 的三个数字信号系列和其他各种体制的数字信号系列——ATM、FDDI、DQDB 等,从而体现了 SDH 的前向兼容性和后向兼容性,确保了 PDH 向 SDH 及 SDH 向 ATM 的顺利过渡。

SDH 是怎样容纳各种体制的信号呢?很简单,SDH 把各种体制的低速信号在网络边界处(例如 SDH/PDH 起点)复用进 STM-1 信号的帧结构中,在网络边界处(终点)再将它们拆分出来即可,这样就可以在 SDH 传输网上传输各种体制的数字信号了。

2.1.5 SDH 的缺陷

SDH 作为一种新的技术体制还存在一些缺陷,主要表现在以下 3 个方面:

1. 频带利用率低

有效性和可靠性是矛盾的，增加了有效性必将降低可靠性，增加可靠性也会相应地使有效性降低。相应地，SDH 的一个很大优势是系统的可靠性大大增强了（运行维护的自动化程度高），这是由于在 SDH 的信号——STM-N 帧中加入了大量的用于 OAM 功能的开销字节，这样必然会使在传输同样多有效信息的情况下，PDH 信号所占用的频带（传输速率）要比 SDH 信号所占用的频带（传输速率）窄，即 PDH 信号所用的速率低。例如：SDH 的 STM-1 信号可复用进 63 个 2 Mbps 或 3 个 34 Mbps 或 1 个 140 Mbps（相当于 64∀2 Mbps）的 PDH 信号。只有当 PDH 信号是以 140 Mbps 的信号复用进 STM-1 信号的帧时，STM-1 信号才能容纳 64 个 2 Mbps 的信息量，但此时它的信号速率是 155 Mbps，速率要高于 PDH 同样信息容量的 E4 信号（140 Mbps），也就是说，STM-1 所占用的传输频带要大于 PDH E4 信号的传输频带（二者的信息容量是一样的）。

2. 指针调整机理复杂

SDH 体制可从高速信号（例如 STM-1）中直接下低速信号（例如 2 Mbps），省去了多级复用/解复用过程。而这种功能的实现是通过指针机理来完成的，指针的作用就是时刻指示低速信号的位置，以便在拆包时能正确地拆分出所需的低速信号，保证了 SDH 从高速信号中直接下低速信号的功能的实现。可以说指针是 SDH 的一大特色。

但是指针功能的实现增加了系统的复杂性。最重要的是使系统产生 SDH 的一种特有抖动——由指针调整引起的结合抖动。这种抖动多发于网络边界处（SDH/PDH），其频率低、幅度大，会导致低速信号在拆出后性能劣化，这种抖动的滤除相当困难。

3. 软件大量使用对系统安全性的影响

SDH 的一大特点是 OAM 的自动化程度高，这意味着软件在系统中占用相当大的比重，这就使系统很容易受到计算机病毒的侵害，特别是在计算机病毒无处不在的今天。另外，在网络层上人为的错误操作、软件故障，对系统的影响也是致命的。这样，系统的安全性就成了很重要的一个方面。

SDH 体制是一种在发展中不断成熟的体制，尽管还有诸多的缺陷，但它已在传输网的发展中，显露出了强大的生命力，传输网从 PDH 过渡到 SDH 是一个不争的事实。

2.2 SDH 帧结构

帧结构是一种按规律有序排列的重复性图案。为了便于实现支路信号的同步复用、交叉连接、上下电路和交换，SDH 帧结构以 125 μs 的同步帧周期、以 64 kbps 的帧同步信道速率为基础。图 2.5 给出了 ITU-T 采纳的一种以字节作基础的 STM-N 帧结构图。

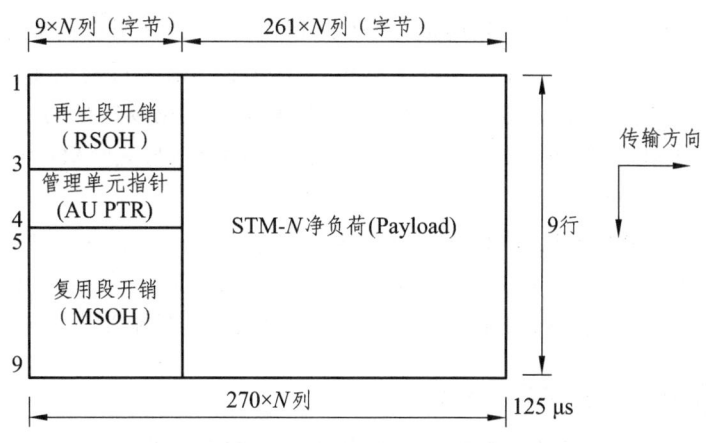

图 2.5　SDH 帧结构示意图

2.2.1　SDH 帧结构的含义

（1）SDH 以字节为单位进行传输，它的帧结构是一种以字节结构为基础的矩形块状帧结构，由 270×N 列和 9 行 8 bit 字节组成。

（2）SDH 的矩形帧在光纤上传输时是逐行传输的，在光发送端经并/串转换后逐行进行传输，而在光接收端经串/并转换后还原成矩形块状进行处理。

（3）在 SDH 帧中，字节的传输是从左到右按行进行的，首先由图中左上角第一个字节开始，从左向右按顺序传送，传完一行再传下一行，直至整个 9×270×N 个字节都传送完再转入下一帧，如此一帧一帧地传送，每秒可传 8 000 帧，帧长恒定为 125 μs。

（4）SDH 的帧频为 8 000 帧/秒，这就是说信号帧中某一特定字节每秒被传送 8 000 次，那么该字节的比特速率是 8 000×8 bit = 64 kbps，也即是一路数字电话的传输速率。

以 STM-1 等级为例，其速率为 270（每帧 270 列）×9（共 9 行）× 64 kbps（每个字节 64 kbit）= 155 520 kbps = 155.520 Mbps。

2.2.2　SDH 帧结构的构成

从图 2.5 中看出，STM-N 的帧结构由三部分构成。

1．段开销（SOH）区域

段开销是为了保证信息净负荷正常传送所必须附加的网络运行、管理和维护（OAM）字节。例如，段开销可对 STM-N 这辆运货车中的所有货物在运输中是否有损坏进行监控，而通道开销（POH）的作用是当车上有货物损坏时，通过它来判定具体是哪一件货物出现损坏。也就是说 SOH 完成对货物整体的监控，POH 是完成对某一件特定的货物进行监控，当然，SOH 和 POH 还有一些其他管理功能。

段开销又分为再生段开销（RSOH）和复用段开销（MSOH），可分别对相应的段层进行监控。段其实也相当于一条大的传输通道，RSOH 和 MSOH 的作用也就是对这一条大的传输通道进行监控。再生段开销在 STM-N 帧中的位置是第 1 到第 3 行的第 1 到第 9×N 列，共 3×9×N 个字节；复用段开销在 STM-N 帧中的位置是第 5 到第 9 行的第一到第 9×N 列，共 5×9×N 个字节。RSOH 既可在再生器接入，又可在终端设备接入。MSOH 将透明地通过再生器，只能在终端设备处终结。

那么，RSOH 和 MSOH 的区别是什么呢？简单地讲，二者的区别在于监管的范围不同。举个简单的例子，若光纤上传输的是 2.5 G 信号，那么，RSOH 监控的是 STM-16 整体的传输性能，而 MSOH 则是监控 STM-16 信号中每一个 STM-1 的性能情况。

2. 信息净负荷（Payload）区域

信息净负荷区域是在 STM-N 帧结构中存放将由 STM-N 传送的各种用户信息码块的地方。信息净负荷区相当于 STM-N 这辆运货车的车箱，车箱内装载的货物就是经过打包的低速信号——待运输的货物。为了实时监测货物（打包的低速信号）在传输过程中是否有损坏，在将低速信号打包的过程中加入了监控开销字节——通道开销（POH）字节。POH 作为净负荷的一部分与信息码块一起装载在 STM-N 这辆货车上在 SDH 网中传送，它负责对打包的货物（低阶通道）进行通道性能监视、管理和控制。

3. 管理单元指针（AU PTR）区域

管理单元指针位于 STM-N 帧中第 4 行的 9×N 列，共 9×N 个字节，AU-PTR 起什么作用呢？我们讲过 SDH 能够从高速信号中直接分/插出低速支路信号（例如 2 Mbps），为什么会这样呢？这是因为低速支路信号在高速 SDH 信号帧中的位置有预见性，也就是有规律性。预见性的实现就在于 SDH 帧结构中指针开销字节功能。AU-PTR 是用来指示信息净负荷的第一个字节在 STM-N 帧内的准确位置的指示符，以便接收端能根据这个位置指示符的值（指针值）准确分离信息净负荷。

其实指针有高、低阶之分，高阶指针是 AU-PTR，低阶指针是 TU-PTR（支路单元指针），TU-PTR 的作用类似于 AU-PTR，只不过所指示的信息负荷更小一些而已。

2.3 SDH 基本复用单元

1. 容器（C）

容器是一种用来装载各种速率业务信号的信息结构，主要完成速率适配功能，以便让最常使用的准同步数字体系信号能够进入数目有限的标准容器。我国常用的有 C-12、C-3 和 C-4 等，见表 2.2。

表 2.2 我国常用的标准容器

种 类	装载信号种类/Mbps	结 构	速率/Mbps
C-12	2	9 行×4 列-2	2.176
C-3	34/35	9 行×84 列	48.384
C-4	140	9 行×260 列	149.760

2. 虚容器（VC）

虚容器是用来支持 SDH 的通道层连接的信息结构，是由信息净负荷（容器）和通道开销（POH）组成的块状帧结构，重复周期为 125 μs 或 500 μs。即 VC-n = (C-n) + (VC-n POH)，常见种类见表 2.3。

表 2.3 我国常用的虚容器

种 类	装载信号种类/Mbps	结 构	速率/Mbps
VC-12	2	9 行×4 列-1	2.240
VC-3	34/35	9 行×85 列	48.960
VC-4	2/34/45/140	9 行×261 列	150.336

3. 支路单元（TU）

支路单元（TU）是在低阶通道层和高阶通道层之间提供适配的信息结构，由信息净负荷（低阶虚容器）和支路单元指针组成，即 TU-n = (VC-n) + (TU-n PTR)，常见的支路单元见表 2.4。

表 2.4 我国常用的支路单元

种 类	构 成	结 构	速率/Mbps
TU-12	VC-12 + TU-PTR	9 行×4 列	2.304
TU-3	VC-3 + TU-PTR	9 行×85 列 + 3	49.152

4. 支路单元组（TUG）

支路单元组（TUG）是指在高阶 VC 净负荷中占据固定位置的一个或多个支路单元的集合，是由若干个支路单元或者是低阶支路单元组按字节间插复用后的信息结构。我国常用的支路单元组见表 2.5。

表 2.5 我国常用的支路单元组

种 类	构 成	结 构	速率/Mbps
TUG-2	TU-12X3	9 行×12 列	6.912
TUG-3	TUG-2X7	9 行×86 列	49.536

5. 管理单元（AU）

管理单元是一种为高阶通道层与复用段层提供适配功能的信息结构，由高阶 VC 与 AU-PTR 组成。其中 AU-PTR 用来指明高阶 VC 在 STM-N 帧内的位置，因而允许高阶 VC

在 STM-N 帧内的位置浮动，但 AU-PTR 本身在 STM-N 帧内的位置是固定的。

6. 管理单元组（AUG）

一个或多个在 STM 帧中占有固定位置的 AU 组成管理单元组，由若干个 AU-3 或单个 AU-4 按字节间插方式均匀组成。

2.4 SDH 的复用结构和步骤

SDH 的复用包括两种情况：一种是低阶的 SDH 信号复用成高阶 SDH 信号；另一种是低速支路信号（例如 2 Mbps、34 Mbps、140 Mbps）复用成 SDH 信号 STM-N。

第一种情况在前面已有所提及，复用主要通过字节间插复用方式来完成的，复用的个数是 4 合 1，即 4×STM-1→STM-4，4×STM-4→STM-16。在复用过程中保持帧频不变（8 000 帧/秒），这就意味着高一级的 STM-N 信号速率是低一级的 STM-N 信号速率的 4 倍。在进行字节间插复用过程中，各帧的信息净负荷和指针字节按原值进行间插复用，而段开销则会有些取舍。在复用成的 STM-N 帧中，SOH 并不是所有低阶 SDH 帧中的段开销间插复用而成，而是舍弃了一些低阶帧中的段开销，其具体的复用方法在下一节中讲述。

第二种情况用得最多的就是将 PDH 信号复用进 STM-N 信号中去。

2.4.1 低速信号复用成高速信号的方法

1. 比特塞入法

比特塞入法又叫码速调整法。这种方法利用固定位置的比特塞入指示来显示塞入的比特是否载有信号数据，允许被复用的净负荷有较大的频率差异（异步复用）。它的缺点是因为存在一个比特塞入和去塞入的过程（码速调整），而不能将支路信号直接接入高速复用信号或从高速信号中分出低速支路信号，也就是说不能直接从高速信号中上/下低速支路信号，要一级一级的进行。这种比特塞入法就是 PDH 的复用方式。

2. 固定位置映射法

这种方法利用低速信号在高速信号中的相对固定的位置来携带低速同步信号，要求低速信号与高速信号同步，也就是说帧频相一致。它的特点在于可方便地从高速信号中直接上/下低速支路信号，但当高速信号和低速信号间出现频差和相差（不同步）时，要用 125 μs（8 000 帧/秒）缓存器来进行频率校正和相位对准，导致信号较大延时和滑动损伤。

从上面看出这两种复用方式都有一些缺陷：比特塞入法无法直接从高速信号中上/下低速支路信号；固定位置映射法引入的信号时延过大。

SDH 网的兼容性要求 SDH 的复用方式既能满足异步复用（例如：将 PDH 信号复用进

STM-N），又能满足同步复用（例如 STM-1→STM-4），而且能方便地由高速 STM-N 信号分/插出低速信号，同时不造成较大的信号时延和滑动损伤，这就要求 SDH 需采用自己独特的一套复用步骤和复用结构。在这种复用结构中，通过指针调整定位技术来取代 125 μs 缓存器，用以校正支路信号频差和实现相位对准，各种业务信号复用进 STM-N 帧的过程都要经历映射、定位、复用三个步骤。

ITU-T 规定了一套完整复用结构，如图 2.6 所示，通过这些路线可将 PDH 的 3 个系列的数字信号以多种方法复用成 STM-N 信号。我国为了使每种净负荷只有一条复用映射途径，规定了一个较为简单的复用映射结构（见图 2.7），它是标准复用映射结构的一个子集。

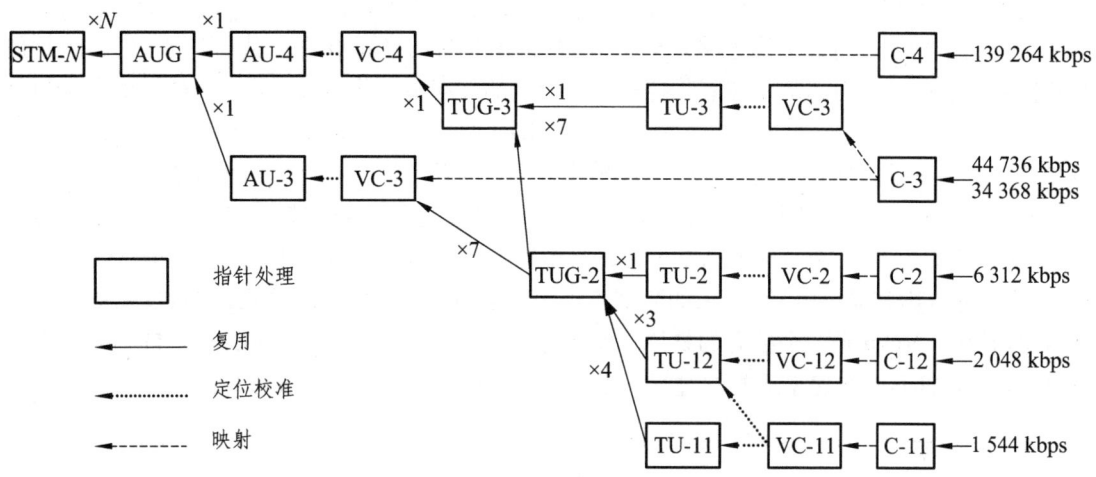

图 2.6 ITU-T 规定的 SDH 复用结构示意图

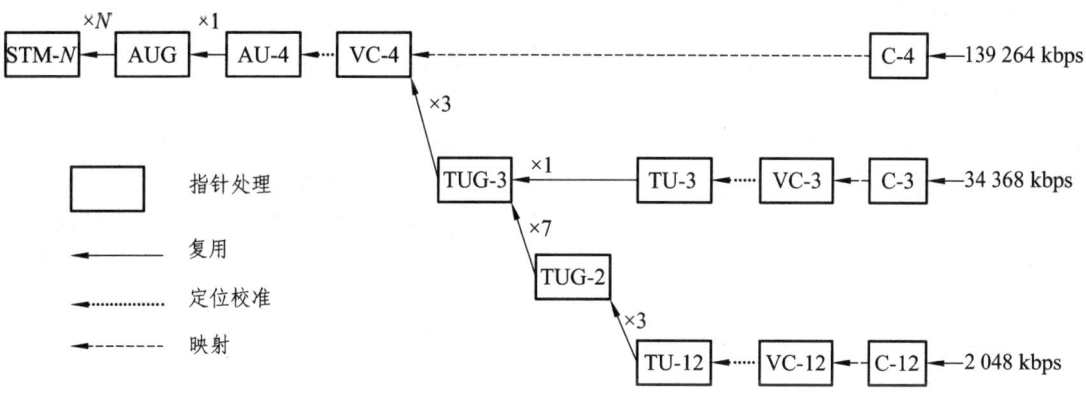

图 2.7 我国规定的 SDH 复用结构示意图

2.4.2 信号装入 SDH 帧结构的净负荷区的步骤

1. 映 射

映射相当于一个对信号打包的过程，使不同支路信号和相应的 n 阶虚容器（VC-n）同步。各种速率等级的数字流先进入相应的接口容器 C，让那些最常使用的准同步数字体系信号能进入有限数目的标准容器，完成像速率调整这样的适配功能。这些容器 C 是一种用来装载各种速率业务信号的信息结构，完成适配功能（例如速率调整），目前有 5 种标准容器：C-11、C-12、C-2、C-3 和 C-4。我国定义 C-12 对应速率是 2.048 Mbps，C-3 对应速率是 34.368 Mbps，C-4 对应速率是 139.264 Mbps。由标准容器出来的数字流加上通道开销 POH 后就构成了虚容器（VC），这一过程就是映射。例如，对于各路来的 2 M 信号，由于各路的时钟精度不同，所以有的可能是 2.048 1 Mbps，有的可能是 2.048 2 Mbps，都将在 C 里作容差调整，适配成速率一致的标准信号。

2. 定位校准

定位校准即加入调整指针，用来校正支路信号频差和实现相位对准。VC 是 SDH 中最重要的一种信息结构，支持通道层连接。VC 的包封速率是与网络同步的，因而不同 VC 的包封是互相同步的，而包封内部却允许装载各种不同容量的准同步支路信号。除在 VC 的组合点和分解点（PDH 网和 SDH 网的边界处）外，VC 在 SDH 中传输时总是保持完整不变的，所以 VC 可作为一个独立的实体在通道中任一点取出或插入，可以进行同步复用和交叉连接处理，十分灵活和方便。VC 可分为低阶虚容器和高阶虚容器两类，这里，VC-12 和 VC-3 为低阶虚容器，VC-4 为高阶虚容器（AU-3 中的 VC-3 为高阶虚容器，若通过 TU-3 把 VC-3 复用进 VC-4，则 VC-3 属于低阶虚容器）。由 VC 出来的数字流再按规定的路线进入管理单元 AU 或支路单元 TU。在 SDH 帧中，VC-n 是一个独立的整体，传送过程中不能分割。因此，VC-n 到 TU-n 和 VC-n 到 AU-n 的转换是一个速率适配的过程，也就是复用结构中的定位校准过程。

3. 复　用

复用即字节间插复用，用于将多个低阶通道层信号适配进高阶通道或将多个高阶通道层信号适配进复用段层。

AU 是一种为高阶通道层和复用段层提供适配功能的信息结构，由高阶 VC 和 AU PTR 组成。其中 AU PTR 用来指明高阶 VC 在 STM-N 帧内的位置，因而允许高阶 VC 在 STM-N 帧内的位置是浮动的，但 AU PTR 本身在 STM-N 帧内位置是固定的。一个或多个在 STM-N 帧内占有固定位置的 AU 组成管理单元组 AUG，它由 3 个 AU-3 或单个 AU-4 按字节间插方式组成。同样，TU 是一种为低阶通道层和高阶通道层提供适配功能的信息结构，它由低阶 VC 和 TU PTR 组成。TU PTR 用于指明低阶 VC 在帧结构中的位置。一个或多个在高阶 VC 净负荷中占有固定位置的 TU 组成支路单元组 TUG。最后，在 N 个 AUG 的基础上再附加上段开销 SOH 便形成了最终的 STM-N 帧结构。

2.4.3　140 Mbps 复用进 STM-N 信号

首先将 140 Mbps 的 PDH 信号经过码速调整（比特塞入法）适配进 C-4，C-4 是用来装载 140 Mbps 的 PDH 信号的标准信息结构。参与 SDH 复用的各种速率的业务信号都应首先通过码速调整适配技术装进一个与信号速率级别相对应的标准容器：2 Mbps——C-12、34 Mbps——C-3、140 Mbps——C-4。容器的主要作用就是进行速率调整。140 Mbps 的信号装入 C-4 也就相当于将其打了个包封，使 140 Mbps 信号的速率调整为标准的 C-4 速率。C-4

的帧结构是以字节为单位的块状帧,帧频是 8 000 帧/秒,也就是说经过速率适配,140 Mbps 的信号在适配成 C-4 信号时已经与 SDH 传输网同步了。这个过程也就相当于 C-4 装入异步 140 Mbps 的信号。C-4 的帧结构如图 2.8 所示。

C-4 信号的帧有 260 列 × 9 行(PDH 信号在复用进 STM-N 中时,其块状帧一直保持是 9 行),那么 E4 信号适配速率后的信号速率(也就是 C-4 信号的速率)为 8 000 帧/秒 × 9 行 × 260 列 × 8 bit = 149.760 Mbps。所谓对异步信号进行速率适配,其实际含义就是指当异步信号的速率在一定范围内变动时,通过码速调整可将其速率转换为标准速率。在这里,E4 信号的速率范围是 139.264 Mbps ± 15 ppm(G.703 规范标准)=(139.261 ~ 139.266)Mbps,那么通过速率适配可将这个速率范围的 E4 信号,调整成标准的 C-4 速率 149.760 Mbps,也就是说能够装入 C4 容器。

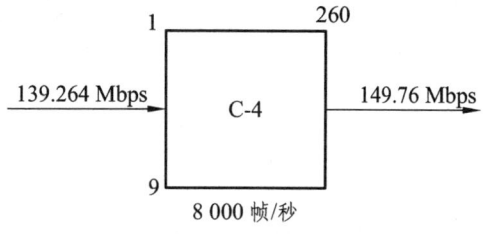

图 2.8　C-4 的帧结构图

1. E4 信号的速率调整

可将 C-4 的基帧(9 行 × 260 列)划分为 9 个子帧,每个子帧占一行。每个子帧又可以 13 个字节为一个单位,分成 20 个单位(20 个 13 字节块)。每个子帧的 20 个 13 字节块的第 1 个字节依次为:W、X、Y、Y、Y、X、Y、Y、Y、X、Y、Y、Y、X、Y、Y、Y、X、Y、Z,共 20 个字节,每个 13 字节块的第 2 到第 13 字节放的是 140 Mbps 的信息比特,如图 2.9 所示。

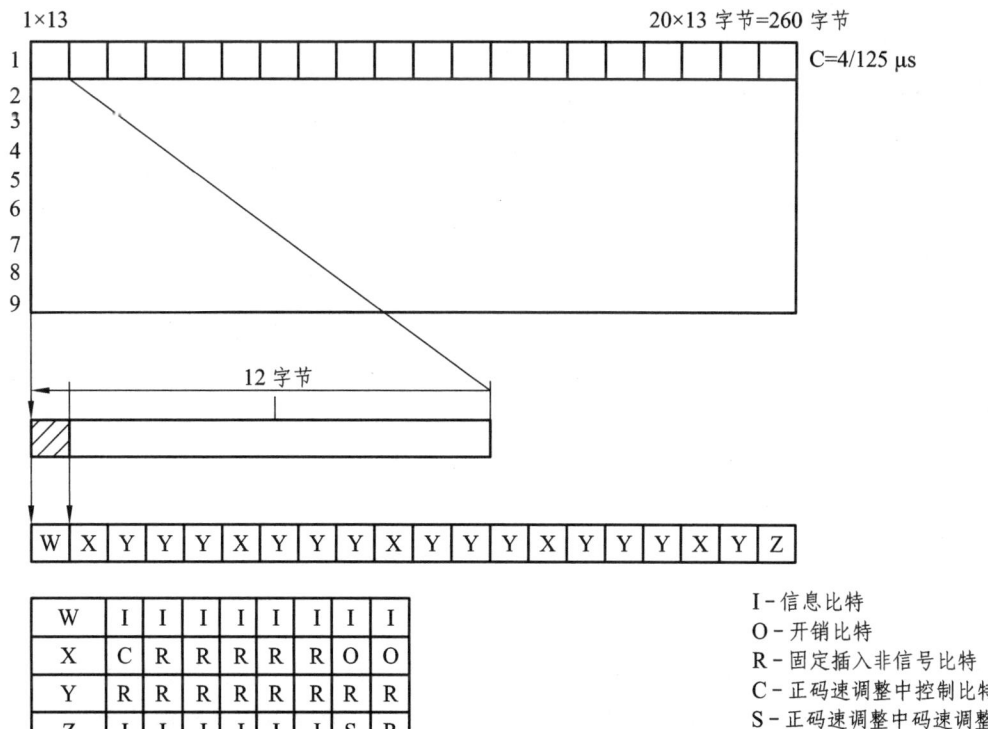

图 2.9　C-4 的子帧结构

E4 信号的速率适配就是通过 9 个子帧的共 180 个 13 字节块的首字节来实现。怎么实现的呢？一个子帧中每个 13 字节块的后 12 个字节（均为 W 字节）再加上第一个 13 字节的第一个字节（也是 W 字节）共 241 个 W 字节、5 个 X 字节、13 个 Y 字节、1 个 Z 字节。各字节的比特内容如图 2.9 所示。那么一个子帧的组成是：

$$C-4 子帧 = 241W + 13Y + 5X + 1Z = 260 个字节$$
$$= (1\ 934I + S) + 5C + 130R + 10O = 2\ 080\ bit$$

其中：信息比特 I（1 934）；固定塞入比特 R（130）；开销比特 O（10）；调整控制比特 C（5）；调整机会比特 S（1）。

调整控制比特 C 主要用来控制相应的调整机会比特 S，当 CCCCC = 00000 时，S = I；当 CCCCC = 11111 时，S = R。分别令 S 为 I 或 S 为 R，可算出 C-4 容器能容纳的信息速率的上限和下限。

当 S = I 时，C-4 能容纳的信息速率最大，maxC-4 = (1 934 + 1)×9×8 000 = 139.320 Mbps；当 S = R 时，C-4 能容纳的信息速率最小，minC-4 = (1 934 + 0)×9×8 000 = 1 39.248 Mbps。也就是说 C-4 容器能容纳的 E4 信号的速率范围是 139.248 ~ 139.32 Mbps。而符合 G.703 规范的 E4 信号速率范围是 139.261 ~ 139.266 Mbps，这样，C-4 容器就可以装载速率在一定范围内的 E4 信号，也就是可以对符合 G.703 规范的 E4 信号进行速率适配，适配后为标准 C-4 速率——149.760 Mbps。

2. 映 射

为了能够对 140 Mbps 的通道信号进行监控，在复用过程中要在 C-4 的块状帧前加上一列通道开销字节（高阶通道开销 VC4-POH），此时信号成为 VC-4 信息结构，如图 2.10 所示。

VC-4 是与 140 MbpsPDH 信号相对应的标准虚容器，此过程相当于对 C-4 信号再打一个包封，将对通道进行监控管理的开销（POH）打入包封中去，以实现对通道信号的实时监控。

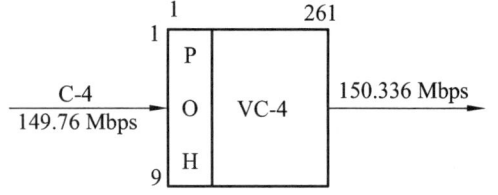

图 2.10 VC-4 结构图

虚容器（VC）的包封速率也是与 SDH 网络同步的，不同的 VC（例如与 2 Mbps 相对应的 VC-12，与 34 Mbps 相对应的 VC-3）是相互同步的，而虚容器内部却允许装载来自不同容器的异步净负荷。虚容器这种信息结构在 SDH 网络传输中保持其完整性不变，也就是可将其看成独立的单位（货包），十分灵活和方便地在通道中任一点插入或取出，进行同步复用和交叉连接处理。

其实，从高速信号中直接定位上/下的是相应信号的 VC 这个信号包，然后通过打包/拆包来上/下低速支路信号。

在将 C-4 打包成 VC-4 时，要加入 9 个开销字节，位于 VC-4 帧的第一列，这时 VC-4 的帧结构，就成了 9 行×261 列。从中可以发现，STM-N 的帧结构中，信息净负荷为 9 行×261×N 列，当为 STM-1 时，即为 9 行×261 列。VC-4 其实就是 STM-1 帧的信息净负荷。将 PDH 信号经打包成 C，再加上相应的通道开销而成 VC 这种信息结构，这个过程就叫映射。

3. 装载

货物都打成了标准的包封，现在就可以往 STM-N 这辆车上装载了。装载的位置是其信息净负荷区。在装载货物（VC）的时候会出现这样一个问题：当货物装载的速度和货车等待装载的时间（STM-N 的帧周期 125 μs）不一致时，就会使货物在车箱内的位置"浮动"，那么在收端怎样才能正确分离货物包呢？SDH 采用在 VC-4 前附加一个管理单元指针（AU-PTR）来解决这个问题。此时信号由 VC-4 变成了管理单元 AU-4 这种信息结构，如图 2.11 所示。

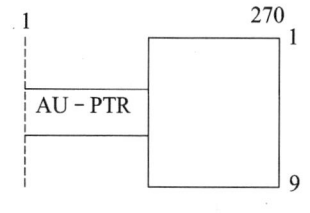

图 2.11 AU-4 结构图

AU-4 这种信息结构已初具 STM-1 信号的雏形——9 行 × 270 列，只不过缺少 SOH 部分而已，这种信息结构其实也算是将 VC-4 信息包再加了一个包封——AU-4。

管理单元为高阶通道层和复用段层提供适配功能，由高阶 VC 和 AU 指针组成。AU 指针的作用是指明高阶 VC 在 STM 帧中的位置。通过指针的作用，允许高阶 VC 在 STM 帧内浮动，即允许 VC-4 和 AU-4 有一定的频偏和相差；简单而言，容忍 VC-4 的速率和 AU-4 包封速率（装载速率）有一定的差异。这个过程形象地看，就是允许货物的装载速度与车辆的等待时间有一定的时间差异。这种差异性不会影响收端正确的定位、分离 VC-4。尽管货物包可能在车箱内（信息净负荷区）"浮动"，但是 AU-PTR 本身在 STM 帧内的位置是固定的。AU-PTR 不在净负荷区，而是和段开销在一起。这就保证了收端能正确的在相应位置找到 AU-PTR，进而通过 AU 指针定位 VC-4 的位置，进而从 STM-N 信号中分离出 VC-4。

一个或多个在 STM 帧中占用固定位置的 AU 组成 AUG——管理单元组。

4. 复用

只剩下最后一步了，将 AUG 加上相应的 SOH 合成 STM-1 信号，N 个 STM-1 信号通过字节间插复用成 STM-N 信号。140 Mbps→STM-N 的复用全过程如图 2.12 所示。

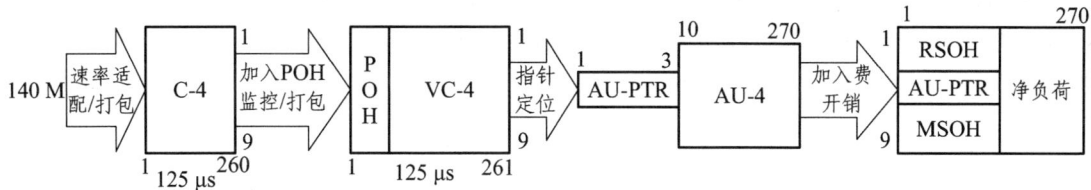

图 2.12 140 Mbps→STM-N 的复用全过程

2.4.4 34 Mbps 复用进 STM-N 信号

同样 34 Mbps 的信号先经过码速调整将其适配到相应的标准容器——C-3 中，然后加上相应的通道开销 C-3 打包成 VC-3，此时的帧结构是 9 行×85 列。为了便于收端定位 VC-3，以便能将它从高速信号中直接拆离出来，在 VC-3 的帧上加了 3 个字节的指针——TU-PTR（支路单元指针），注意 AU-PTR 是 9 个字节，此时的信息结构是支路单元 TU-3（与 34 Mbps

的信号相应的信息结构），支路单元提供低阶通道层（低阶 VC，例如 VC-3）和高阶通道层之间的桥梁，也就是高阶通道（高阶 VC）拆分成低阶通道（低阶 VC），或低阶通道复用成高阶通道的中间过渡信息结构。

那么支路单元指针起什么作用呢？TU-PTR 用以指示低阶 VC 的起点在支路单元 TU 中的具体位置。与 AU-PTR 很类似，AU-PTR 是指示 VC-4 起点在 STM 帧中的具体位置，实际上二者的工作机理也很类似。我们可以将 TU 类比成一个小的 AU-4，那么在装载低阶 VC 到 TU 中时也就要有一个定位的过程——加入 TU-PTR 的过程。

此时的帧结构 TU-3 如图 2.13 所示。由图可以看出：TU-3 的帧结构有点残缺，为了帧的完整性，在 TU-3 中加入 R 比特，补上缺口后，形成如图 2.14 所示的帧结构。其中 R 为塞入的伪随机信息，这时的信息结构为 TUG-3——支路单元组。

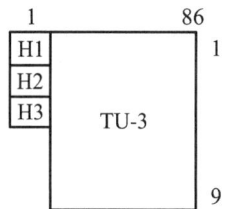
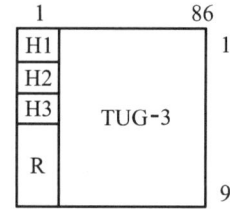

图 2.13　装入 TU-PTR 后的 TU-3 结构图　　图 2.14　填补缺口后的 TU-3 帧结构图

三个 TUG-3 通过字节间插复用方式，复合成 C-4 信号结构，复合过程如图 2.15 所示。

因为 TUG-3 是 9 行×86 列的信息结构，所以 3 个 TUG-3 通过字节间插复用方式复合后的信息结构是 9 行×258 列的块状帧结构，而 C-4 是 9 行×260 列的块状帧结构。于是在 3×TUG-3 的合成结构前面加两列塞入比特，使其成为 C-4 的信息结构。

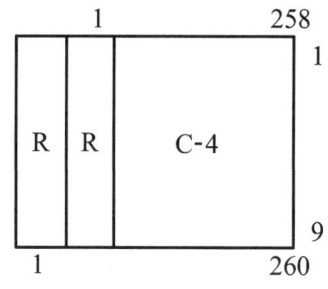

这时剩下的工作就是将 C-4→STM-N 中去了，过程同前面所讲的将 140 Mbps 信号复用进 STM-N 信号的过程类似：C-4→VC-4→AU-4→AUG→STM-N，34 Mbps 复用为 VC-4 信号如图 2.16 所示。

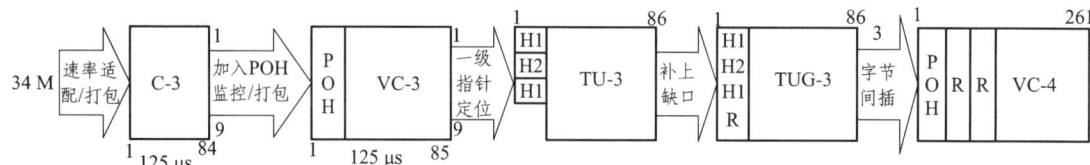

图 2.16　34 Mbps 复用进 VC-4 信号

2.4.5　2 Mbps 复用进 STM-N 信号

当前运用得最多的复用方式是将 2 Mbps 信号复用进 STM-N 信号中，也是 PDH 信号复用进 SDH 信号最复杂的一种复用方式。2 Mbps 复用进 TUG-3 信号，如图 2.17 所示。

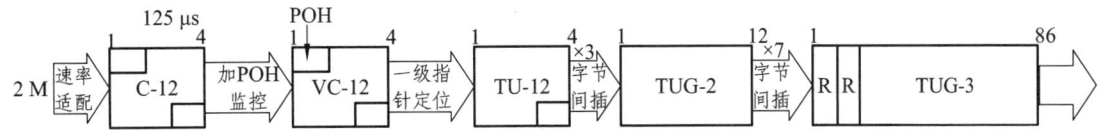

图 2.17 2 Mbps 复用进 TUG3 信号

首先，将 2 Mbps 的 PDH 信号经过速率适配装载到对应的标准容器 C-12 中，为了便于速率的适配采用了复帧的概念，即将 4 个 C-12 基帧组成一个复帧。C-12 的基帧帧频也是 8 000 帧/秒，那么 C-12 复帧的帧频就成了 2 000 帧/秒。

那么，为什么要使用复帧呢？采用复帧纯粹是为了码速适配的方便。例如若 E1 信号的速率是标准 2.048 Mbps，那么装入 C-12 时正好是每个基帧装入 32 个字节（256 bit）有效信息，为什么？因为 C12 帧频 8 000 帧/秒，PCM30/32[E1]信号也是 8 000 帧/秒。但当 E1 信号的速率不是标准速率 2.048 Mbps 时，那么装入每个 C-12 的平均比特数就不是整数。例如：E1 速率是 2.046 Mbps 时，那么将此信号装入 C-12 基帧时平均每帧装入的比特数是：（2.046×10^6 bps）/（8 000 帧/秒）= 255.75 bit 有效信息，比特数不是整数，因此无法进行装入。若此时取 4 个基帧为一个复帧，那么正好一个复帧装入的比特数为：（2.046×10^6 bit/秒）/（2 000 帧/秒）= 1 023 bit，可在前三个基帧每帧装入 256 bit（32 字节）有效信息，在第 4 帧装入 255 个 bit 的有效信息，这样就可将此速率的 E1 信号完整的适配进 C-12 中去。那么是怎样对 E1 信号进行速率适配（也就是怎样将其装入 C-12）的呢？C-12 基帧结构是 9×4－2 个字节的带缺口的块状帧，4 个基帧组成一个复帧，C-12 复帧结构和字节安排见表 2.6。

复帧中的各字节的内容见表 2.6，一个复帧共有：C-12 复帧 = 4×(9×4－2) = 136 字节 = 127W + 5Y + 2G + 1M + 1N = (1023I + S1 + S2) + 3C1 + 49R + 8O = 1 088 bit，其中负、正调整控制比特 C1、C2 分别控制负、正调整机会 S1、S2。当 C1C1C1 = 000 时，S1 放有效信息比特 I，而 C1C1C1 = 111 时，S1 放塞入比特 R，C2 以同样方式控制 S2。那么复帧可容纳有效信息负荷的允许速率范围是：

C-12 复帧 max = (1 023 + 1 + 1)×2 000 = 2.050 Mbps

C-12 复帧 min = (1 023 + 0 + 0)×2 000 = 2.046 Mbps

表 2.6 C-12 复帧结构和字节安排

	Y	W	W	G	W	W	G	W	W	M	N	W
W	W	W	W	W	W	W	W	W	W	W	W	W
W	第一个 C-12 基帧结构 9×4-2 = 32W + 2Y		W	W	第二个 C-12 基帧结构 9×4-2 = 32W + 1Y + 1G	W	W	第三个 C-12 基帧结构 9×4-2 = 32W + 1Y + 1G	W	W	第四个 C-12 基帧结构 9×4-2 = 31W + 1Y + 1M + 1N	W
W		W	W		W	W		W	W			W
W		W	W		W	W		W	W			W
W		W	W		W	W		W	W			W
W		W	W		W	W		W	W			W
W	W	Y	W	W	Y	W	W	Y	W	W	Y	

每格为一个字节（8 bit），各字节的比特类别：

W = I I I I I I I I　　　　　　Y = R R R R R R R R　　　　G = C1C2OOOORR

M = C1C2RRRRRS1　　　　N = S2 I I I I I I

I：信息比特　　　　　　　　R：塞入比特：　　　　　　O：开销比特

C1：负调整控制比特　　　　　S1：负调整位置　　C1 = 0　S1 = I；C1 = 1　S1 = R*

C2：正调整控制比特　　　　　S2：正调整位置　　C2 = 0　S2 = I；C2 = 1　S2 = R*

R*表示调整比特，在收端去调整时，应忽略调整比特的值，复帧周期为 125 × 4 = 500 μs。也就是说当 E1 信号适配进 C-12 时，只要 E1 信号的速率范围在 2.046～2.050 Mbps 内，就可以将其装载进标准的 C-12 容器中，实质上就是经过码速调整将其速率调整成标准的 C-12 速率——2.176 Mbps。

一个复帧的 4 个 C-12 基帧是并行搁在一起的，这 4 个基帧在复用成 STM-1 信号时，不是复用在同一帧 STM-1 信号中的，而是复用在连续的 4 帧 STM-1 中。这样为正确分离 2 Mbps 的信号就有必要知道每个基帧在复帧中的位置，即在复帧中的第几个基帧。

（1）为了在 SDH 网的传输中能实时监测任一个 2 Mbps 通道信号的性能，需将 C-12 再打包——加入相应的通道开销（低阶通道开销），使其成为 VC-12 的信息结构。此处 LP-POH（低阶通道开销）是加在每个基帧左上角的缺口上的，一个复帧有一组低阶通道开销，共 4 个字节：V5、J2、N2、K4。因为 VC 可看成一个独立的实体，因此我们以后对 2 Mbps 的业务的调配是以 VC-12 为单位的。

一组通道开销监测的是整个复帧在网络上传输的状态，想想看，一个 C-12 复帧装载多少帧 2 Mbps 的信号？一个 C-12 复帧装载的是 4 帧 PCM30/32 的信号，因此，一组 LP-POH 监控的是 4 帧 PCM30/32 信号的传输状态。

（2）为了使收端能正确定位 VC-12 的帧，在 VC-12 复帧的 4 个缺口上再加上 4 个字节的 TU-PTR，这时信号的信息结构就变成了 TU-12，9 行 × 4 列。TU-PTR 指示复帧中第一个 VC-12 的起点在 TU-12 复帧中的具体位置。

（3）3 个 TU-12 经过字节间插复用合成 TUG-2，此时的帧结构是 9 行 × 12 列。

（4）7 个 TUG-2 经过字节间插复用合成 TUG-3 的信息结构。请注意 7 个 TUG-2 合成的信息结构是 9 行 × 84 列，为满足 TUG-3 的信息结构 9 行 × 86 列，则需在 7 个 TUG-2 合成的信息结构前加入两列固定塞入比特，如图 2.18 所示。

（5）TUG-3 信息结构再复用进 STM-N 中的步骤则与前面所讲的一样。

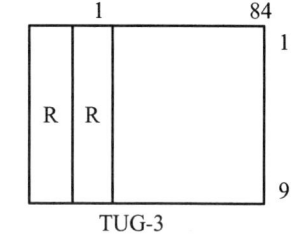

图 2.18　TUG-3 的信息结构

从 140 Mbps 的信号复用进 STM-N 信号的过程可以看出，一个 STM-N 最多可承载 N 个 140 Mbps，一个 STM-1 信号只可以复用进 1 个 140 Mbps 的信号，此时 STM-1 信号的容量为 64 个 2 Mbps 的信号。

同样的从 34 Mbps 的信号复用进 STM-1 信号，STM-1 可容纳 3 个 34 Mbps 的信号，此时 STM-1 信号的容量为 48 × 2 Mbps。

从 2 Mbps 信号复用进 STM-1 信号，STM-1 可容纳 3 × 7 × 3 = 63 个 2 Mbps 信号。

从上可看出，从 140 Mbps 和从 2 Mbps 复用进 SDH 的 STM-N 中，信号利用率较高。而从 34 Mbps 复用进 STM-N，一个 STM-1 只能容纳 48 个 2 Mbps 的信号，利用率较低。

从 2 Mbps 复用进 STM-N 信号的复用步骤可以看出，3 个 TU-12 复用成 1 个 TUG-2，7 个 TUG-2 复用成 1 个 TUG-3，3 个 TUG-3 复用进 1 个 VC-4，一个 VC-4 复用进 1 个 STM-1，也就是说 2 Mbps 的复用结构是 3—7—3 结构。由于复用的方式是字节间插方式，所在在一个 VC-4 中的 63 个 VC-12 的排列方式不是顺序来排列的。头一个 TU-12 的序号和紧跟其后的 TU-12 的序号相差 21。

VC-12 序号 = TUG-3 编号 + (TUG-2 编号 – 1)×3 + (TU-12 编号 – 1)×21

上式为计算同一个 VC-4 中不同位置 TU-12 的序号的公式。

TU-12 的位置在 VC-4 帧中相邻是指 TUG-3 编号相同，TUG-2 编号相同，而 TU-12 编号相差为 1 的两个 TU-12。

这个公式在用 SDH 传输分析仪进行相关测试时会用到。想想看，序号相邻的两个 TU-12 在 VC-4 帧中的排列位置有何共性？

此处的编号是指 VC-4 帧中的位置编号，TUG-3 编号范围：1～3；TUG-2 编号范围：1～7；TU-12 编号范围：1～3。TU-12 序号是指本 TU-12 是 VC-4 帧 63 个 TU-12 的按复用先后顺序的第几个 TU-12，如图 2.19 所示。

时隙编号对照表见附录 B。

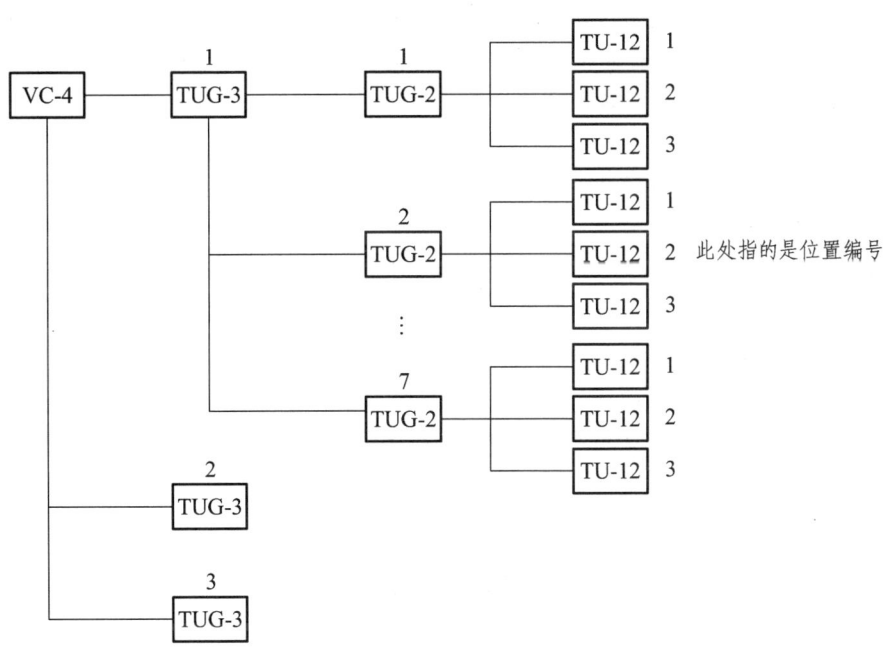

图 2.19　VC-4 中 TUG-3、TUG-2、TU-12 的排放结构

本章小结

大容量的数字光纤通信系统均采用同步时分复用技术，采用多路复用技术，主要是为了能够在同一信道中增加通信容量，提供传输速率。目前为止，存在着两种传输体制：一种叫

准同步数字通信系统,简称 PDH;另一种叫同步数字通信系统,简称 SDH。

本章通过介绍准同步数字通信系统和同步数字通信系统两种传输体制各自的优缺点,详细讲述了 SDH 帧的结构(再生段开销、复用段开销、管理单元指针、净负荷区)及其各主要部分的功能和作用。具体阐述了 PDH(2 M、34 M、140 M)信号和 SDH 信号复用进 STM-N 帧信号的方法和步骤。同时对各种信息结构,容器 C、虚容器 VC、支路单元 TU、支路单元组 TUG、管理单元 AU 及管理单元组 AUG 的作用,2 Mbps、34 Mbps、140 Mbps 信号进行速率适配的方法进行了描述。

通过对本章内容的学习,重点掌握帧结构及其作用、信号复用的步骤和映射、定位、复用等基本概念。

习　题

一、填空题

1. 2 M 复用在 VC-4 中的位置是第二个 TUG-3、第三个 TUG-2、第一个 TU-12,那么该 2 M 的时隙序号为 _____。

2. STM-1 可复用进 _____ 个 2 M 信号,_____ 个 34 M 信号,_____ 个 140 M 信号。

3. SDH 帧结构中,传送一帧的时间为 _____,每秒传送 _____ 帧。

4. 155 Mbps 速率是怎么计算出来的,写出计算公式:_____。

5. STM-N 的帧结构由 3 部分组成,分别是 _____、_____、_____。

6. 管理单元指针位于 STM-N 帧中第 _____ 行第 _____ 列,共 _____ 个字节。

二、简答题

1. SDH 相对于 PDH 的优越性是什么?

2. 段开销的种类有哪些?POH 的作用是什么?

3. 请画出 SDH 帧结构并说出各个部分的作用是什么?

4. 复用的三个步骤是什么?

5. 写出 140 Mbps 的信号映射进 155 Mbps 的过程,并计算速率,画出帧结构。

6. 写出 34 Mbps 的信号映射进 155 Mbps 的过程,并计算速率,画出帧结构。

7. 写出 2 Mbps 的信号映射进 155 Mbps 的过程,并计算速率,画出帧结构。

第 3 章 开销和指针

3.1 开 销

开销的功能是完成对 SDH 信号提供层层细化的监控管理功能，监控的分类可分为段层监控和通道层监控。段层的监控又分为再生段层和复用段层的监控，通道层监控分为高阶通道层和低阶通道层的监控。由此实现了对 STM-N 层层细化的监控。例如对 2.5 G 系统的监控，再生段开销对整个 STM-16 信号监控，复用段开销细化到其中 16 个 STM-1 的任一个进行监控，高阶通道开销再将其细化成对每个 STM-1 中 VC-4 的监控，低阶通道开销又将对 VC-4 的监控细化为对其中 63 个 VC-12 的任一个 VC-12 进行监控，由此实现了从对 2.5 Gbps 级别到 2 Mbps 级别的多级监控手段。开销的分类情况如图 3.1 所示。

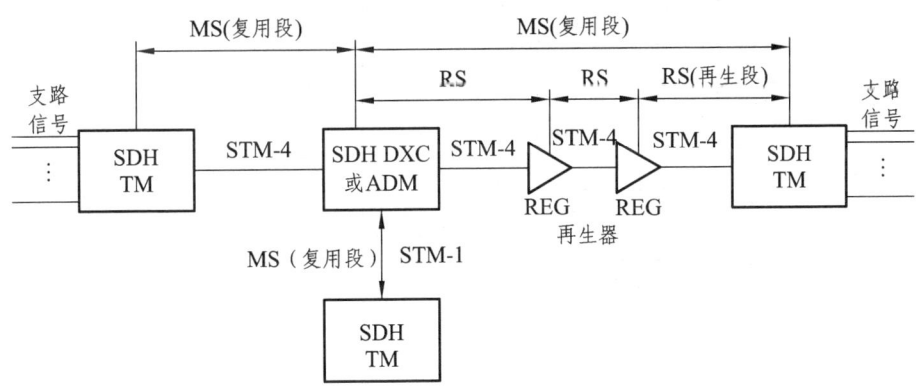

图 3.1 开销的分类情况图

为帮助大家理解段开销的应用场合，图 3.2 给出了复用段和再生段的示意图。在 SDH 分层的概念中，通常将终端复用器（TM）与数字交叉连接设备（DXC）或分插复用器（ADM）之间的全部物理实体定义为复用段（MS）；将终端复用设备或分插复用器与再生器（REG）之间、再生器与再生器之间的全部物理实体定义为再生段（RS）。不同的再生段开销（RSOH）互不相关；不同的复用段、复用段开销（MSOH）也互不相关。

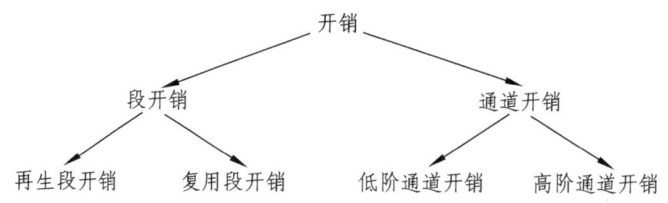

图 3.2 复用段和再生段的示意图

3.1.1 段开销

SDH 帧结构中的段开销包括帧定位字节（A1，A2）、再生段踪迹字节（J0）、数据通信通路（D1~D12）、公务字节（E1，E2）、使用者通路（F1）、比特间插奇偶校验 8 位码（B1）、比特间插奇偶校验 $N×24$ 位码（B2）、自动保护倒换通路（K1，K2）字节。以下将分别介绍段开销字节的位置和功能。

1. 段开销字节的位置

各种不同 SOH 字节在 STM-1 帧中的安排，如图 3.3 所示。

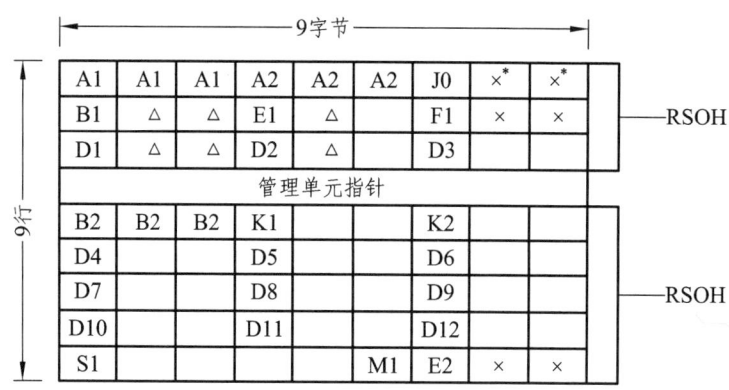

△ 为与传输媒质有关的特征字节（暂用）
× 为国内使用保留字节
* 为不扰码国内使用字节
所有未标记字节待将来国际标准确定（与媒质有关的应用，附加国内使用和其他用途）

图 3.3 STM-1 字节安排示意图

在 SDH 中，STM-N 帧的 SOH 字节也是由 N 个 STM-1 帧的 SOH 交错间插排列构成，但构成时仅完整保留第一个 STM-1 的段开销，其余 $N-1$ 个 STM-1 帧的段开销仅保留帧定位字节 A1、A2 和 B2 字节，其他字节均略去。

2. 段开销功能

1）帧定位字节：A1 和 A2

定帧字节有点类似于指针，起定位的作用。我们知道，SDH 可从高速信号中直接分/插出低速支路信号，为什么能这样呢？原因就是收端能通过指针——AU-PTR、TU-PTR 在高速信号中定位低速信号的位置。但这个过程的第一步是收端必须在收到的信号流中正确地选择分离出各个 STM-N 帧，也就是先要定位每个 STM-N 帧的起始位置在哪里，然后再在各帧中定位相应的低速信号的位置，就像在长长的队列中定位一个人时，要先定位到某一个方队，然后在本方队中再通过这个人的所处行列数定位到他。A1、A2 字节就是起到定位一个方队的作用，通过它，收端可从信息流中定位、分离出 STM-N 帧，再通过指针定位到帧中的某一个低速信号。

收端是怎样通过 A1、A2 字节定位帧的呢？A1、A2 有固定的值，也就是有固定的比特图案，A1：11110110（f6H），A2：00101000（28H）。收端检测信号流中的各个字节，当发现连续出现 3N 个 f6H，又紧跟着出现 3N 个 28H 字节时（在 STM-1 帧中 A1 和 A2 字节各有 3 个），就断定现在开始收到一个 STM-N 帧，收端通过定位每个 STM-N 帧的起点，来区分不同的 STM-N 帧，以达到分离不同帧的目的，当 N=1 时，区分的是 STM-1 帧。

当连续 5 帧以上（625 μs）收不到正确的 A1、A2 字节，即连续 5 帧以上无法判别帧头（区分出不同的帧），那么收端进入帧失步状态，产生帧失步告警——OOF；若 OOF 持续了 3 ms 则进入帧丢失状态——设备产生帧丢失告警 LOF，下插 AIS 信号，整个业务中断。在 LOF 状态下若收端连续 1 ms 以上又处于定帧状态，那么设备回到正常状态。A1、A2 作用示意图如图 3.4 所示。

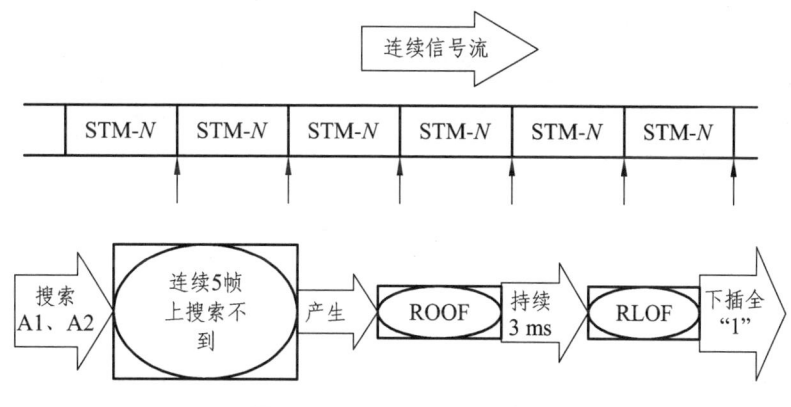

图 3.4　A1、A2 作用示意图

2）再生段踪迹字节：J0

该字节用来重复发送段接入点标识符，使段接收端能据此确认其与指定的发送端处于持续连接状态。在同一个运营者的网络内，该字节可为任意字符，而在两个不同运营者的网络边界处要使设备收、发两端的 J0 字节相互匹配，通过 J0 字节可使运营者提前发现和解决故障，缩短网络恢复时间。

J0 字节还有一个用法，在 STM-N 帧中每一个 STM-1 帧的 J0 字节定义为 STM 的标识符 C1，用来指示每个 STM-1 在 STM-N 中的位置，即指示该 STM-1 是 STM-N 中的第几个 STM-1（间插层数）和该 C1 在该 STM-1 帧中的第几列（复列数），可帮助 A1、A2 字节进行帧识别。

3）数据通信通路（DCC）：D1~D12

SOH 中的 DCC 用来构成 SDH 管理网（SMN）的传送链路。在传统的准同步系统中尽管也有控制通路，但都是专用的，外界无法接入，而 DCC 则是通用的，嵌入在段开销中，所有网络单元都具备，便于构成统一的管理网，也避免了为每个设备都配备专用的数据通讯链路。其中 D1~D3 字节称为再生段 DCC，用于再生段终端之间的 OAM（操作、维护、管理）信息的传送，速率为 192 kbps（3×64 kbps）；D4~D12 字节称为复用段 DCC，用于复用段终端之间的 OAM 信息的传送，速率为 576 kbps（9×64 kbps）。上述共总 768 kbps 数据通路为 SDH 网的管理和控制提供了强大的通信基础结构。例如，SDH 网络管理控制的一个重要目标是实现快速的分布式控制，有了 DCC 通路后，网络管理系统所算得的最佳路由表可以随时经 DCC 通路迅速传给网络单元，如图 3.5 所示。

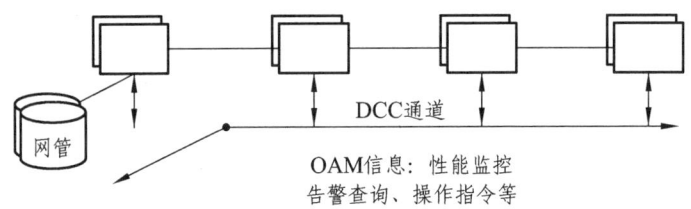

图 3.5　数据通信通路 DCC

4）公务字节：E1 和 E2

这两个字节用来提供公务联络语音通路。E1 属于 RSOH，用于本地公务通路，可以在再生器接入；E2 属于 MSOH，用于直达公务通路，可以在复用段终端接入。公务通路的速率为 64 kbps。网络示意图如图 3.6 所示。

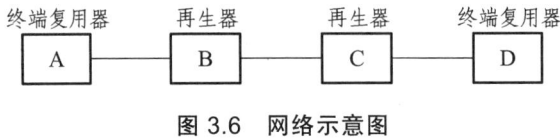

图 3.6　网络示意图

若仅使用 E1 字节作为公务联络字节，A、B、C、D 四网元均可互通公务。因为终端复用器的作用是将低速支路信号分/插到 SDH 信号中，所以要处理 RSOH 和 MSOH，因此用 E1、E2 字节均可通公务。再生器的作用是使信号再生，只需处理 RSOH，所以用 E1 字节也可通公务。

若仅使用 E2 字节作为公务联络字节，那么就仅有 A、D 间可以通公务电话了，因为 B、C 网元不处理 MSOH，也就不会处理 E2 字节。

5）使用者通路：F1

该字节保留为使用者（通常指网络提供者）专用，为特定维护目的而提供临时的数据/语音通道连接。

6）比特间插奇偶校验 8 位码（BIP-8 码）：B1

B1 字节（8 个比特）用作再生段误码监视，是使用偶校验的比特间插奇偶校验码。首先介绍 BIP-8 奇偶校验。

若某信号帧有 4 个字节 A1 = 00110011、A2 = 11001100、A3 = 10101010、A4 = 00001111，那么将这个帧进行 BIP-8 奇偶校验的方法是，以 8 bit 为一个校验单位（1 个字节），将此帧分成 4 块（每字节为 1 块，因 1 个字节为 8 bit 正好是一个校验单元），按图 3.7 方式摆放整齐。

依次计算每一列中 1 的个数，若为奇数，则在得数（B）的相应位填 1，否则填 0。也就是 B 的相应位的值使 A1A2A3A4 摆放的块的相应列的 1 的个数为偶数。这种校验方法就是 BIP-8 奇偶校验，实际上是偶校验，因为保证的是 1 的个数为偶。B 的值就是将 A1A2A3A4 进行 BIP-8 校验所得的结果。

```
              A1  00 110 011
              A2  11 001 100
      BIP-B   A3  10 101 010
              A4  00 001 111
              ─────────────
              B   01 011 010
```

图 3.7 BIP-8 奇偶校验示意图

B1 字节的工作机理是：发送端对本帧（第 N 帧）加扰后的所有字节进行 BIP-8 偶校验，将结果放在下一个待扰码帧（第 $N+1$ 帧）中的 B1 字节；接收端将当前待解扰帧（第 N 帧）的所有比特进行 BIP-8 校验，所得的结果与下一帧（第 $N+1$ 帧）解扰后的 B1 字节的值相异或比较，若这两个值不一致则异或有 1 出现，根据出现多少个 1，则可监测出第 N 帧在传输中出现了多少个误码块。

这种误码监视方式是 SDH 的特点之一，它以比较简单的方式实现对再生段的误码自动监视。但是，对于在同一监视码组内恰好发生偶数个误码的情况，这种方法无法检出，但这种情况出现的概率很小，因而总的误码检出概率还是很高的。

7）比特间插奇偶校验 $N×24$ 位码（BIP-N×24 位码）：B2

B2 字节用于复用段误码监视，段开销中安排有 3 个 B2 字节（共 24 bit）作此用途。B2 字节是使用偶校验的比特间插奇偶校验 $N×24$ 位码，其产生方式与 BIP-8 类似。BIP-N×24 码对前一个 STM-N 帧（除 SOH 中的第 1 到第 3 行以外）的所有字节进行计算，结果置于扰码前的 B2 字节位置，STM-N 帧中有 $N×3$ 个 B2 字节，每 3 个 B2 对应于一个 STM-1 帧的奇偶校验码。SDH 除在再生段和复用段中安排 B1 字节和 B2 字节用于误码监视外，还在 VC-3/VC-4 高阶通道层 POH 中安排了 1 个 B3 字节做误码监视，在 VC-1/VC-2 低阶通道层 POH 中安排了第 1 和第 2 比特做误码监视。可以看出 SDH 在误码性能监视上是十分周到的，每一层网络都有性能监视，共分 4 个不同层次，可以对小至一个再生段，大至任意一个 VC-1/VC-2 通道进行误码监视。

8）自动保护倒换（APS）通路：K1 和 K2（b1~b5）

这两个字节用作复用段保护的 APS 信令，由于 K1、K2（b1~b5）是专门用于保护目的的嵌入信令通路，因此可以实现很快的保护响应速度。K1 和 K2（b1~b5）提供的是网络保护方式，当某工作通路出故障后，下游端会很快检测到故障，并利用上行方向的保护光纤送出 K1 字节，K1 字节包含有故障通路编号。上游端收到 K1 字节后，将本端下行工作通路的光纤桥接到下行保护光纤，同时利用下行方向的保护光纤送出保护字节 K1、K2（b1~b5），其中 K1 字节作为倒换要求，K2（b1~b5）字节作为证实。下游端收到 K2（b1~b5）字节后对通道编号进行确认，并最后完成下行方向工作通路和下行方向保护光纤在本端的桥接，同时按照 K1 字节要求完成上行方向工作通路和上行方向保护光纤在本端的桥接。为了完成双向倒换的要求，下游端经上行方向保护光纤送出 K2（b1~b5）字节。上游端收到 K2（b1~

b5）字节后将执行上行方向工作通路和上行方向保护光纤在本端的桥接，从而将两根工作通路光纤几乎同时倒换至两根保护光纤，从而完成了自动保护倒换。

9）复用段远端失效指示（MS-RDI）字节：K2（b6~b8）110（MS-RDI），111（MS-AIS）

它是一个对告的信息，由收端（信宿）回送给发端（信源），表示收信端检测到来话故障或正收到复用段告警指示信号。也就是说当收端收信劣化，这时回送给发端 MS-RDI 告警信号，以使发端知道收端的状态。若收到的 K2 的 b6~b8 为 110 码，则此信号为对端对告的 MS-RDI 告警信号；若收到的 K2 的 b6~b8 为 111，则此信号为本端收到 MS-AIS 信号，此时要向对端发 MS-RDI 信号，即在发往对端的信号帧 STM-N 的 K2 的 b6~b8 放入 110 比特图案。

10）同步状态：S1（b5~b8）

STM-N 帧结构中，属于第 1 个 STM-1 帧的第 1 个 S1 字节（9,1,1）的第 5 至第 8 比特表示同步状态消息，如图 3.8 所示。

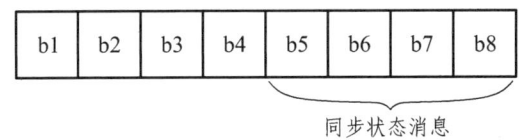

图 3.8　S1 字节的内容示意图

这四个比特可以有 16 种不同编码，因而可以表示 16 种不同的同步质量等级，S1（b5~b8）的值越小，表示相应的时钟质量级别越高，见表 3.1。

表 3.1　同步状态消息编码列表

S1（b5~b8）	SDH 同步质量等级描述	S1（b5~b8）	SDH 同步质量等级描述
0000	同步质量不可知（现存同步网）	1000	G.812 本地局时钟信号
0001	保留	1001	保留
0010	G.811 时钟信号	1010	保留
0011	保留	1011	同步设备定时源（SETS）
0100	G.812 转接局时钟信号	1100	保留
0101	保留	1101	保留
0110	保留	1110	保留
0111	保留	1111	不应用作同步

11）复用段远端误码块指示（MS-REI）字节：M1

M1 字节是个对告信息，由接收端回传给发送端，M1 字节内容为接收端由 BIP-N×24（B2）码所检出的误块数，以便发送端据此了解接收端的收信误码情况。

12）与传输媒质有关的特殊字节：△

△字节专用于具体传输媒质的特殊功能，例如用单根光纤做双向传输时，可用此字节来实现辨明信号方向的功能。

13）国内保留使用的字节：×

所有未做标记的字节的用途待由将来的国际标准确定。

N 个 STM-1 帧通过字节间插复用成 STM-N 帧，字节间插复用时各 STM-1 帧的 AU-PTR 和 payload 的所有字节原封不动地按字节间插复用方式复用，而段开销的复用方式就有所区别。段开销的复用规则是 N 个 STM-1 帧以字节间插复用成 STM-N 帧时，4 个 STM-1 以字节交错间插方式复用成 STM-4 时，开销的复用并非简单的交错间插，除段开销中的 A1、A2、B2 字节、指针和净负荷按字节交错间插复用进行 STM-4 外，各 STM-1 中的其他开销字节经过终结处理，再重新插入 STM-4 相应的开销字节中。图 3.9 是 STM-4 帧的段开销结构图。

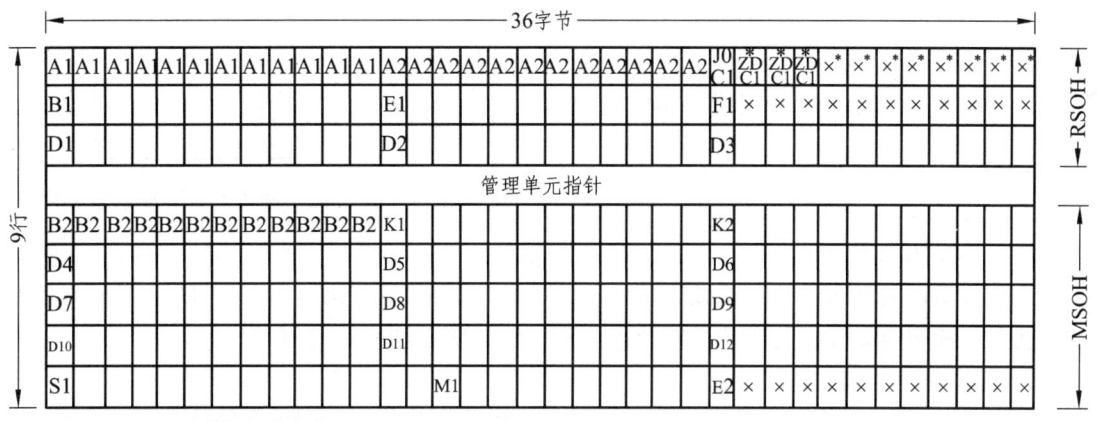

注：× 为国内使用保留字节；
×* 为不扰码字节；
所有未标记字节待将来国际标准确定（与媒质有关的应用，附加国内使用和其他用途）。
Z0 待将来国际标准确定。

图 3.9　STM-4 SOH 字节安排

在 STM-N 中只有一个 B1，有 $N\times 3$ 个 B2 字节（因为 B2 为 BIP-24 检验的结果，故每个 STM-1 帧有 3 个 B2 字节，$3\times 8 = 24$ bit）。STM-N 帧中有 D1～D12 各一个字节；E1、E2 各一个字节；一个 M1 字节；K1、K2 各一个字节。

3.1.2　通道开销

段开销负责段层的 OAM 功能，而通道开销负责的是通道层的 OAM 功能。就类似于在货物装在集装箱中运输的过程中，不仅要监测一集装箱的货物的整体损坏情况（SOH），还要知道集装箱中某一件货物的损坏情况（POH）。

根据监测通道的"宽窄"（监测货物的大小），通道开销又分为高阶通道开销和低阶通道开销。在本课程中，高阶通道开销是对 VC-4 级别的通道进行监测，可对 140 Mbps 在 STM-N 帧中的传输情况进行监测；低阶通道开销是完成 VC-12 通道级别的 OAM 功能，也就是监测 2 Mbps 在 STM-N 帧中的传输性能。

VC-3 中的 POH 依 34 Mbps 复用路线选取的不同，可划在高阶或低阶通道开销范畴，其字节结构和作用与 VC-4 的通道开销相同，因为 34 Mbps 信号复用进 STM-N 的方式用得较少，故在这里就不对 VC-3 的 POH 进行专门的讲述了。

1. 高阶通道开销安排

高阶通道开销包括 VC-3/VC-4 POH 通道踪迹字节（J1）、通道 BIP-8 码（B3）、信号标志字节（C2）、通道状态字节（G1）字节。以下将分别介绍高阶通道开销字节的位置和功能。

1）高阶通道开销字节的位置

VC-3 结构由 9 行 85 列组成，其中第 1 列的 9 个字节作为 VC-3 POH；VC-4 结构由 9 行 261 列组成，其中第 1 列的 9 个字节作为 VC-4 POH。VC-3/VC-4 POH 包含的 9 个字节分别用 J1，B3，C2，G1，F2，H4，F3，K3 和 N1 表示，如图 3.10 所示为高阶通道开销的结构图。

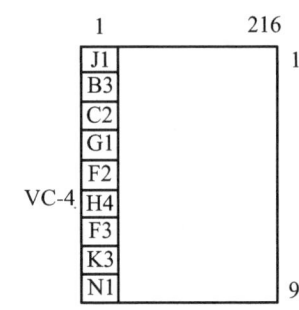

图 3.10　高阶通道开销的结构图

2）高阶通道开销功能

① VC-3/VC-4 POH 通道踪迹字节：J1。

该字节被用来重复地发送高阶通道接入点标识符（HO APId），以便使通道接收终端能据此确认其与指定的发送端处于持续连接状态，用于追踪通道连接状态。利用 J1 字节运营者可以提前发现和解决故障，防止传送的业务受到影响，缩短网络恢复时间。

② 通道 BIP-8 码：B3。

B3 字节（8 个 bit）用作通道误码监视，是使用偶校验的比特间插奇偶校验码。BIP-8 码对前一个 VC-3/VC-4 的所有比特进行计算，结果置于当前 VC-3/VC-4 的 B3 字节位置。

③ 信号标志字节：C2。

C2 字节表示 VC-3/VC-4 的组成或维护状态，该字节对应的 16 进制码字及其含义见表 3.2。

表 3.2　C2 字节编码规定列表

C2 的 8 比特编码	16 进制码字	含 义
00000000	00	未装载信号或监控的未装载信号
00000001	01	装载非特定净负荷
00000010	02	TUG 结构
00000011	03	锁定的 TU
00000100	04	34.368 Mbps 和 44.736 Mbps 信号异步映射进 C-3
00010010	12	139.264 Mbps 信号异步映射进 C-4
00010011	13	ATM 映射
00010100	14	MAN（DQDB）映射
00010101	15	FDDI
11111110	FE	O.181 测试信号映射
11111111	FF	VC-AIS（仅用于串接）

④ 通道状态字节：G1。

G1 字节用于向 VC-3/VC-4 路径源端回送在路径宿端检出的通道终结状态和性能情况，从而允许在路径的任一端或路径中的任意点监视全双工路径的状态和性能。

⑤ 通道使用者通路字节：F2，F3。

这两个字节供通道单元间进行通信联络，与净负荷有关。

⑥ 位置指示字节：H4。

该字节为净负荷提供一般位置指示，也可以指示特殊的净负荷位置，如作为 VC-1/VC-2 的复帧位置指示。

⑦ 自动保护倒换（APS）通路：K3（b1~b4）。

用作高阶通道级保护的 APS 指令。

⑧ 网络操作者字节：N1。

该字节提供高阶通道的串接监视（TCM）功能。

⑨ 备用比特：K3（b5~b8）。

这几个比特留作将来使用，接收机应忽略其值。

2. 低阶通道开销安排

低阶通道开销是指 VC-1/VC-2 的通道开销字节（V5，J2，N2，K4），以下将分别介绍低阶通道开销字节的位置和功能。

1）低阶通道开销字节的位置

VC-12 POH 由 V5，J2，N2，K4 字节组成，它们分别位于 4 个连续的 VC-12 帧的第 1 个字节，即 VC-12 POH 每 4 帧（500 μs）完整传送一次，低阶通道开销结构图如图 3.11 所示。

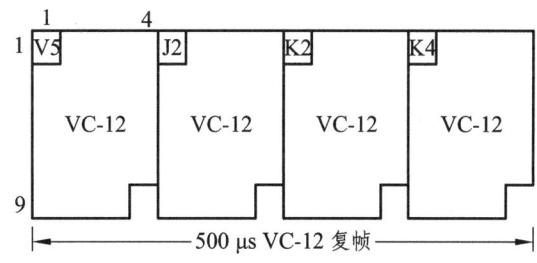

图 3.11 低阶通道开销结构图

2）低阶通道开销功能

① V5 字节。

V5 字节可提供关于 VC-1/VC-2 通道的误码检查、信号标志和通道状态的功能。V5 字节的第 1 和 2 比特完成通道的误码性能监视，第 3 比特用于通道远端差错指示（REI），第 4 比特用于通道远端失效指示（RFI），第 5，6，7 比特提供 VC-1/VC-2 信号标志功能，第 8 比特用于 VC-1/VC-2 通道远端缺陷指示（RDI），V5 字节的结构见表 3.3。

表 3.3 VC-12 POH（V5）的结构

误码监测 （BIP-2）		远端误块指示 （REI）	远端故障指示（RFI）	信号标记 （Signal Lable）			远端接收失效指示 （RDI）
1	2	3	4	5	6	7	8
误码监测：传送比特间插奇偶校验码 BIP-2：第一个比特的设置应使上一个 VC-12 复帧内所有字节的全部奇数比特的奇偶校验为偶数。第二比特的设置应使全部偶数比特的奇偶校验为偶数。		远端误块指示（从前叫作 FEBE）：BIP-2 检测到误码块就向 VC12 通道源发 1，无误码则发 0	远端故障指示 有故障发 1 无故障发 0	信号标记：表示净负荷装载情况和映射方式。3 比特共 8 个二进值： 000 未装备 VC 通道 001 已装备 VC 通道，但未规定有效负载 010 异步浮动映射 011 比特同步浮动 100 字节同步浮动 101 保留 110 O.181 测试信号 111 VC-AIS			远端接收失效指示（从前叫作 FERF）：接收失效则发 1，成功则发 0

② 通道踪迹字节：J2。

该字节用来重复地发送低阶通道接入点标识符（LO APId），以便使通道接收终端能据此确认其与指定的发送端处于持续连接状态。

③ 网络操作者字节：N2。

该字节提供低阶通道的串接监视（TCM）功能。

④ 自动保护倒换（APS）通路：K4（b1～b4）。

这 4 个比特用来提供低阶通道保护的 APS 指令。

⑤ 保留比特：K4（b5～b7）。

这 3 个比特是保留的任选比特，由产生 K4 字节的路径源端自行决定是否使用。

⑥ 备用比特：K4（b8）。

该比特留作将来使用，接收机应忽略其值。

3.2 指 针

指针的作用有两个：一是定位，二是校准。通过定位使收端能正确地从 STM-N 中拆离出相应的 VC，进而通过拆 VC、C 的包封分离出 PDH 低速信号，也就是说实现从 STM-N 信号中直接下低速支路信号的功能。

所谓定位，是一种将帧偏移信息收进支路单元或管理单元的过程，即以附加于 VC 上的指针（或管理单元指针）指示和确定低阶 VC 帧的起点在 TU 净负荷中（或高阶 VC 帧的起点在 AU 净负荷中）的位置。在发生相对帧相位偏差使 VC 帧起点"浮动"时，指针值亦随之调整，从而始终保证指针值准确指示 VC 帧起点位置的过程。

指针有两种 AU-PTR 和 TU-PTR，分别进行高阶 VC（这里指 VC-4）和低阶 VC（这里指 VC-12）在 AU-4 和 TU-12 中的定位。下面分别讲述其工作机理。

3.2.1 管理单元指针

AU-PTR 的位置在 STM-1 帧的第 4 行 1～9 列共 9 个字节，用以指示 VC-4 的首字节 J1 在 AU-4 净负荷的具体位置，以便收端能据此正确分离 VC-4，如图 3.12 所示。

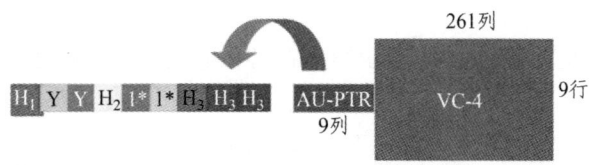

图 3.12　管理单元指针

AU-PTR 由 H1YYH2FFH3H3H3 九个字节组成，Y = 1001SS11，S 比特未规定具体的值，F = 11111111。管理单元指针 AU-PTR 的主要作用就是指示 VC-4 在 AU-4 帧中的位置，即 VC-4 的第一个字节相对于 AU-4 PTR 最后一个字节的偏移量。同时还可以调整 AU-4 PTR，可在 AU-4 帧内灵活、动态地调整 VC-4 的位置，从而不仅能适应 VC-4 和 SOH 的相位差，而且能适应帧速率的差异，调整过程与 VC-4 的实际内容无关。

1. H1、H2、H3 字节功能安排

从上图可以发现，AU-4 PTR 的 9 个字节中，Y 为填充字节，1*为全 1 码，所以真正起调整作用的是 H1、H2、H3 共 5 个字节，具体安排如图 3.13 所示。

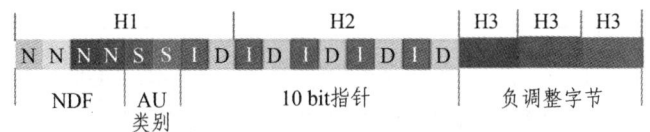

图 3.13　H1、H2、H3 字节功能安排

1）新数据标识（NDF）

表示所载净负荷容量有变化。净负荷无变化时，NNNN 为正常值 0110。在净负荷有变化的那一帧，NNNN 反转为 1001，此即 NDF。NDF 出现的那一帧指针值随之改变为指示 VC 新位置的新值称为新数据。若净负荷不再变化，下一帧 NDF 又返回到正常值 0110 并至少在 3 帧内不作指针值增减操作。

2）AU/TU 类别

对于 AU-4：SS = 11，TU-3：SS = 10。

3）10 比特指针值

AU-4 指针值为 0～782，三字节为一偏移单位。

指针值指示了 VC-4 帧的首字节 J1 与 AU-4 指针中最后一个 H3 字节间的偏移量。

2. 指针调整原理

（1）在正常工作时，指针值确定了 VC-4 在 AU-4 帧内的起始位置。NDF 设置为 0110。

（2）若 VC-4 帧速率比 AU-4 帧速率低，5 个 I 比特反转表示要作正帧频调整，该 VC 帧的起始点后移一个单位，下帧中的指针值是先前指针值加 1。

（3）若 VC-4 帧速率比 AU-4 帧速率高，5 个 D 比特反转表示要作负帧频调整，负调整位置 H3 用 VC-4 的实际信息数据重写，该 VC 帧的起始点前移一个单位，下帧中的指针值是先前指针值减 1。

（4）当 NDF 出现更新值 1001，表示净负荷容量有变，指针值也要作相应地增减，然后 NDF 回归正常值 0110。

（5）指针值完成一次调整后，至少停 3 帧方可有新的调整。

（6）收端对指针解码时，除仅对连续 3 次以上收到的前后一致的指针进行解读外，将忽略任何指针的变化。

不管是正调整还是负调整都会使 VC4 在 AU-4 的净负荷中的位置发生改变，也就是说使 VC-4 第一个字节在 AU-4 净负荷中的位置发生改变。这时 AU-PTR 也会作出相应的正、负调整。为了便于定位 VC-4 中的各字节在 AU-4 净负荷中的位置，给每个单位赋予一个位置值，如图 3.13 所示。位置值是将紧跟 H3 字节的那 3 个字节单位设为 0 位置，然后依次后推。这样一个 AU-4 净负荷区就有 261×9/3 = 783 个位置，而 AU-PTR 指的就是 J1 字节所在 AU-4 净负荷的某一个位置的值。显然，AU-PTR 的范围是 0 ~ 782，否则为无效指针值，当收端连续 8 帧收到无效指针值时，设备产生 AU-LOP 告警（AU 指针丢失），并往下插 AIS 告警信号。在 VC-4 与 AU-4 无频差和相差时，也就是速度相匹配时，AU-PTR 的值是 522，如图 3.14 箭头所指处。

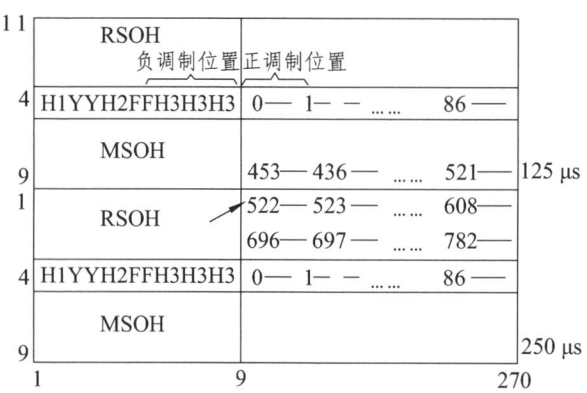

图 3.14 AU-4 指针在 STM 帧中的位置

3.2.2 支路单元指针

TU 指针用以指示 VC-12 的首字节 V5 在 TU-12 净负荷中的具体位置，以便收端能正确分离出 VC-12。TU-12 指针为 VC-12 在 TU-12 复帧内的定位提供了灵活动态的方法。TU-PTR 的位置位于 TU-12 复帧的 V1、V2、V3、V4 处，如图 3.15 所示。

70	71	72	73	105	106	107	108	0	1	2	3	35	36	37	38
74	75	76	77	109	110	111	112	4	5	6	7	39	40	41	42
78	第一个 C-12 基帧结构 9×4-2 32W2Y		81	113	第二个 C-12 基帧结构 9×4-2 32W 1Y 1G		116	8	第三个 C-12 基帧结构 9×4-232W 1Y 1G		11	43	第四个 C-12 基帧结构 9×4-1 31W 1Y 1M+1N		46
82			85	117			120	12			15	47			50
86			89	121			124	16			19	51			54
90			93	125			128	20			23	55			58
94			97	129			132	24			27	59			62
98			101	133			136	28			31	63			66
102	103	104	V1	137	138	139	V2	32	33	34	V3	67	68	69	V4

图 3.15 TU-12 指针位置和偏移编号

TU-12 PTR 由 V1、V2、V3 和 V4 四个字节组成。

在 TU-12 净负荷中，从紧邻 V2 的字节起，以 1 个字节为一个正调整单位，依次按其相对于最后一个 V2 的偏移量给予偏移编号，例如 "0"、"1" 等。总共有 0～139 个偏移编号。VC-12 帧的首字节 V5 字节位于某一偏移编号位置，该编号对应的二进制值即为 TU-12 指针值。

TU-12 PTR 中的 V3 字节为负调整单位位置，其后的那个字节为正调整字节，V4 为保留字节。指针值在 V1、V2 字节的后 10 个 bit，V1、V2 字节的 16 个 bit 的功能与 AU-PTR 的 H1H2 字节的 16 个 bit 功能相同。

TU-PTR 的调整单位为 1，可知指针值的范围为 0～139，若连续 8 帧收到无效指针或 NDF，则收端出现 TU-LOP（支路单元指针丢失）告警，并下插 AIS 告警信号。

在 VC-12 和 TU-12 无频差、相差时，V5 字节的位置值是 70，也就是说此时的 TU-PTR 的值为 70。TU-PTR 的指针调整和指针解读方式类似于 AU-PTR。

总之，指针可以灵活地、动态地定位 VC，可以直接上下电路，可进行电路重组，也可以进行电路交叉连接；延时小，因为指针所指示的只是相位的偏差；能够实现高速率复用/解复用，有利于光纤通信的扩容；SDH 必须在网同步的状态下工作，利用指针进行相位校准；网失步时，通过指针进行相位/频率校准；异步状态时，通过指针来进行频率跟踪校准。

本章小结

本章主要介绍了 SDH 体制信号监控的实现，通过再生段开销、复用段开销、高阶通道开销、低阶通道开销实现层层细化监控机制。段开销即 SOH，是帧结构中用于维护和性能监视的信息，要保证信息净负荷正常，能够灵活传送的附加字节，提供网络运行、管理和维护

（OAM）使用的字节。通道开销分高阶和低阶：高阶通道附加给 C-3 或者多个 TUG-2 的组合体形成 VC-3，再将高阶通道附加给 C-4 或者多个 TUG-3 的组合体形成 VC-4，主要有 VC 通道性能监视、告警状态指示、维护信号及复用结构指示等。低阶通道开销附加给 C-1/C-2 形成 VC-1/VC-2，低阶主要有 VC 通道性能监视、维护信号及警告状态指示等。

同时还叙述了指针的作用：一是定位，二是校准。通过定位使收端能正确地从 STM-N 中拆离出相应的 VC，进而通过拆 VC、C 的包封分离出 PDH 低速信号，以及 SDH 特有的调整技术——指针调整技术的工作原理。

通过本章的学习，重点掌握相应开销字节的功能和作用，以及指针调整技术的工作原理。

习　题

一、填空题

1．SDH 复用段开销利用_____字节的第 5 至第 8 比特传递 SSM 信息。

2．AU 是由_____加上_____构成。

3．VC 是由_____加上_____构成。

4．S1 字节的作用为_____，A1、A2 的功能是_____，它产生的主要告警有_____、_____。

5．M1 字节产生的一对对告告警信息分别为_____、_____。K1，K2 字节的功能是_____，K1、K2 产生的一对对告告警信息分别为_____、_____。

6．SDH 的四种开销分别是：_____、_____、_____、_____。

7．V5 的第 4 位为_____，第 5~7 位为_____，相当于高阶通道开销中的_____字节，第 8 位为_____。

8．E1 用于_____公务联络，E2 用于_____终端间直达公务联络。

9．AU-PTR 指针指的是 VC-4 的起点在 AU-4 中的具体位置，即 AU-PTR 所指的是____字节在_____的位置。

10．在 SDH 传输系统中，指针的调整会引起_____。

二、简答题

1．STM-N 帧结构中，通道开销字节的作用是什么？

2．J1 字节属于 HPOH 还是 LPOH？其作用是什么？

3．阐述指针调整机制。

4．什么是 AIS？简述 AIS 的作用。

第4章 光传输设备简介及组网结构

本章以中兴通讯设备为例来进行描述。

中兴通讯基于 SDH 的多业务节点设备产品可以满足从核心层、汇聚层到接入层的所有应用，为用户提供了面向未来的城域网整体解决方案。图 4.1 为中兴通讯基于 SDH 的多业务节点设备产品示意图。整个系列包括 ZXMP S395、ZXMP S390、ZXMP S385、ZXMP S380、ZXMP S360、ZXMP S330、ZXMP S320、ZXMP S310、ZXMP S100。

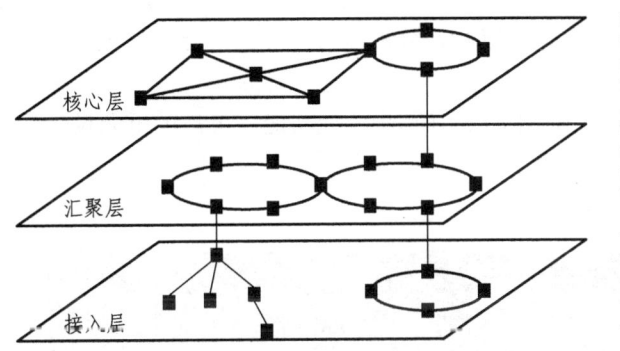

图 4.1 中兴通讯新一代数字传输产品家族

中兴的光传输设备一般都放置在机柜中的子架上，图 4.2 所示为中兴标准机柜图。该机柜有三种标准尺寸，区别仅仅在于高度不同。三种尺寸分别为：

300 mm（深）×600 mm（宽）×2 600 mm（高）
300 mm（深）×600 mm（宽）×2 200 mm（高）
300 mm（深）×600 mm（宽）×2 000 mm（高）

实际工程中选择哪一种，取决于机房实际高度，以及机柜中实际放置的光传输设备型号和数量。

光传输设备一般包括线路接口、支路接口、交叉矩阵、定时电路、公务联络、通信控制等方面。本章重点介绍中兴光传输设备 ZXMP S320。

图 4.2 中兴标准机柜图

4.1 中兴常用光传输设备 ZXMP S320

4.1.1 ZXMP S320 设备简介

ZXMP S320 设备是中兴通讯推出的以 SDH 设备为基础的 STM-4 级别紧凑型城域网设备，体积小、功能强，主要应用于城域接入层。

ZXMP S320 设备严格遵循 ITU-T 的建议和国家标准，支持欧洲 SDH 映射路径标准，最大可提供四个 STM-1 光方向和两个 STM-4 光方向的组网能力，能够实现 STM-1 到 STM-4 的平滑升级，以及数据业务和传统 SDH 业务的接入和处理。

ZXMP S320 设备提供完善的网元和网络级保护机制，力保在某些故障情况下业务正常传送，网元级保护包括重要单板 1+1 热备份、支路板 1：N 保护等，网络级保护包括复用段保护、通道保护等。

ZXMP S320 采用 Unitrans ZXONM E300 光网络产品网元/子网层统一网管系统（简称 ZXONM E300）。该网管具有网元管理层和部分网络管理层的功能，可统一管理中兴通讯的城域网设备和传统 SDH 设备。

同时 ZXMP S32 还具有基于 SSM 的定时同步处理功能、灵活的电源设计、采用自主开发的 ASIC 和完善的网管功能。

ZXMP S320 设备外形如图 4.3 所示。

图 4.3 ZXMP S320 设备外形图

ZXMP S320 设备由固定后背板的机箱、插入机箱内的功能单板，以及一个可拆卸、可监控的风扇单元组成。风扇单元与各个单板间设有尾纤托板作为引出尾纤的通道。设备采用背板+单板模块化设计，将整个系统划分为不同的单板，每个单板包含不同的功能模块，各个单板通过机箱内的背板总线相互连接。因此 ZXMP S320 可以选择相应功能单板完成不同功能要求的网元设备。ZXMP S320 设备结构图如图 4.4 所示。

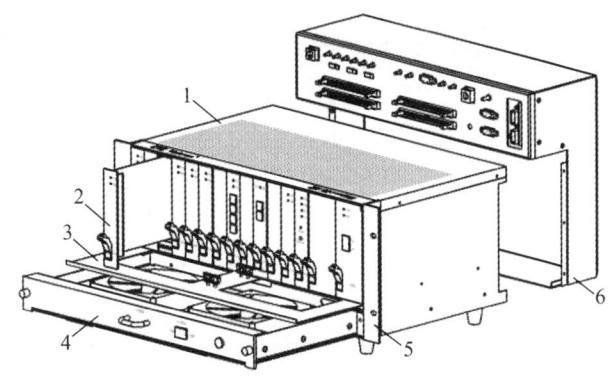

1—机箱;2—单板;3—尾纤托板;4—风扇单元;5—安装支耳;6—前出线组件

图 4.4　ZXMP S320 设备结构图

ZXMP S320 设备结构件的外形尺寸、质量参数如表 4.1 所示。

表 4.1　ZXMP S320 设备外形尺寸、质量一览表

设备结构件	外形尺寸/mm×mm×mm	质量/kg
ZXMP S320 机箱	199.6（高）×482.8（宽）×321.6（深）	5.7
风扇单元	43.6（高）×394.4（宽）×220.5（深）	1
电源板（PWA，PWB）	128（高）×49.6（宽）×220（深）	—
光接口板（OIB1）	118.5（高）×24.6（宽）×220（深）	—
其余单板	128（高）×24.6（宽）×220（深）	—

注：机箱重量为装有风扇单元的空机箱重量，满配置时的 ZXMP S320 设备质量为 11 kg。

4.1.2　背板（MB1）及背板接口区

背板作为 ZXMP S320 设备机箱的后背板，固定在机箱中，是连接各个单板的载体，同时也是 ZXMP S320 设备同外部信号的连接界面。在背板上分布有 38 M 的数据总线、19 M 和 38 M 的时钟信号线、8 kHz 帧信号线、64 K 开销时钟信号线以及板在位线、电源线等。ZXMP S320 的 PDH 2 M/1.5 M、34 M/45 M 电支路出线均从设备后背板接口引出，尾纤由光板上的光接口引出，也可以经机箱内风扇单元上面的走线区顺延到机箱背板的尾纤过孔引出，数据、音频业务接口在各单板的面板上，设备背板的接口分布如图 4.5 所示。

ZXMP S320 背板各接口的名称和作用如下：

（1）POWER：−48 V（+24 V）电源插座。

（2）Qx：以太网接口，RJ45 插座，SMCC 的本地管理设备接口。

（3）f（CIT）：操作员接口（Craft Interface Terminal），符合 RS232C 规范，采用 DB9 插座，可以接入本地维护终端（LMT）对设备进行监控。

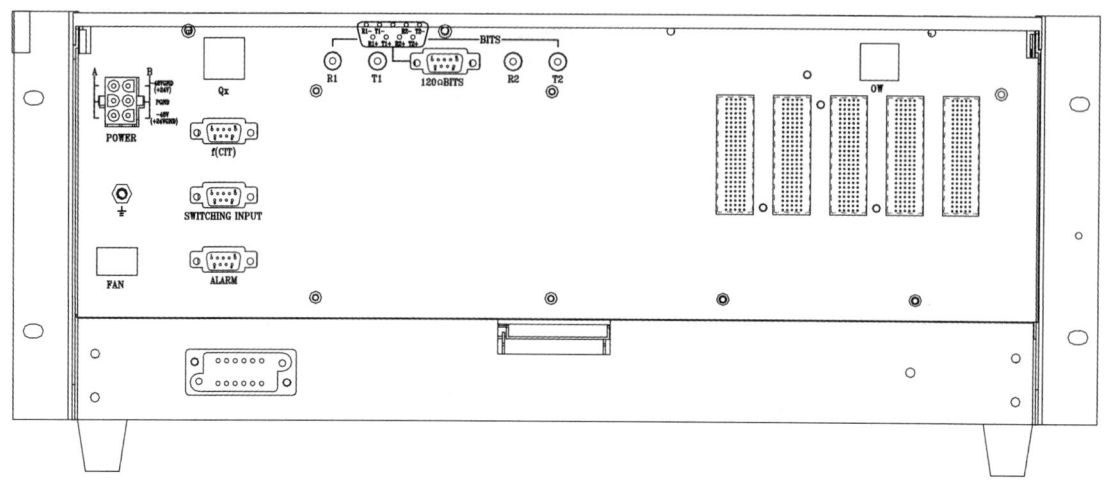

图 4.5　ZXMP S320 背板接口区排列图

（4）SWITCHING INPUT：开关量输入接口，采用 DB9 插座，能接收 4 组 TTL 电平标准开关量作为监控告警输入，可将温度、火警、烟雾、门禁等告警信号传送到网管中进行监视。

（5）ALARM：告警输出接口，DB9 插座，用于连接用户提供的告警箱，输出设备的告警信息。

（6）BITS：BITS 接口区，各插座定义如下：R1：第一路 BITS 输入接口，采用非平衡 75 Ω 同轴插座；T1：第一路 BITS 输出接口，采用非平衡 75 Ω 同轴插座；120 Ω BITS：平衡 120 Ω BITS 接口，采用 DB9 插座，提供两路输入接口、两路输出接口；R2：第二路 BITS 输入接口，采用非平衡 75 Ω 同轴插座；T2：第二路 BITS 输出接口，采用非平衡 75 Ω 同轴插座。

（7）OW：勤务话机接口，采用 RJ11 插座，用于连接勤务电话机。

（8）支路接口区：采用 5 组插座，配合支路插座板，提供最多 63 路 2 M 或 64 路 1.5 M 信号接口，带支路保护的 34 M/45 M 接口也由这个接口区提供。

4.1.3　S320 常用单板

ZXMP S320 设备由面板、扳手、印制电路板（PCB）组成，如图 4.6 所示。

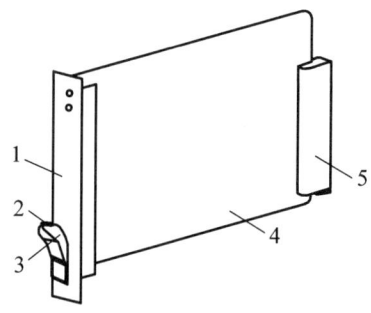

图 4.6　ZXMP S320 单板结构图

1—面板；2—锁定钮；3—扳手；4—PCB 板；5—背板连接插头

单板的面板采用铝合金材料制作，上面有单板的名称、指示灯及其标志，某些单板面板上还有开关和接口，如图 4.7 所示。

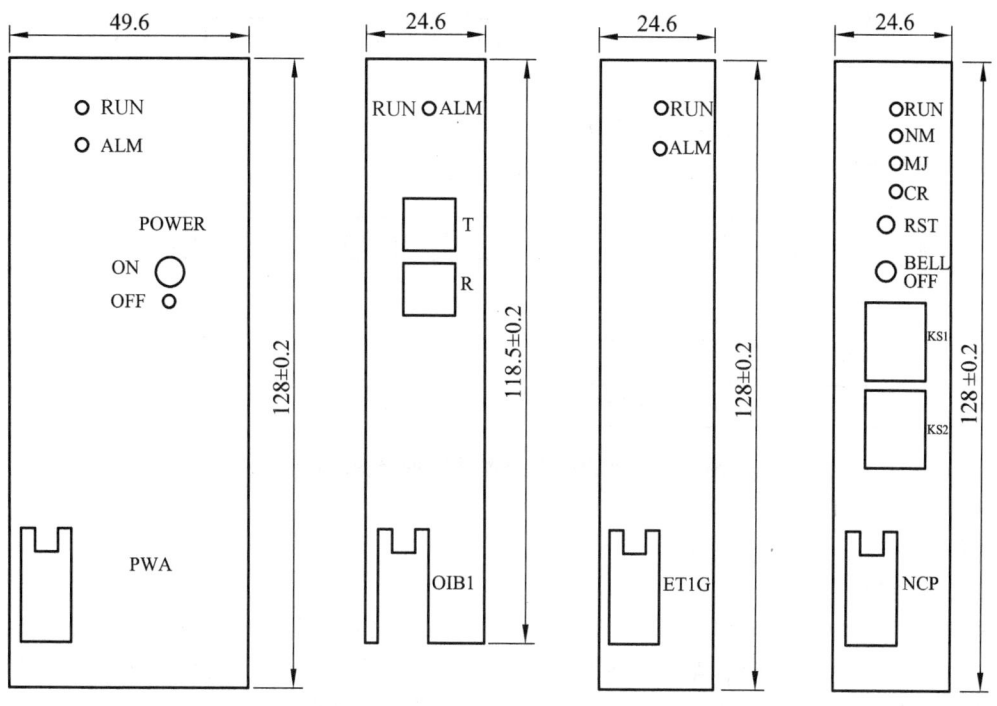

图 4.7　ZXMP S320 单板面板示意图

ZXMP S320 设备共有 15 个单板插槽，如图 4.8 所示。

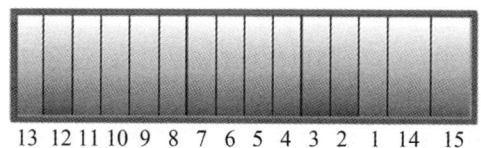

图 4.8　ZXMP S320 单板插槽分布示意图

1. 网元控制处理板（NCP 板）

NCP 是一种智能型的管理控制处理单元，内嵌实时多任务操作系统，实现 ITU-T G.783 建议规定的同步设备管理功能（SEMF）和消息通信功能（MCF）。NCP 是 S320 设备的必备单板，配置时放于第一槽位。

NCP 作为整个系统的网元级监控中心，向上连接子网管理控制中心（SMCC），向下连接各单板管理控制单元（MCU），收发单板监控信息，具备实时处理和通信能力，如图 4.9 所示。NCP 完成本端网元的初始配置，接收和分析来自 SMCC 的命令，通过通信口对各单板下发相应的操作指令，同时将各单板的上报消息转发网管。NCP 还控制本端网元的告警输出和监测外部告警输入，可以强制各单板进行复位。

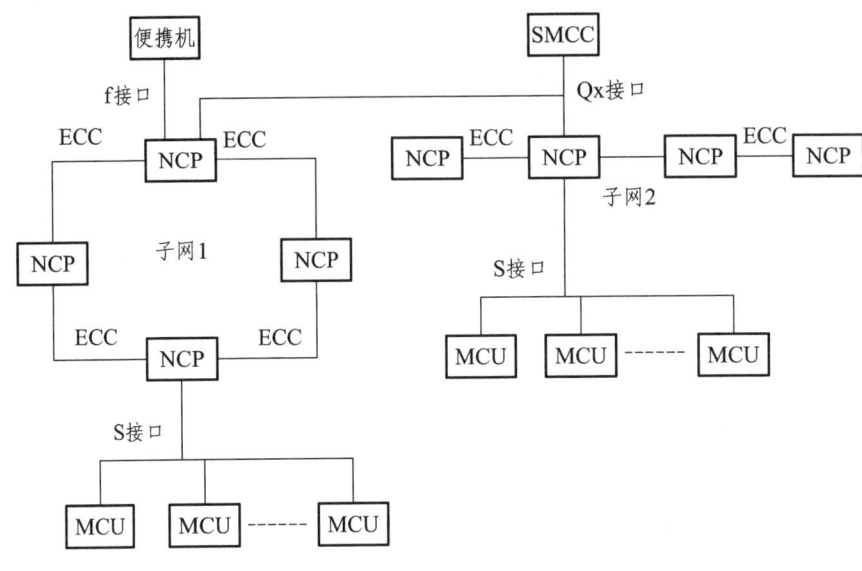

图 4.9　ZXMP S320 网络管理结构示意图

1）网元控制处理板（NCP）的接口

（1）S 接口。

S 接口是 NCP 板与系统时钟板、勤务板、光板、交叉板及各种电支路板等单板通信的接口。NCP 板通过 S 接口给各单板管理控制处理器（MCU）下达配置命令，并采集各单板的性能和告警信息。ZXMP-S320NCP 的 S 接口采用 TTL 电平的 UART 主从多机通信方式。

（2）ECC 通道。

ECC 是 SDH 网元之间交流信息的通道，利用 SDH 段开销中的 DCC（D1~D3 字节）作为 ECC 的物理通道，数据链路层采用 HDLC 协议，工作在同步方式，其通信速率为 192 kbps。

（3）Qx 接口。

Qx 是满足 10Base-T/100Base-TX 的以太网标准接口，符合 TCP/IP 协议，是网元与子网管理控制中心（SMCC）的通信接口。NCP 板通过 Qx 口可向 SMCC 上报本网元及所在子网的告警和性能，并接收 SMCC 给本网元及所在子网下达的各种命令。

（4）f 接口。

f 接口是网元与本地管理终端 LMT（通常是便携机）之间的通信接口，一般为工程维护人员使用，通过 f 接口可以为 NCP 配置初始数据，也可以连接本地网元的监视终端。f 接口满足 RS232 电气特征，通讯速率为 9 600 bps。

（5）单板复位。

NCP 为本端网元的所有 MCU 提供复位信号，SMCC 可以通过 NCP 硬件复位 MCU。

2）NCP 板的工作原理

NCP 采用功能强大的多串口协议处理器作为核心控制器，从而使得系统的硬件可以简单、高效地实现，其工作原理如图 4.10 所示。

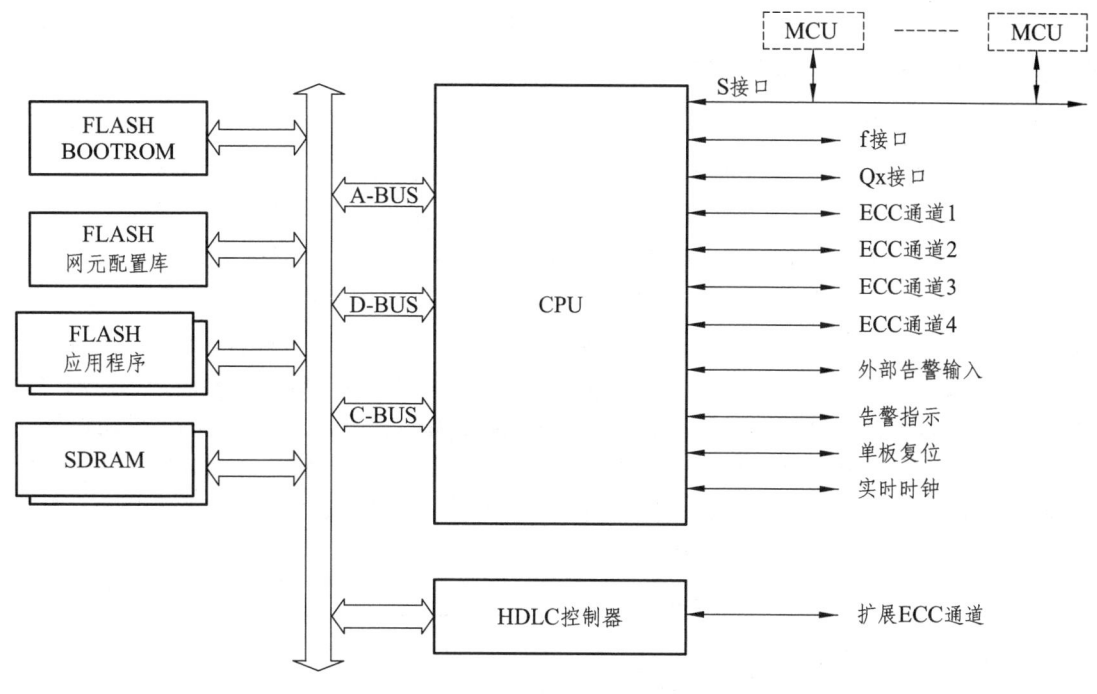

图 4.10 NCP 板的工作原理框图

（1）接口功能的实现。

利用核心控制器提供的通信接口功能，直接实现 S 接口、f 接口、Qx 接口以及 4 个 ECC 通道，利用一个单独的 HDLC 控制器实现 2 个扩展 ECC 通道，即一块 NCP 板可以提供 6 个 ECC 通道。

（2）信息存储的实现。

用容量不同的 FLASH MEMORY 作为系统的 BOOT-ROM、网元配置信息库和单板程序存储器，分别存储单板启动程序、网元配置信息和单板应用程序。主程序为 2002 年 8 月以后版本的 NCP 板将存储单板程序的 FLASH MEMORY，划分为程序区 1、程序区 2 和数据备份区，实现程序、数据备份，在程序、数据升级操作失败时，设备可以自动启用备用存储区，继续正常工作。

采用 SDRAM 保存系统运行时的临时信息。核心控制器通过地址总线、数据总线和控制总线完成对这些存储器的读写。

（3）实时时钟。

NCP 板提供不间断的实时时钟（REAL-TIME CLOCK），用于网元监控时确定事件和告警的发生、消失时间。实时时钟由核心控制器内部集成的 REAL-TIME CLOCK 模块实现，当 NCP 板掉电后，采用备用电池 GB1 为 REAL-TIME CLOCK 模块供电，保证实时时钟的不间断运行。

（4）工作状态。

NCP 板有三种工作状态，分别为配置状态、监视状态和正常启动状态。

- 配置状态用于本地下载 NCP 应用程序和设置 NCP 的初始参数。
- 监视状态用于监视 NCP 板运行状态，仅在调试时使用。

● 正常启动状态用于启动 NCP 应用程序,在这种状态下可以实现网元的业务功能和网管监控。通过操作拨码开关和截铃按钮可以分别使 NCP 板进入上述三种状态。

3) NCP 板的外形图

NCP 板面板上共设有 4 个状态指示灯,由上到下分别标志为"RUN","MN","MJ"和"CR",如图 4.11 所示。这些指示灯可以反映本端网元的工作状态,各个指示灯的含义如下:

"RUN"是运行指示灯,为绿色,长亮表示等待配置数据,1 秒闪烁 1 次表示 NCP 板正常运行且已有网管主机登录和管理,1 秒闪烁 2 次表示系统正常运行,但没有网管主机登录。"MN"是一般告警指示灯,为黄色,本端网元有一般告警时长亮,并随告警的消失而熄灭;"MJ"是主要告警指示灯,为红色,本端网元有主要告警时长亮,并随告警的消失而熄灭;"CR"是严重告警指示灯,为红色,本端网元有严重告警时长亮,并随告警的消失而熄灭。

在 NCP 板的 PCB 板上设有 HL2、HL3 两个指示灯和一个蜂鸣器 B1。HL2 和 HL3 分别作为 NCP 板上以太网口的数据收、发指示;B1 用于存在告警时,发出声音提醒用户,其告警音可以通过面板上的截铃按钮关闭或打开。

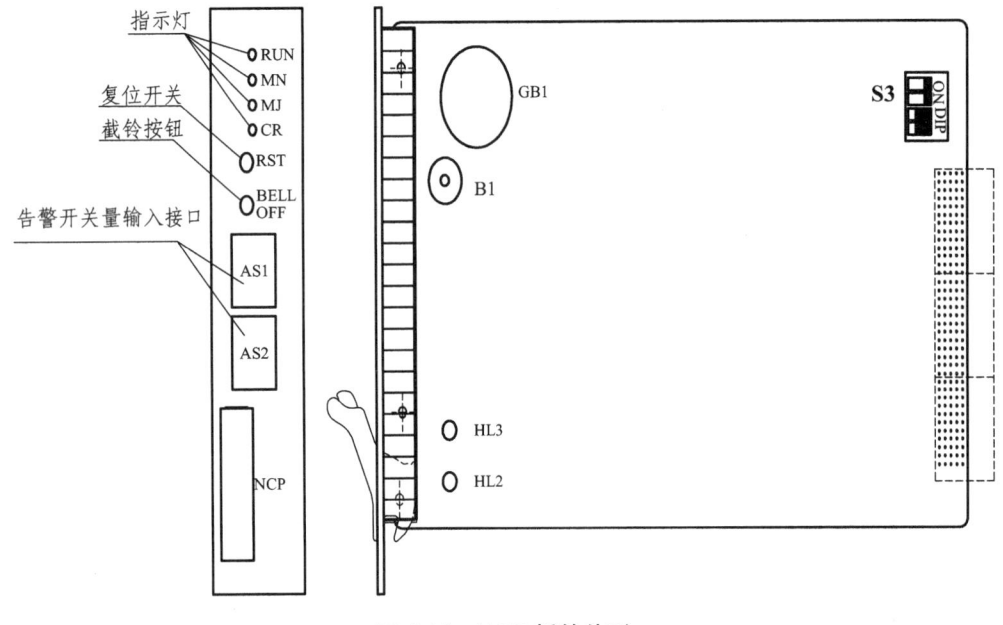

图 4.11 NCP 板的外形

2. 系统时钟板(SCB 板)

SCB 的主要功能是为 SDH 网元提供符合 ITU-T G.813 规范的时钟信号和系统帧头,同时也提供系统开销总线时钟及帧头,使网络中各节点网元时钟的频率和相位都控制在预先确定的容差范围内,以便使网内的数字流实现正确有效的传输和交换,避免数据因时钟不同步而产生滑动损伤。

SCB 设有 2 个标准 2.048 Mbps 的 BITS 时钟输入接口,6 个 8 K 线路时钟输入基准和 5 路可选支路时钟输入基准,根据各时钟基准源的告警信息以及时钟同步状态信息(SSM)完成时钟基准源的保护倒换,如图 4.12 所示。

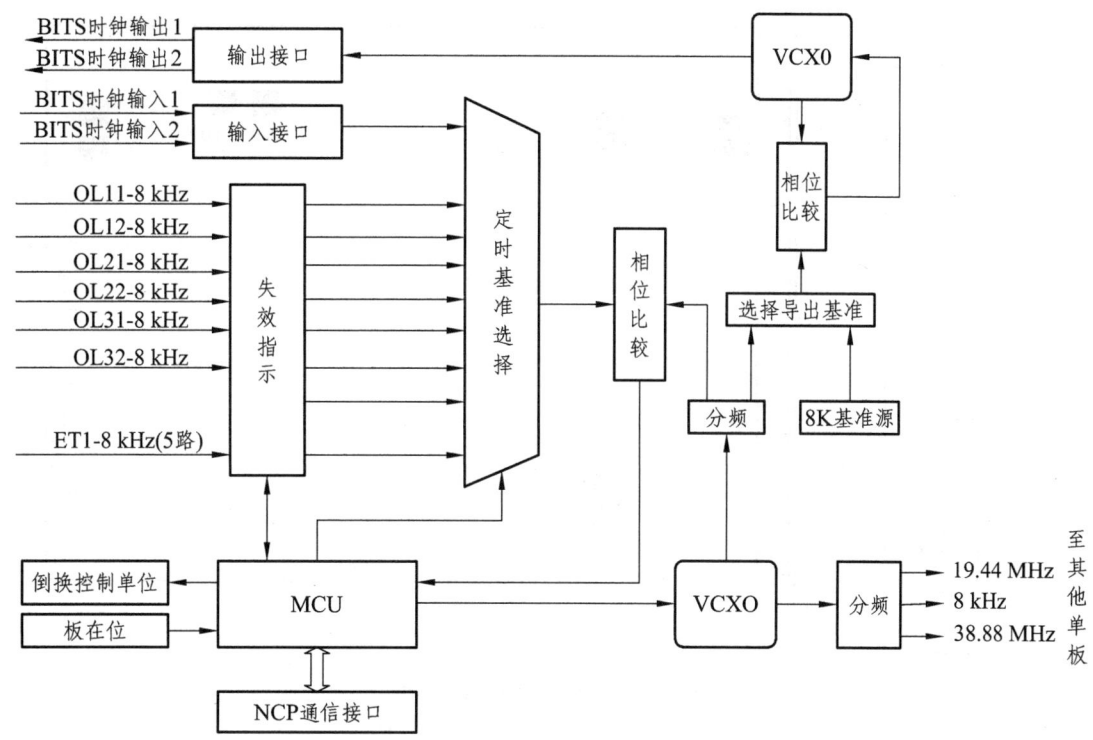

图 4.12 系统时钟板（SCB）的工作原理图

1）工作原理

SCB 板从输入的有效定时源中选择网元的定时参考基准，并将定时基准分配至网元内其他单元。系统时钟板包括时钟基准的选择、锁相环、告警检测等部分，可以实现 SSM 信息的处理、系统时钟板的主备倒换等功能，并可对外提供两路 2 Mbps 的 BITS 时钟输出。

2）工作模式

在 SCB 板实现时钟同步、锁定等功能的过程中有快捕方式、跟踪方式、保持方式、自由运行方式四种工作模式。在 ZXMP S320 系统中，可以同时配置两块系统时钟板（SCB），分别为主、备用系统时钟板，可以放置在第 2、3 号槽位。在没有设置强制倒换，两板都在位且均正常工作时，只有主系统时钟板的时钟输出到背板，当主系统时钟板出现故障时，系统将自动进行倒换并采用备用板的时钟输出信号。系统时钟板的主备用倒换状态可以利用网管软件进行设定，主要包括闭锁、强制倒换、人工倒换、自然倒换四种状态。

3）系统时钟板外形图

SCB 板面板上设有 2 个状态指示灯，由上到下分别标志为"RUN"和"ALM"，用于指示本板的工作状态，如图 4.13 所示。

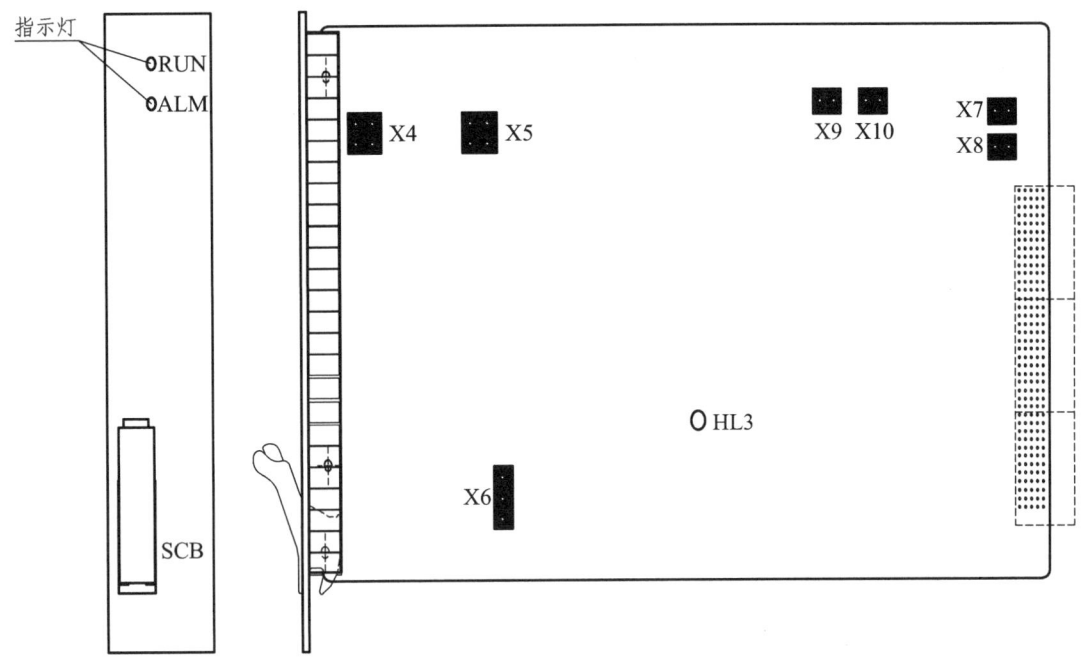

图 4.13　系统时钟板外形图

各个指示灯的含义如下：

"RUN"是运行指示灯，为绿色，1秒闪烁1次表示本板正常运行；"ALM"是告警指示灯，为红色，本板有告警时长亮，并随告警的消失而熄灭。

SCB 板的 PCB 板上还有一个指示灯标志为 HL3，绿色，亮时表示该 SCB 板正向背板输出时钟。

3. OIB1S/D（STM-1 光接口板）

OIB1 板对外提供 1 路或 2 路的 STM-1 标准光接口，实现 VC-4 到 STM-1 之间的开销处理和净负荷传递，完成 AU-4 指针处理和告警检测等功能。提供一路光接口的 OIB1 表示为 OIB1S，提供两路光接口的 OIB1 表示为 OIB1D，能够安插在第 4、5 槽位。为满足不同传输距离等工程需求，OIB1 可提供 S-1.1，L-1.1，L-1.2 等多种光接口收发模块，对于一个 OIB1 板的型号描述需要包含上述信息，例如：OIB1D S-1.1 表示提供两路 S-1.1 标准光接口的 STM-1 光接口板。OIB1 板上光接口适用的光纤连接器类型为 SC/PC 型。

1）工作原理

在发送方向，系统送来的 38 M 信号解复用后成为 19 M 的 VC-4 净负荷，然后加入通道开销（POH），经过 AU-4 指针调整，再插入段开销（SOH），变成 STM-1 电信号，再送光模块，经电/光转换后变成 STM-1 光信号。与此对应，在接收方向，光模块将接收到的 STM-1 光信号经光/电转换，并作相应的 SOH 和 POH 处理，然后将得到的 VC-4 净负荷复用后送至交叉板。

STM-1 光接口板由光接口、时钟恢复与数据再生、段开销处理、通道开销处理、控制电路等部分构成，工作原理如图 4.14 所示，各部分完成的功能如下：

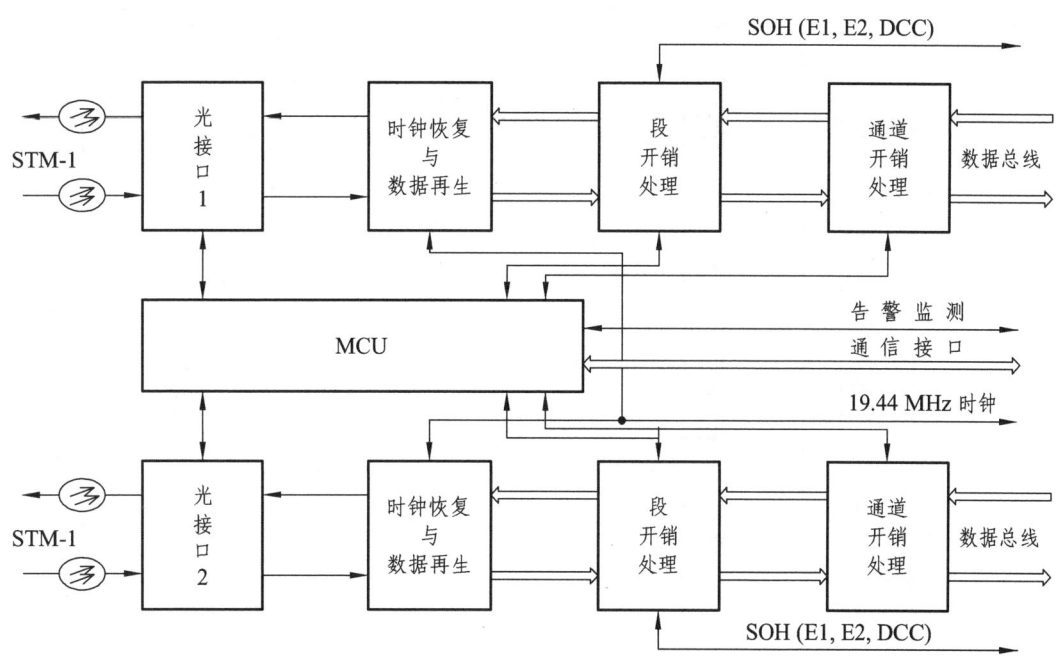

图 4.14 STM-1 光接口板的工作原理图

光接口：完成 STM-1 电信号与光信号之间的转换，及光信号接收检测功能。主要器件采用通用的具有自动增益控制的光收发一体模块，OIB1 板可以提供 S-1.1，L-1.1，L-1.2 等多种类型的光接口模块供用户选择。

时钟恢复与数据再生：时钟恢复与再生电路从接收到的数据码流中恢复出线路时钟，据此时钟对接收数据进行再生。该电路还产生 155.52 MHz 线路时钟的信号。

段开销处理：在接收端，段开销处理电路从接收的数据中锁定帧定位字节实现帧同步，对接收数据解扰码后，提取出段开销；在发送端，段开销处理电路将段开销插入发送数据中，并扰码成帧。段开销中的部分字节通过单板控制电路处理，勤务（E1，E2）和 DCC 等字节分别传送给勤务板和网元控制板处理。

通道开销处理：在接收端，通道开销处理电路完成 AU-4 指针的处理，分离通道开销和净负荷；在发送端，通道开销处理电路完成 AU-4 指针调整并在净负荷中插入通道开销。通道开销字节的处理由单板控制电路完成。

控制电路：该电路对本板的工作状态和工作方式进行监控，完成部分开销处理功能，以及倒换的实现和性能的统计。

通信接口：用于单板与主控制器之间的通信，以实现设备的监控和管理。

告警监测电路：该电路输出本板的告警及状态信号，监测并响应其他单板的告警及状态信息，并为倒换控制提供依据。

2）STM-1 光接口板的外形图

OIB1 板的面板上为每个光口设有一个可变颜色的线路状态指示灯；OIB1D 面板上设有两个指示灯，由上至下分别标志为"RUN1 ALM1"和"RUN2 ALM2"，分别对应于 1 光口和 2 光口的线路工作状态；OIB1S 面板上只有一个指示灯，标志为"RUN1 ALM1"，如图 4.15 所示。

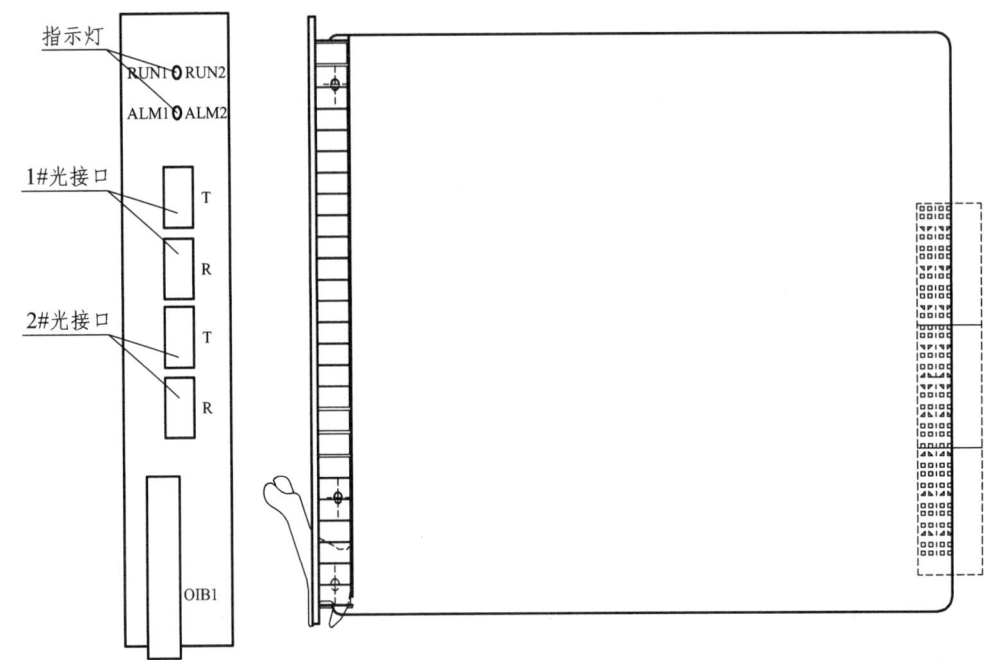

图 4.15 STM-1 光接口板的外形图

当指示灯为绿色,1 秒闪烁 1 次时,表示本板正常运行;指示灯为红色,1 秒闪烁 1 次,表示对应光路有告警。

4. 交叉板（CSB 板）

CSB 在系统中主要完成信号的交叉调配和保护倒换等功能,实现上下业务及带宽管理。

CSB 位于光线路板和支路板之间,完成光路方向四个 STM-1 和支路方向一个 STM-1 之间的低速率支路单元的时隙全交叉,提供等效于 8 个 VC-4 的交叉矩阵容量,实现 VC-4、VC-3、VC-12、VC-11 级别的交叉连接功能,完成群路到群路、群路到支路、支路到支路的业务调度,并可实现通道和复用段业务的保护倒换功能。

在通道保护配置时,CSB 可以自行根据支路告警完成倒换,在复用段保护配置时,CSB 可以根据光线路板传送的倒换控制信号完成倒换。为提高系统的可靠性,ZXMP S320 设备支持 CSB 板的热备份工作方式,主要安插在第 6、7 号槽位。

1) 交叉板（CSB）的工作原理

来自光线路板的下光路信号（4 路 STM-1）输入 CSB,经总线接口输入 252×252 TU-12/336×336 TU-11 的下支路交叉矩阵,下光路直通信号直接交叉到上支路交叉矩阵中,下支路的信号则交叉到一组总线,进行支路总线处理后送入各个支路板。来自支路板的上支路信号输入 CSB,经过支路总线处理后与下光路直通信号共同送入 252×252 TU-12/336×336 TU-11 的上支路全交叉矩阵,进行时隙交叉后经总线接口送入光线路板。如图 4.16 所示。

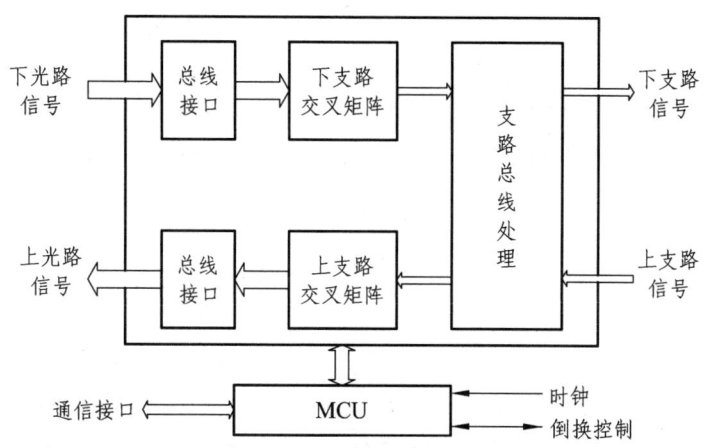

图 4.16 交叉板（CSB）的工作原理图

在 ZXMP S320 系统的 STM-1 应用时，可以同时配置两块 CSB 板，分别为主、备用交叉板，在没有设置强制倒换，两板都在位且均正常工作时，由主用 CSB 板完成交叉处理，当主用 CSB 板出现故障时，系统将自动倒换到备用 CSB 板完成交叉处理。

CSB 板的主备用倒换状态可以利用网管软件进行设定，包括闭锁、强制倒换、人工倒换和自然倒换四种状态。

2）交叉板（CSB）的板外形

CSB 板面板上设有 2 个状态指示灯，由上到下分别标志为"RUN"和"ALM"，用于指示本板的工作状态，外形如图 4.17 所示。

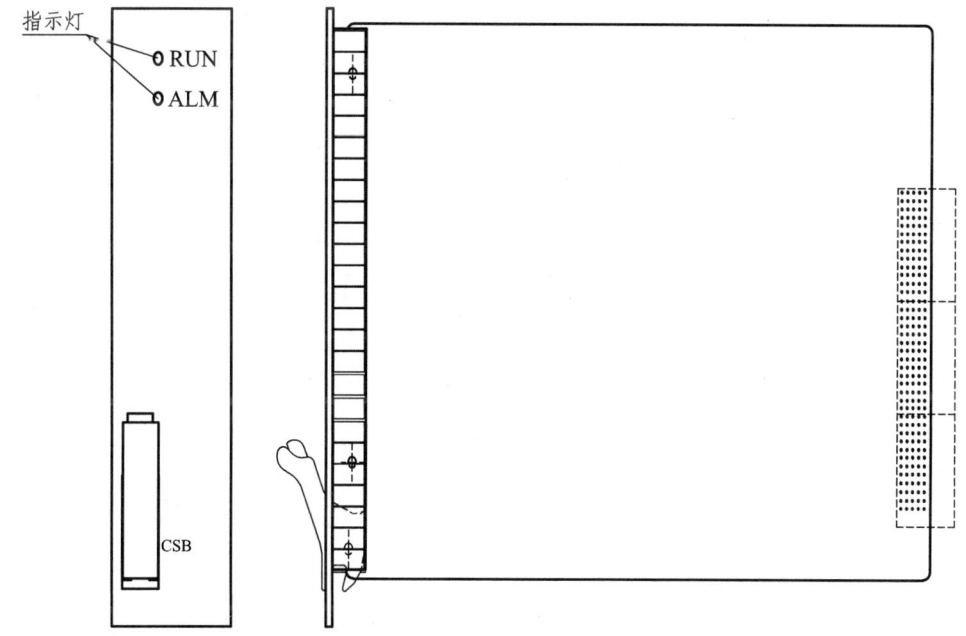

图 4.17 交叉板板外形图

状态指示灯含义如下："RUN"是运行指示灯，为绿色，1 秒闪烁 1 次表示本板正常运行；

"ALM"是告警指示灯,为红色,本板有告警时长亮,并随告警的消失而熄灭。

5. 全交叉 STM-4 光接口板(O4CS)

O4CS 对外提供 1 路或 2 路 STM-4 的光接口,完成 STM-4 光路/电路物理接口转换、时钟恢复与再生、复用解复用、段开销处理、通道开销处理、支路净荷指针处理以及告警监测等功能,安插在第 6、7 号槽位,并且只能安插一块。O4CS 具有 8×8 个 AU-4 容量的空分交叉能力和 1 008×1 008 TU-12/1 344×1 344 TU-11 容量的低阶交叉能力,可以对 2 个 STM-4 光方向,4 个 STM-1 光方向和一个支路方向的信号进行低阶全交叉。O4CS 根据支路告警完成通道倒换功能,根据 APS 协议完成复用段保护功能。O4CS 将本板上两路 STM-4 光接口传送来的 ECC 开销信号进行处理后复合为一组扩展 ECC 总线传送给 NCP 板。提供一路光接口的 O4CS 表示为 O4CSS,提供两路光接口的 O4CS 表示为 O4CSD。

1)工作原理

O4CS 板包括 STM-4 光线路信号处理和交叉矩阵两大部分,这两部分的工作原理分别和前面介绍过的 OIB1 和 CSB 相类似,工作原理如图 4.18 所示。

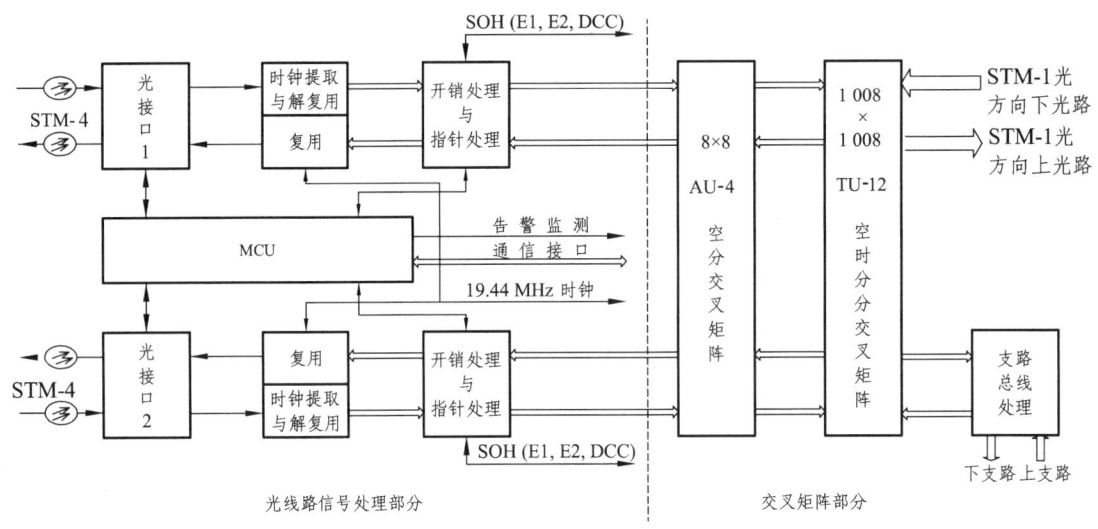

图 4.18 全交叉 STM-4 光接口板工作原理图

光线路信号处理:接收的光信号经收发一体光模块转换成 622 Mbps 的电信号,经过时钟提取和数据解复用后,转换成 4 路 77 Mbps 的 STM-1 信号,送给开销处理芯片进行段开销、通道开销及时钟同步处理,转换成 4 路 38 Mbps 信号进行指针锁定之后,送入交叉矩阵。上光路的信号流程与之相反。

交叉矩阵:交叉矩阵容量为 8×8 AU-4 空分交叉及 1 008×1 008 TU-12/1 344×1 344 TU-11 时分交叉,交叉矩阵可以完成 2 个 STM-4 光方向,4 个 STM-1 光方向和一个支路方向共 13 个 STM-1 信号的低阶全交叉。对 4 个 STM-1 光方向送入的数据信号进行解复用及相应的延时和指针锁定后送入交叉矩阵。对于支路方向的信号,在进行支路总线处理后送入交叉矩阵。空分交叉矩阵可以在复用段倒换时不涉及时分矩阵的交叉,只需进行 AU 级信号的交叉。

2）全交叉 STM-4 光接口板的外形图

在 O4CS 板的面板上为每个光口设置了一个可变颜色的线路状态指示灯，由上至下分别标志为"RUN1 ALM1"和"RUN2 ALM2"，分别对应于 1 光口和 2 光口的线路工作状态。

指示灯为绿色，1 秒闪烁 1 次表示本板正常运行；指示灯为红色，1 秒闪烁 1 次表示对应光路或本板有告警。外形如图 4.19 所示。

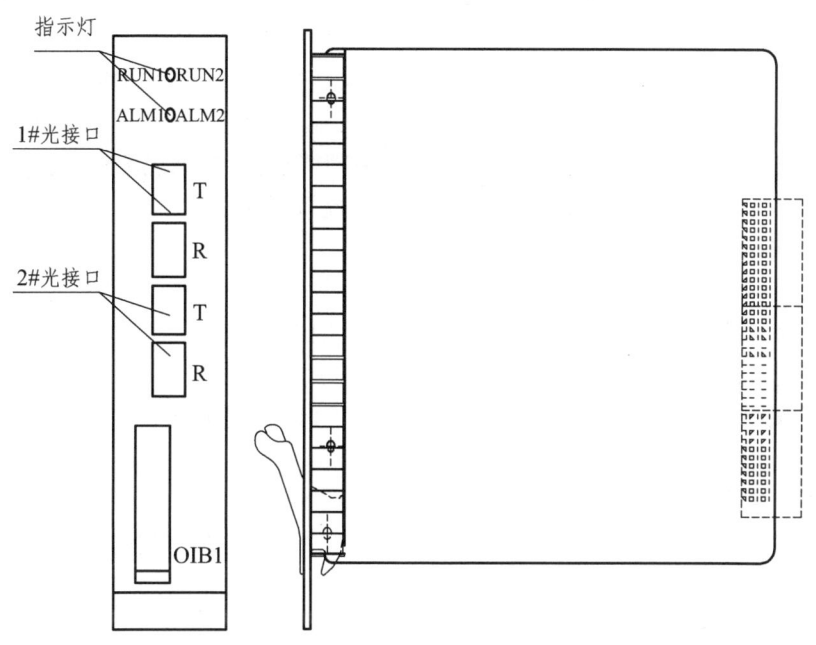

图 4.19　O4CSD 外形图

6. 全交叉 STM-1 光接口板（O1CS）

能够提供 2 个 STM-1 光接口，完成光路/电路物理接口转换、时钟恢复与再生、复用/解复用、段开销处理、通道开销处理、指针净负荷处理以及告警检测等功能，主要安插在第 6、7 号槽位，并且只能安插一块。

7. 电支路板（ET1、ET3）

电支路板的位置在第 8～12 槽位（ET3 不能放置在第 11 槽位），其中 8～11 放置主用支路板，12 槽位放置备用支路板。

1）ET1 单板

ET1 可以完成 8 路或 16 路 E1 信号（2 Mbps）经 TUG-2 至 VC-4 的映射和去映射，支路信号的对外连接通过背板接口区连接相应型号的支路插座板实现。

ET1 从 E1 支路信号抽取时钟并供系统同步定时使用。ET1 完成对本板 E1 支路信号的性能和告警分析并上报，但对支路信号的内容不作任何处理。

2）ET3 单板

ET3 单板可以提供 1 路 34 M 和 45 M 的信号，提供 34 M 的单板为 ET3E，提供 45 M 的单板为 ET3D。ET3 完成对本板支路信号的性能和告警分析并上报，但对支路信号的内容不作任何处理。

8. 智能自适应以太网单板（SFE4）

SFE4 可以实现以太网帧映射进 VC-12。单板的硬件核心是一块以太网交换芯片，提供 4/8 个 LAN 接口和 8 个广域网方向，每个广域网方向由 1~47 个 VC-12 实现任意绑定（采用虚级联方式）来调整带宽。4/8 个 LAN 接口间可以经该板进行 L2（OSI 第二层）的线速交换。单板支持以下四种运行模式：

（1）缺省模式：交换时屏蔽 VLAN，按照 MAC 地址进行数据包的转发。

优点是当业务包含大量的 VLAN 时，可以减小配置工作量。

缺点是业务的安全性不能得到有效保证。

（2）透传模式：点到点传送，屏蔽 MAC 地址和 VLAN。

优点是当业务包含大量的 VLAN 时，可以减小配置工作量，实现对各种协议帧（包括 802.1x）的透明传送。

（3）虚拟局域网模式：交换时按照 MAC 地址和 VLAN 进行数据包的转发。

优点是业务的安全性可以得到有效保证。

缺点是当业务包含大量的 VLAN 时，需要逐个配置，工作量较大。

（4）虚拟通道模式：交换时按照 MAC 地址和 VLAN 进行数据包的转发。

可以实现 QINQ 功能，减少 VLAN 的数量。

9. 勤务板（OW 板）

OW 板利用 SDH 段开销中的 E1 字节和 E2 字节提供两条互不交叉的话音通道，一条用于再生段（E1），另一条用于复用段（E2），从而实现各个 SDH 网元之间的语音联络。

OW 板采用 PCM 语音编码，使用双音频信令，能够通过网管软件中的设定实现点对点、点对多点、点对组、点对全线的呼叫和通话。OW 板利用 SDH 段开销中的 F1 字节给用户提供一个标准的 RS232C 同向数据接口，可实现 SDH 网元间的点对点数据传送。

OW 板还包含开销交叉功能，完成 6 个光口的空闲开销与支路音频/数据板的 HW 总线进行 36×36 的 64 kbps 全交叉。

1）工作原理

在 SDH 网中，各个网元同时将公务信号发到 E1 和 E2 通道中，OW 板根据网管命令自动选择使用 E1 通道或 E2 通道作为当前公务电话通道。

在通道内传送的号码、信令和语音等信号采用广播方式发送，各个网元接收其他所有网元发送的信号总和，OW 板判断通道状态及是否呼叫本站后，控制电话机是否振铃并接到通道上，实现话音接续，工作原理如图 4.20 所示。

ZXMP S320OW 板的公务信号采用广播方式向通道发送，所以在进行组网时，如果是环形网或子网内包含环形网，就必须将公务通道断开，将 E1 和 E2 通道的环形结构变成链形结构，以保证话音在网中不会循环传输和多路径传输。

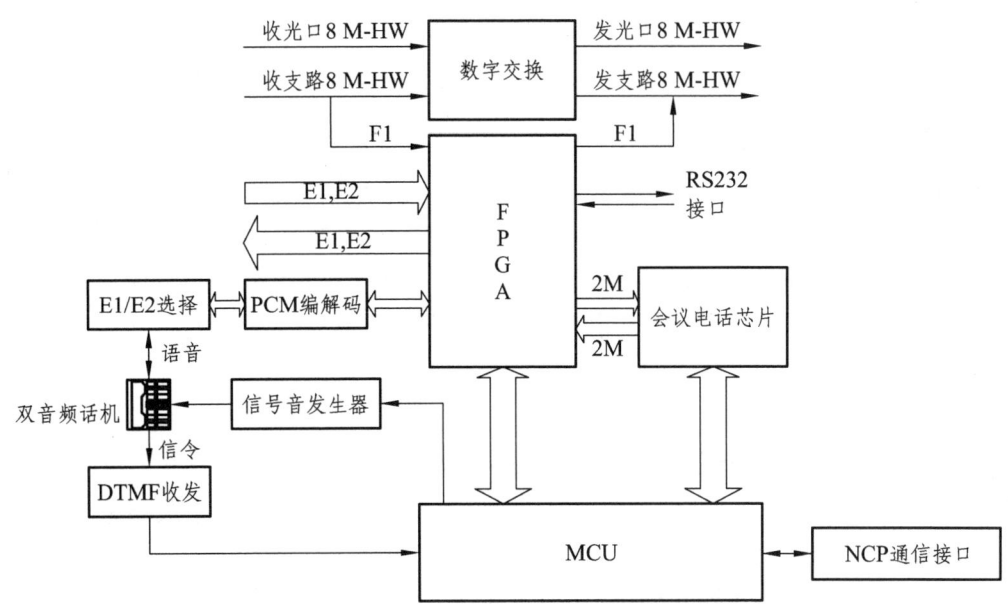

图 4.20 OW 板工作原理图

这种为防止公务通路成环而人为切断通路的网元称作公务控制点网元,公务控制点网元的设定通过网管软件中的公务保护配置功能进行。

2)勤务板(OW)的外形图

OW 板面板上设有 2 个状态指示灯,由上到下分别标志为"RUN","ALM",用于指示本板的工作状态。OW 板外形如图 4.21 所示。

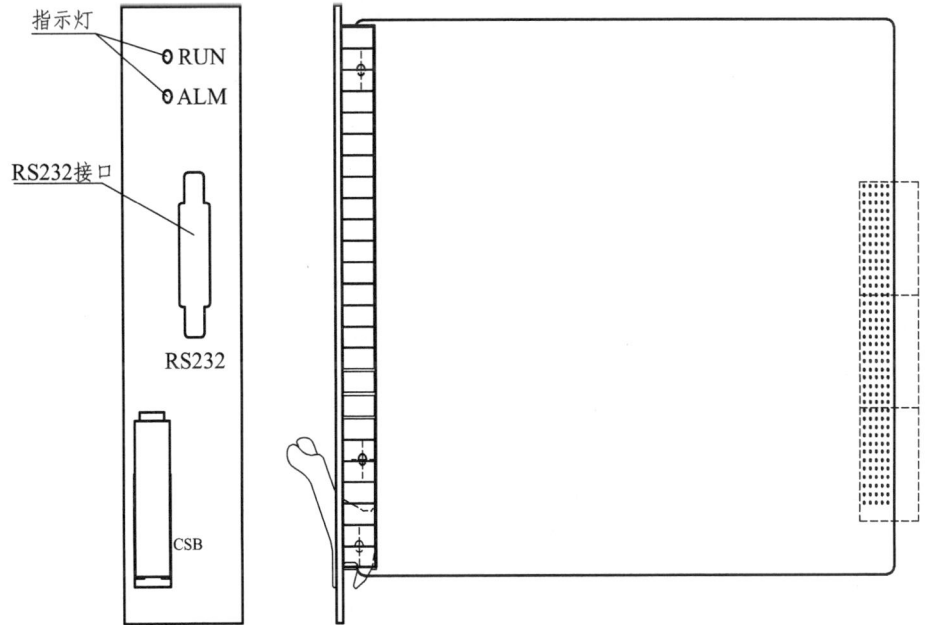

图 4.21 OW 板外形图

"RUN"是运行指示灯,为绿色,1秒闪烁1次表示本板正常运行。

"ALM"是告警指示灯,为红色,本板有告警时长亮,并随告警的消失而熄灭。

10. 电源板(PWA/B 板)

电源板主要提供各单板的工作电源即二次电源,一块电源板相当于一个小功率的 DC/DC 变换器,能为 ZXMP S320 设备内的各个单板提供其运行所需的 +3.3 V, +5 V, -5 V 和 -48 V 直流电源。为满足不同的供电环境,ZXMP S320 提供了 PWA 和 PWB 两种电源板,分别适用于一次电源为 -48 V 和 +24 V 的情况。为提高系统供电的可靠性,ZXMP S320 设备支持电源板的热备份工作方式。

1)工作原理

输入滤波及保护部分包括输入开关、保险丝、防雷防浪涌电路、EMI 滤波电路和软启动电路等,实现对输入电源的 EMI 滤波,对雷击、浪涌冲击的防护以及过/欠压保护等功能,提高对输入电源的适应能力。

功率变换部分电路采用模块电源,将输入的一次电源转换成 ±5 V 以及 +3.3 V 的直流电输出。

输出滤波部分的主要功能是降低输出纹波电压,提高输出电压的稳定度。

控制电路部分包括输入过/欠压保护电路和输出过压/欠压保护电路等,完成各种保护、控制功能,同时实现单板故障告警功能、输出故障信号及板在位信号等,工作原理如图 4.22 所示。

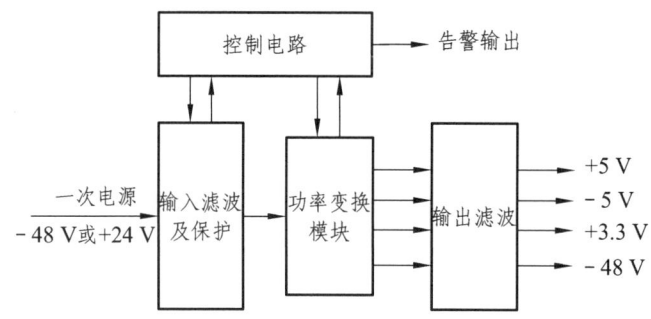

图 4.22 电源板工作原理图

2)源板外形图

电源板的面板上设有 2 个状态指示灯,由上到下分别标志为"RUN"和"ALRM",用于指示本板的工作状态,如图 4.23 所示,各个指示灯的含义如下:

"RUN"是运行指示灯,为绿色,长亮表示本板正常运行。

"ALRM"是告警指示灯,为红色,本板有告警时长亮,并随告警的消失而熄灭。当设备接入一次电源后,电源板开关未接通时这个指示灯长亮,即安装电源板但未打开面板上的电源开关被视为告警。

11. 备用支路板

当需要 ZXMP S320 具有支路板保护功能时,应配置 1∶N 支路板保护。对于 T1/E1 支路板,N≤4;对于 E3/T3 支路板,N≤3。备用支路板板位固定在第 14 号槽位,其型号应与主用支路板的型号一致。要实现支路板保护,还需要根据业务接口类型配置合适型号的支路倒换板。

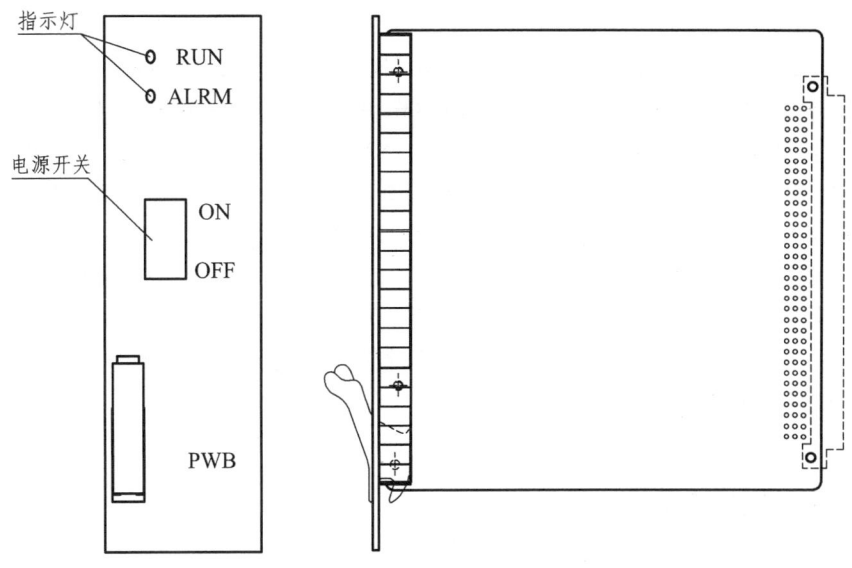

图 4.23 电源板外形图

ZXMP S320 设备的支路插座板的选择应当根据需要的接口数量和类型进行选择，同时要注意与系统的支路板配置相对应。当需要配置 1：N 支路板保护功能时，应当选择相应的支路倒换板完成信号输出。说明：当选用支路插座板 ETB 时，要将 ET1 板安装在 12 槽位。系统提供的支路插座板资源见表 4.2。

表 4.2 支路插座板资源一览表

序号	型号	板类型说明
1	ETA	63×2 M，SCI 同轴，支路插座板
2	ETB	16×2 M，75 Ω 同轴，支路插座板
3	ETC	63×2 M，75 Ω 同轴，支路插座板
4	ETD	63×2 M，120 Ω 同轴，支路插座板
5	TST	3×34 M（45 M），75 Ω 同轴，支路倒换板
6	TSA	63×2 M/64×1.5 M，平衡 120 Ω/100 Ω 任意配置；兼容 3×34 M（45 M），75 Ω 同轴，支路倒换板

4.2 ZXMP S320 网管软件

4.2.1 网管简介

Unitrans ZXONM 是中兴通讯股份有限公司光传输网管系列产品的产品商标。ITU-T M.3 010 将管理层模型划分为网元层（NEL）、网元管理层（EML）、网络管理层（NML）、业务管理层（SML）、事务管理层（BML）。ZXONM 的网元管理层提供 E100/E300/E400 解决方案，网络管理层提供 ZXONM N100 解决方案。

ZXONM E100，基于 Windows 平台的网元层网管系统，主要管理的设备对象包括 ZXSM-150，ZXSM-600，ZXSM-150S，ZXSM-150（V2），ZXSM-600（V2），ZXSM-10，ZXSM-150/600/2500 等 SDH 产品；ZXONM E300，基于 Windows 2000 和 Unix 平台的网元层网管系统，主要管理对象包括 ZXSM-10G，ZXSM-2500（V10.0），ZXSM-150/600/2500，ZXSM-150（V2），ZXSM-600（V2），ZXMP S320/S380/S390/M800 等设备；ZXONM E400，基于 Windows NT 的网元层网管系统，主要管理 DWDM 产品；ZXONM E500，基于 Unix 平台的网元层网管系统，主要管理 DWDM 产品；ZXONM N100，基于 Windows 和 Unix 平台的网络层网管系统，可管理 SDH 和 DWDM 设备，并可对其他网管提供 CORBA、Q3 等接口。

ZXMP S320 设备设备采用 ZXONM E300 网管软件实现设备硬件系统和传输网络的管理和监视，协调传输网络的工作。

4.2.2 网管结构简介

ZXONM E300 系统采用四层结构，分别为设备层、网元层、网元管理层和子网管理层，并可向网络管理层提供 Corba 接口。ZXONM E300 网管系统的层次结构如图 4.24 所示。

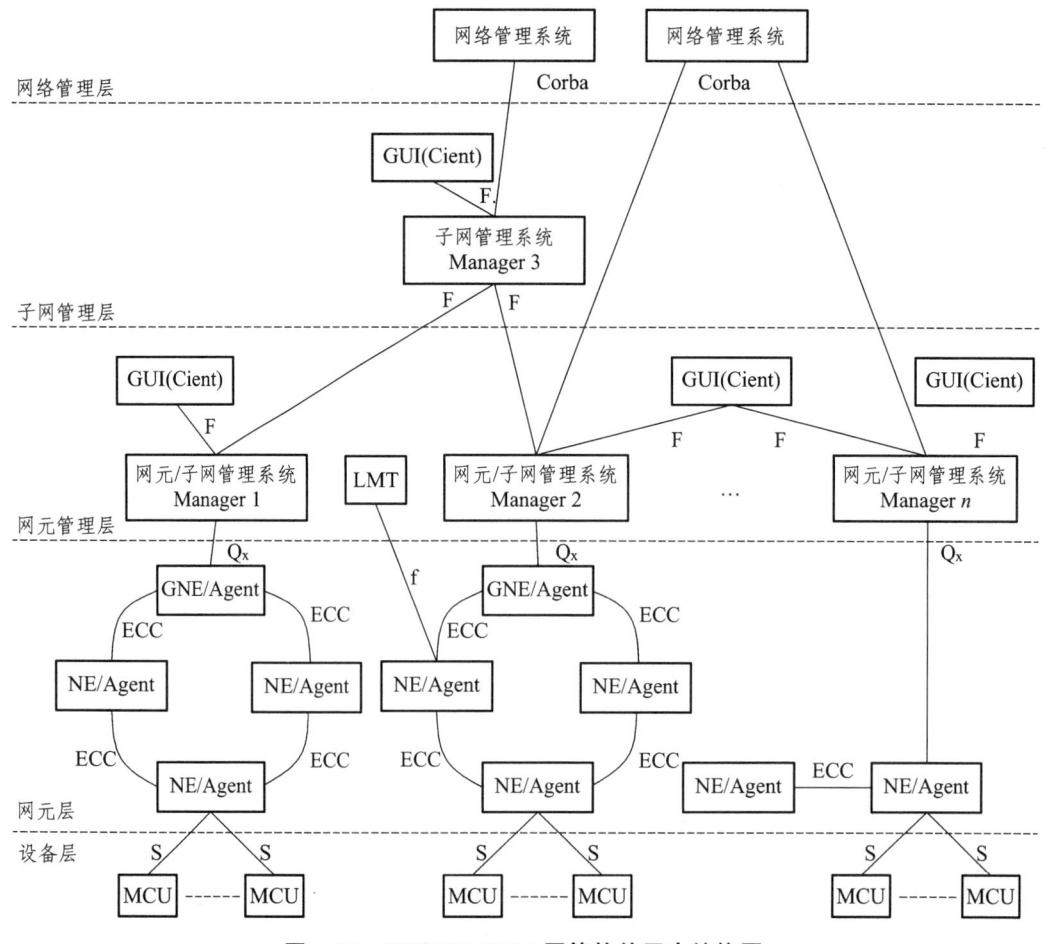

图 4.24 ZXONM E300 网管软件层次结构图

1. 层次介绍

设备层（MCU）：负责监视单板的告警、性能状况，接收网管系统命令，控制单板实现特定的操作。

网元层（NE）：在网管系统中为 Agent，执行对单个网元的管理职能，在网元上电初始化时对各单板进行配置处理，正常运行状态下负责监控整个网元的告警、性能状况，通过网关网元（GNE）接收网元管理层（Manager）的监控命令并进行处理。

网元管理层（Manager）：用于控制和协调一系列网元，包括管理者 Manager，用户界面 GUI 和本地维护终端 LMT。其中，网元管理层的核心为 Manager（或服务器 Server），可同时管理多个子网，控制和协调网元设备；GUI 提供图形用户界面，将用户管理要求转换为内部格式命令下发至 Manager；LMT 通过控制用户权限和软件功能部件实现 GUI 和 Manager 的一种简单合成，提供弱化的网元管理功能，主要用于本地网元的开通维护。

子网管理层：子网管理层的组成结构和网元管理层类似，对网元的配置、维护命令通过网元管理层的网管间接实现。子网管理系统下发命令给网元管理系统，网元管理系统再转发给网元，执行完成后，网元通过网元管理系统给子网管理系统应答，并可向网络管理层提供 Corba 接口。

2. E300 软件接口

Qx 接口：在图 4.24 中为 Agent 与 Manager 的接口，即 NCP 板与 Manager 程序所在计算机的接口，遵循 TCP/IP 协议。

F 接口：为 GUI 与 Manager 的接口，即 GUI 与 Manager 程序所在计算机的接口，遵循 TCP/IP 协议。

f 接口：为 Agent 与 LMT 的接口，即 NCP 板与维护终端的接口，维护终端安装有相应的网管软件，遵循 TCP/IP 协议。

S 接口：为 Agent 与 MCU 的接口，即 NCP 板与单板的通信接口。S 接口采用基于 HDLC 通信机制进行一点对多点的通信。

ECC 接口：为 Agent 与 Agent 的接口，即网元与网元之间的通信接口。ECC 接口采用 DCC 进行通信，可考虑同时支持自定义通信协议和标准协议，在 Agent 上完成网桥功能。

3. ZXONM E300 软件组成

ZXONM E300 网管系统软件包括 GUI，Manager，Database 和 Agent 四部分。Agent 运行于 NCP 板外，GUI、Manager 和 Database 均可运行在 HP、SUN 或 PC 平台上，支持的环境包括 HP-UX、Soliar 以及 Windows 2000，如图 4.25 所示。

管理者 Manager：也称为服务器 Server；

用户界面 GUI：也称为客户端 Client。GUI 基本上不保存动态的网管数据，这些数据在 GUI 使用时通过 Manager 从数据库中提取；

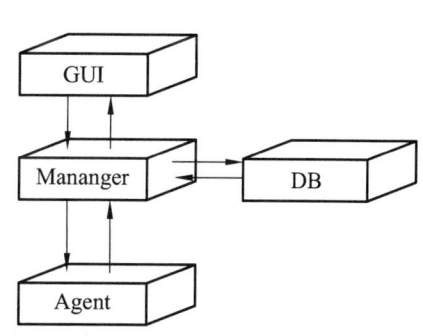

图 4.25　E300 软件结构图

数据库 Database：主要完成界面和管理功能模块的信息查询、配置、告警等信息的存储，数据一致性的处理；

网元 Agent：Agent 位于网元层。

4. 网管体系

ZXONM 网管采用 GUI/Manager-DB/Agent 三层 Client/Server 方式实现，各个模块之间是 Client/Server 的关系；在 GUI 和 Manager 之间，GUI 是客户端，Manager 是服务端；在 Manager 和 DB 之间，Manager 是客户端，DB 是服务端；在 Manager 和 Agent 之间，Manager 是客户端，Agent 是服务端。每个客户端向服务端发送请求，服务端接收请求，处理分析后作出相应的响应。

域管理 Manager 仅保存本域网络管理数据，GUI 基本上不保存动态的网管数据，这些数据在 GUI 使用时通过 Manager 从数据库中提取。

5. E300 特点

1）强大的管理能力

ZXONM E300 所能管理的网元数量主要由硬件的处理能力决定。不同的网络规模可配置不同档次的工作站或服务器，或者采用划分管理域的方法，配置多套网管系统。ZXONM E300 可管理 SDH/DWDM/MSTP/OADM 设备系列，对于一般的服务器平台，管理网元能力为 2 048 个，没有网元组或子网的限制，网元组和子网是逻辑概念，可以任意设置。

2）提供远程网管

可以通过各种组网形式提供远程网管，管理分散区域的传输设备。GUI 和 Manager，Manager 和 Agent 之间都可以通过远程连接进行管理，从而可以方便地实现多网管系统。提供网桥，或路由器 + 基带 Modem 等多种连接方式。

3）灵活的组网方式

GUI 网管中心和 GUI 本地网管同时进行管理，是一种最安全的集中网管实现方式。

4）远程在线升级 NCP 软件

通过 FTP 方式远程下载 NCP 软件，为系统的维护、升级提供方便，保证系统升级的可靠性。

5）高度的灵活性和伸缩性

先进的设计模式：多进程，基于组件化、分布式设计。

实训一　ZXMP S320 网元的建立

用户可根据组网要求选择不同的单板进行配置，使 ZXMP S320 设备实现不同的网元功能。对于需要提供 STM-4 光方向或提供 6 个光方向的情况，应选择 STM-4 级别应用形式。

对于需要提供最多 4 个 STM-1 光方向的情况，可以选择 STM-1 应用形式，也可以选择 STM-4 级别应用形式。

一、STM-4 级别应用时的单板配置

STM-4 级别应用时 ZXMP S320 的单板配置如实训图 1.1 所示。

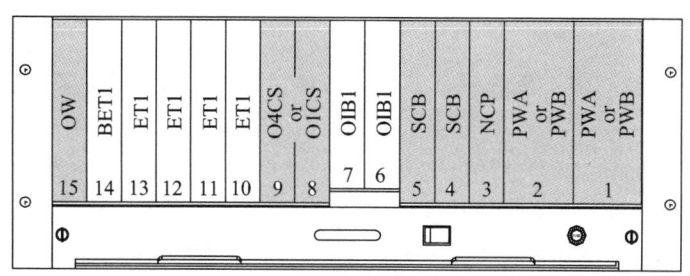

实训图 1.1　STM-4 级别应用 S320 设备单板配置图

实训图 1.1 中 1、2、3、4、5、8、9、15 板位为公共单板板位，一般在配置 ADM 和 TM 网元时都应配置这些公共单板，其余板位的单板可按照实际业务需求进行配置。当网元不需要公务电话和开销交叉功能时，可不配置 OW 板。

二、STM-1 级别应用时的单板配置

在 STM-1 级别应用时，ZXMP S320 设备最多提供 4 个 STM-1 光方向和 1 个 STM-1 容量的支路业务（包括 E1、T1、E3、T3 和音频/数据业务等）。STM-1 级别应用时，ZXMP S320 的单板配置如实训图 1.2 所示。

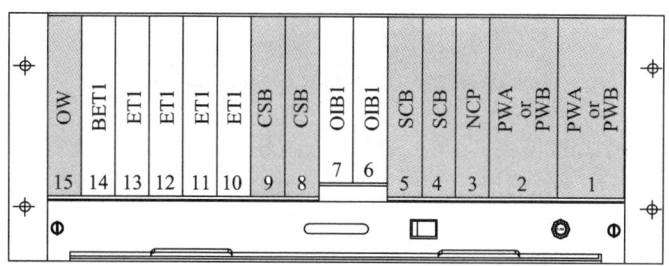

实训图 1.2　STM-1 级别应用 S320 设备单板配置图

实训图 1.2 中 1、2、3、4、5、8、9、15 板位为公共单板板位，一般在配置 ADM，TM 网元时都应配置这些公共单板，其中的电源板（PWA 或 PWB）、交叉板（CSB 或 CSBE）和系统时钟板（SCB）可以只配置一块，也可以配置两块相同型号的单板以实现热备份，其余板位的单板可按照实际业务需求进行配置。当网元不需要公务电话和开销交叉功能时，可不配置 OW 板。

ZXMP S320 目前可以提供 2 种光接口板 O4CS 和 OIB1，每种光接口板又有不同的接口类型。请注意，在实际应用时，各个光口的传输距离会由于光纤类型、线路质量等因素的影响而有所变化。

三、实习步骤及记录

1. 启动网管

启动 Server→启动 GUI；备份一个空的数据库，备份在缺省目录下。

2. 创建网元

在客户端操作窗口中，单击"设备管理"→"创建网元"选项，或单击工具条中的 ▢ 按钮，弹出创建网元对话框。通过定义网元的名称、标识、IP 地址等参数，在网管客户端创建网元。

3. 安装单板

在客户端操作窗口中，双击拓扑图中的网元标识。根据待安装单板的类型，在单板类型选择区单击相应的板按钮，板按钮高亮显示，同时，模拟子架区中可以安装该类型单板的空闲槽位变为亮黄色，单击某个亮黄色槽位，该单板安装完毕。依次安装其他单板。▢ 为取消安装按钮，点击该按钮后，槽位上的亮黄色会消失。

四、练习：SDH 网元的配置

① STM-1 速率的工作模式一：4×STM-1，工作电压 +24 V，能够上下 6 个 2 M 业务。

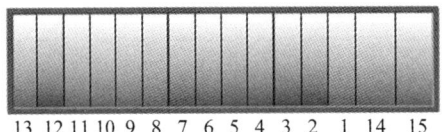

② STM-1 速率的工作模式二：6×STM-1，工作电压 −48 V，能够上下 2 个 34 M 业务。

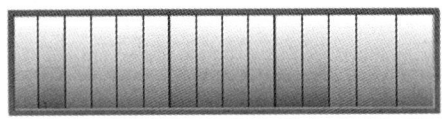

③ STM-4 速率的工作模式：2×STM-4 + 4×STM-1，工作电压 −48 V，能够上下 24 个 2 M 业务和 1 个 34 M 业务。

4.3 SDH 网络的常见网元

SDH 传输网是由不同类型的网元通过光缆线路连接组成的，通过不同的网元完成 SDH 网的传送功能：上/下业务、交叉连接业务、网络故障自愈等。下面我们讲述 SDH 网中常见网元的特点和基本功能。

4.3.1 终端复用设备（TM）

ZXMP S320 TM 设备在线路侧终结群路信号，在终端侧分出和插入 SDH 支路或 PDH 支路信号，终结在线路侧的 SDH 开销。ZXMP S320 TM 设备可以实现 STM-1 至 STM-4 等级的 TM，具备所有标准的 PDH 电支路接口和 SDH 光接口，其接口框图如图 4.26 所示。

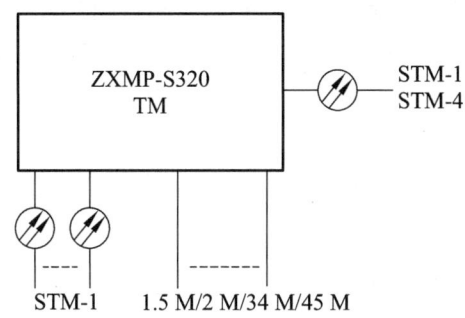

图 4.26 ZXMP S320 TM 设备接口框图

STM-1 等级 ZXMP S320 单 TM 设备的典型配置如图 4.27 所示。STM-4 等级 ZXMP S320 单 TM 设备的典型配置如图 4.28 所示。

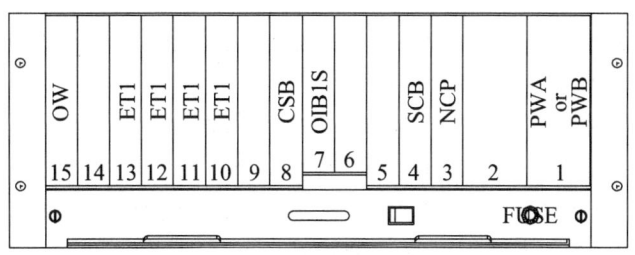

图 4.27 ZXMP S320 单 TM 设备典型配置图

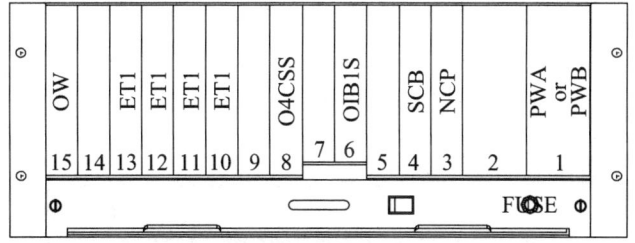

图 4.28 STM-4 等级 ZXMP S320 单 TM 设备典型配置图

它的作用是将支路端口的低速信号复用到线路端口的高速信号 STM-N 中，或从 STM-N 的信号中分出低速支路信号。请注意它的线路端口输入/输出一路 STM-N 信号，而支路端口却可以输出/输入多路低速支路信号。在将低速支路信号复用进 STM-N 帧（将低速信号复用到线路）上时，有一个交叉的功能，例如：可将支路的一个 STM-1 信号复用进线路上的 STM-16 信号中的任意位置上，也就是指复用在 1～16 个 STM-1 的任一个位置上。将支路的 2 Mbps 信号可复用到一个 STM-1 中 63 个 VC-12 的任一个位置上去。对于华为设备，TM 的线路端口（光口）一般以西向端口默认表示的。

4.3.2 分插复用设备（ADM）

ZXMP S320 ADM 设备的每个方向均可上下支路信号，不上下的支路信号可以无损伤地直通。ADM 一个方向的接收侧终结 SOH，而在同一方向上的发送侧又重新插入 SOH。在管理网中，ADM 可以终结、转发、始发 DCC 信息，也可以将 DCC 信息直通。

ZXMP S320 ADM 设备可以实现 STM-1 至 STM-4 等级的分插复用，能够上下标准的 PDH 电支路接口和 SDH 光接口。设备的接口框图如图 4.29 所示。

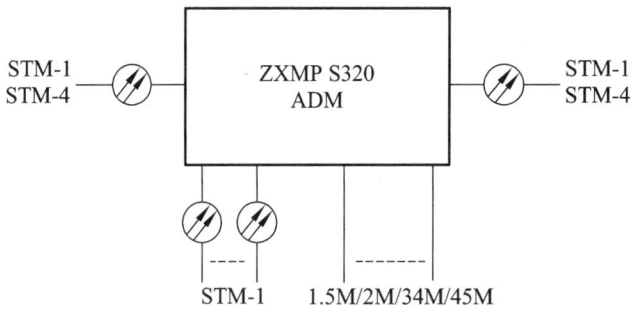

图 4.29　ZXMP S320 ADM 设备接口框图

STM-1 等级 ZXMP S320 ADM 设备的典型配置如图 4.30 所示。STM-4 等级 ZXMP S320 ADM 设备的典型配置如图 4.31 所示。

ADM 有两个线路端口和一个支路端口。两个线路端口各接一侧的光缆（每侧收/发共两根光纤），为了描述方便，我们将其分为西向（W）、东向（E）两个线路端口。ADM 的作用是将低速支路信号交叉复用进东或西向线路上去，或从东或西侧线路端口收的线路信号中拆分出低速支路信号。另外，还可将东/西向线路侧的 STM-N 信号进行交叉连接，例如：将东向 STM-16 中的 3#STM-1 与西向 STM-16 中的 15#STM-1 相连接。

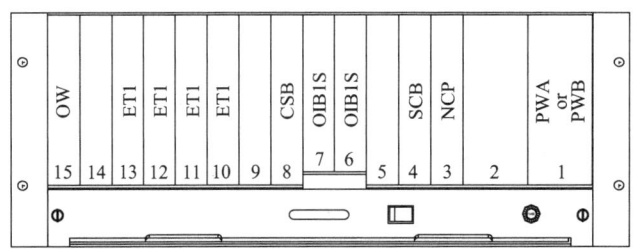

图 4.30　STM-1 等级 S320 ADM 设备典型配置图

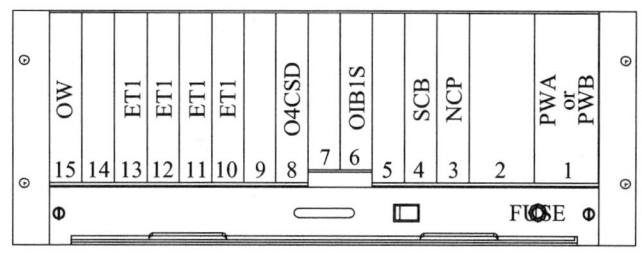

图 4.31　STM-4 等级 ZXMP S320 ADM 设备典型配置图

ADM 是 SDH 最重要的一种网元，可等效成其他网元，即能完成其他网元的功能，例如：一个 ADM 可等效成两个 TM。

4.3.3　中继设备（REG）

ZXMP S320 REG 设备对信号进行再生和放大，不处理业务信号，只处理 RSOH，MSOH 将透明地通过 REG 设备。ZXMP S320 ADM 设备可以实现 STM-1 至 STM-4 等级的再生中继，ZXMP S320 REG 设备的接口框图如图 4.32 所示。STM-1 等级 ZXMP S320 REG 设备的典型配置如图 4.33 所示。STM-4 等级 ZXMP S320 REG 设备的典型配置如图 4.34 所示。

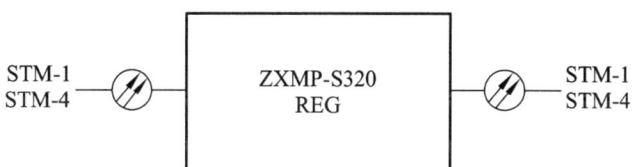

图 4.32　S320 REG 设备接口框图

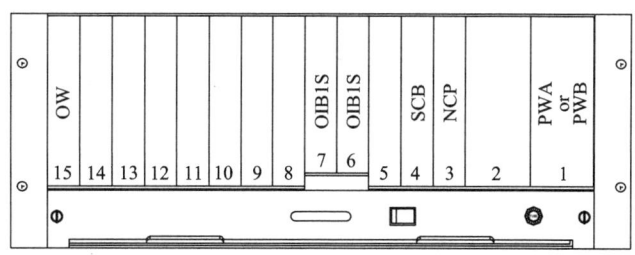

图 4.33　STM-1 等级 S320 REG 设备典型配置图

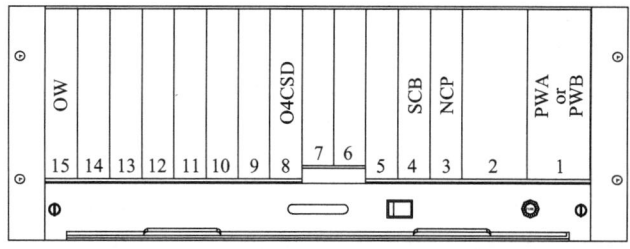

图 4.34　STM-4 等级 ZXMP S320 REG 设备典型配置图

它的作用是将 W/E 侧的光信号经 O/E、抽样、判决、再生整形、E/O 过后在 E 或 W 侧发出。REG 与 ADM 相比仅少了支路端口，所以 ADM 若本地不上/下话路（支路不上/下信号）时完全可以等效一个 REG。

真正的 REG 只需处理 STM-N 帧中的 RSOH，且不需要交叉连接功能（W-E 直通即可），而 ADM 和 TM 因为要完成将低速支路信号分/插到 STM-N 中，所以不仅要处理 RSOH，而且还要处理 MSOH；另外 ADM 和 TM 都具有交叉复用能力（有交叉连接功能），因此用 ADM 来等效 REG 有点大材小用了。

4.3.4　DXC——数字交叉连接设备

数字交叉连接设备完成的主要是 STM-N 信号的交叉连接功能，它是一个多端口器件，实际上相当于一个交叉矩阵，完成各个信号间的交叉连接，如图 4.35 所示。

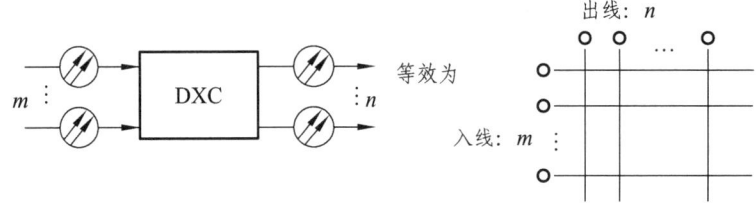

图 4.35　DXC 功能图

DXC 可将输入的 m 路 STM-N 信号交叉连接到输出的 n 路 STM-N 信号上，图 4.35 表示有 m 条入光纤和 n 条出光纤。DXC 的核心是交叉连接，功能强的 DXC 能完成高速（例 STM-16）信号在交叉矩阵内的低级别交叉（例如 VC-12 级别的交叉）。

通常用 DXCm/n 来表示一个 DXC 的类型和性能（注：$m \geq n$），m 表示可接入 DXC 的最高速率等级，n 表示在交叉矩阵中能够进行交叉连接的最低速率级别。m 越大表示 DXC 的承载容量越大；n 越小表示 DXC 的交叉灵活性越大。m 和 n 的相应数值的含义见表 4.3。

表 4.3　m、n 数值与速率对应表

m 或 n	0	1	2	3	4	5	6
速率	64 kbps	2 Mbps	8 Mbps	34 Mbps	140 Mbps 155 Mbps	622 Mbps	2.5 Gbps

4.4　SDH 设备的逻辑功能块

SDH 体制要求不同厂家的产品实现横向兼容，这就必然会要求设备的实现要按照标准的规范，而不同厂家的设备千差万别，怎样才能实现设备的标准化，以达到互连的要求呢？

ITU-T 采用功能参考模型的方法对 SDH 设备进行规范，它将设备所应完成的功能分解为各种基本的标准功能块，功能块的实现与设备的物理实现无关（以哪种方法实现不受限制），不同的设备由这些基本的功能块灵活组合而成，以完成设备不同的功能。通过基本功能块的标准化，来规范了设备的标准化，同时也使规范具有普遍性，叙述清晰简单。

下面以一个 TM 设备的典型功能块组成，来讲述各个基本功能块的作用，应该特别注意的是掌握每个功能块所监测的告警、性能事件及其检测机理，如图 4.36 所示。

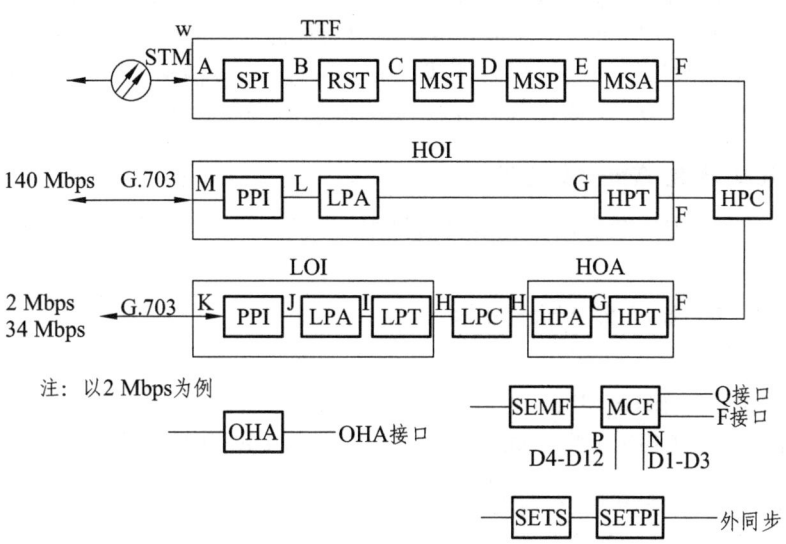

图 4.36　SDH 设备的逻辑功能构成

为了更好地理解图 4.36，对图中出现的功能块名称说明如下：

SPI：SDH 物理接口　　　　　TTF：传送终端功能
RST：再生段终端　　　　　　HOI：高阶接口
MST：复用段终端　　　　　　LOI：低阶接口
MSP：复用段保护　　　　　　HOA：高阶组装器
MSA：复用段适配　　　　　　HPC：高阶通道连接
PPI：PDH 物理接口　　　　　OHA：开销接入功能
LPA：低阶通道适配　　　　　SEMF：同步设备管理功能
LPT：低阶通道终端　　　　　MCF：消息通信功能
LPC：低阶通道连接　　　　　SETS：同步设备时钟源
HPA：高阶通道适配　　　　　SETPI：同步设备定时物理接口
HPT：高阶通道终端

图 4.36 为一个 TM 的功能块组成图，其信号流程是线路上的 STM-N 信号从设备的 A 参考点进入设备，依次经过 A→B→C→D→E→F→G→L→M 拆分成 140 Mbps 的 PDH 信号；经过 A→B→C→D→E→F→G→H→I→J→K 拆分成 2 Mbps 或 34 Mbps 的 PDH 信号（这里以 2 Mbps 信号为例），在这里将其定义为设备的收方向。相应的发方向就是沿这两条路径的反方向将 140 Mbps 和 2 Mbps、34 Mbps 的 PDH 信号复用到线路上的 STM-N 信号帧中。设备的这些功能是由各个基本功能块共同完成的。

4.4.1 SPI：SDH 物理接口功能块

SPI 是设备和光路的接口，主要完成光/电变换、电/光变换，提取线路定时，以及相应告警的检测。

1. 信号流从 A 到 B——收方向

光/电转换，同时提取线路定时信号并将其传给 SETS（同步设备定时源功能块）锁相，锁定频率后由 SETS 再将定时信号传给其他功能块，以此作为它们工作的定时时钟。

当 A 点的 STM-N 信号失效（例如：无光或光功率过低，传输性能劣化使 BER 劣于 10^{-3}），SPI 产生 R-LOS 告警（接收信号丢失），并将 R-LOS 状态告知 SEMF（同步设备管理功能块）。

2. 信号流从 B 到 A——发方向

电/光变换，同时定时信息附着在线路信号中。

4.4.2 RST：再生段终端功能块

RST 是 RSOH 开销的源和宿，也就是说 RST 功能块在构成 SDH 帧信号的过程中产生 RSOH（发方向），并在相反方向（收方向）处理（终结）RSOH。

1. 收方向——信号流从 B 到 C

STM-N 的电信号及定时信号或 R-LOS 告警信号（如果有的话）由 B 点送至 RST，若 RST 收到的是 R-LOS 告警信号，即在 C 点处插入全"1"（AIS）信号。若在 B 点收到的是正常信号流，那么 RST 开始搜寻 A1 和 A2 字节进行定帧，帧定位就是不断检测帧信号是否与帧头位置相吻合。若连续 5 帧以上无法正确定位帧头，设备进入帧失步状态，RST 功能块上报接收信号帧失步告警 R-OOF。在帧失步时，若连续两帧正确定帧则退出 R-OOF 状态。R-OOF 持续了 3 ms 以上设备进入帧丢失状态，RST 上报 R-LOF（帧丢失）告警，并使 C 点处出现全"1"信号。

RST 对 B 点输入的信号进行了正确帧定位后，RST 对 STM-N 帧中除 RSOH 第一行字节外的所有字节进行解扰，解扰后提取 RSOH 并进行处理。RST 校验 B1 字节，若检测出有误码块，则本端产生 RS-BBE；RST 同时将 E1、F1 字节提取出传给 OHA（开销接入功能块）处理公务联络电话；将 D1~D3 提取传给 SEMF，处理 D1~D3 上的再生段 OAM 命令信息。

2. 发方向——信号流从 C 到 B

RST 写 RSOH，计算 B1 字节，并对除 RSOH 第一行字节外的所有字节进行扰码。设备在 A 点、B 点、C 点处的信号帧结构如图 4.37 所示。

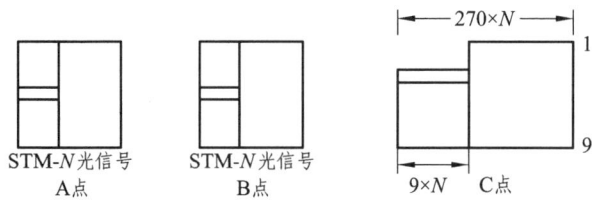

图 4.37 A、B、C 点处的信号帧结构图

4.4.3 MST：复用段终端功能块

MST 是复用段开销的源和宿，在接收方向处理（终结）MSOH，在发方向产生 MSOH。

1. 收方向——信号流从 C 到 D

MST 提取 K1、K2 字节中的 APS（自动保护倒换）协议送至 SEMF，以便 SEMF 在适当的时候（例如故障时）进行复用段倒换。若 C 点收到的 K2 字节的 b6~b8 连续 3 帧为 111，则表示从 C 点输入的信号为全"1"信号，MST 功能块产生 MS-AIS（复用段告警指示）告警信号。

若在 C 点的信号中 K2 为 110，则判断为这是对端设备回送回来的对告信号：MS-RDI（复用段远端失效指示），表示对端设备在接收信号时出现 MS-AIS、B2 误码过大等劣化告警。

MST 功能块校验 B2 字节，检测复用段信号的传输误码块，若有误块检测出，则本端设备在 MS-BBE 性能事件中显示误块数，向对端发对告信息 MS-REI，由 M1 字节回告对方接收端收到的误块数。

若检测到 MS-AIS 或 B2 检测的误码块数超越门限（此时 MST 上报一个 B2 误码越限告警 MS-EXC），则在点 D 处使信号出现全"1"。

另外，MST 将同步状态信息 S1(b5~b8) 恢复，将所得的同步质量等级信息传给 SEMF。同时 MST 将 D4~D12 字节提取传给 SEMF，供其处理复用段 OAM 信息；将 E2 提取出来传给 OHA，供其处理复用段公务联络信息。

2. 发方向——信号流从 D 到 C

MST 写入 MSOH：从 OHA 来的 E2，从 SEMF 来的 D4~D12，从 MSP 来的 K1、K2 写入相应 B2 字节、S1 字节、M1 等字节。若 MST 在收方向检测到 MS-AIS 或 MS-EXC(B2)，那么在发方向上将 K2 字节 b6~b8 设为 110。D 点处的信号帧结构如图 4.38 所示。

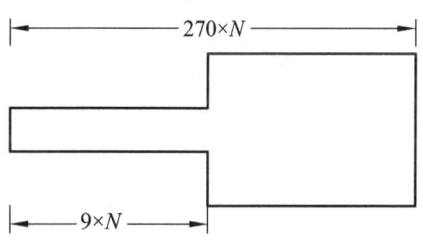

图 4.38 D 点处的信号帧结构图

4.4.4 MSP：复用段保护功能块

MSP 用以在复用段内保护 STM-N 信号，防止随路故障。它通过对 STM-N 信号的监测、系统状态评价，将故障信道的信号切换到保护信道上去（复用段倒换）。ITU-T 规定保护倒换的时间控制在 50 ms 以内。

复用段倒换的故障条件是 R-LOS、R-LOF、MS-AIS 和 MS-EXC(B2)，要进行复用段保护倒换，设备必须要有冗余（备用）的信道。以两个端对端的 TM 为例进行说明，如图 4.39 所示。

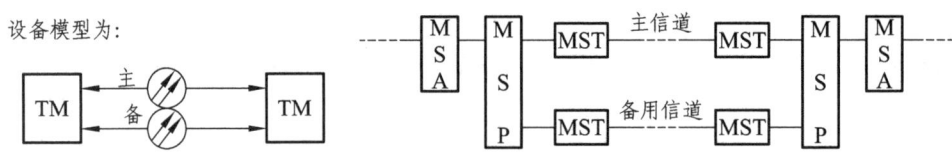

图 4.39 TM 的复用段保护

1. 收方向——信号流从 D 到 E

若 MSP 收到 MST 传来的 MS-AIS 或 SEMF 发来的倒换命令,将进行信息的主备倒换,正常情况下信号流从 D 透明传到 E。

2. 发方向——信号流从 E 到 D

E 点的信号流透明的传至 D,E 点处信号波形同 D 点。

4.4.5 MSA:复用段适配功能块

MSA 的功能是处理和产生 AU-PTR,以及组合/分解整个 STM-N 帧,即将 AUG 组合/分解为 VC-4。

1. 收方向——信号流从 E 到 F

首先,MSA 对 AUG 进行消间插,将 AUG 分成 N 个 AU-4 结构,然后处理这 N 个 AU-4 的 AU 指针,若 AU-PTR 的值连续 8 帧为无效指针值或 AU-PTR 连续 8 帧为 NDF 反转,此时 MSA 上相应的 AU-4 产生 AU-LOP 告警,并使信号在 F 点的相应的通道上(VC4)输出为全"1"。若 MSA 连续 3 帧检测出 H1、H2、H3 字节全为"1",则认为 E 点输入的为全"1"信号,此时 MSA 使信号在 F 点的相应的 VC4 上输出为全"1",并产生相应 AU-4 的 AU-AIS 告警。

2. 发方向——信号流从 F 到 E

F 点的信号经 MSA 定位和加入标准的 AU-PTR 成为 AU-4,N 个 AU-4 经过字节间插复用成 AUG。F 点的信号帧结构如图 4.40 所示。

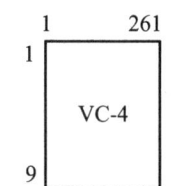

图 4.40 F 点的信号帧结构图

4.4.6 TTF:传送终端功能块

前面讲过多个基本功能经过灵活组合,可形成复合功能块,以完成一些较复杂的工作。SPI、RST、MST、MSA 一起构成了复合功能块 TTF,它的作用是在收方向对 STM-N 光线路进行光/电变换(SPI)、处理 RSOH(RST)、处理 MSOH(MST)、对复用段信号进行保护(MSP)、对 AUG 消间插并处理指针 AU-PTR，最后输出 N 个 VC-4 信号；发方向与此过程相反，进入 TTF 的是 VC-4 信号，从 TTF 输出的是 STM-N 的光信号。

4.4.7　HPC：高阶通道连接功能块

HPC 实际上相当于一个交叉矩阵，它完成对高阶通道 VC-4 进行交叉连接的功能，除了信号的交叉连接外，信号流在 HPC 中是透明传输的（所以 HPC 的两端都用 F 点表示）。HPC 是实现高阶通道 DXC 和 ADM 的关键，其交叉连接功能仅指选择或改变 VC-4 的路由，不对信号进行处理。一种 SDH 设备功能的强大与否主要是由其交叉能力决定的，而交叉能力又是由交叉连接功能块即高阶 HPC、低阶 LPC 来决定的。为了保证业务的全交叉，图 4.36 中的 HPC 的交叉容量最小应为 $2N$ VC-4 × $2N$ VC-4，相当于 $2N$ 条 VC-4 入线，$2N$ 条 VC-4 出线。

4.4.8　HPT：高阶通道终端功能块

从 HPC 中出来的信号分成了两种路由：一种进 HOI 复合功能块，输出 140 Mbps 的 PDH 信号；一种进 HOA 复合功能块，再经 LOI 复合功能块最终输出 2 Mbps 的 PDH 信号。不过不管走哪一种路由都要先经过 HPT 功能块，两种路由 HPT 的功能是一样的。

HPT 是高阶通道开销的源和宿，形成和终结高阶虚容器。

1. 收方向——信号流从 F 到 G

终结 POH，检验 B3，若有误码块则在本端性能事件中 HP-BBE 显示检出的误块数，同时在回送给对端的信号中，将 G1 字节的 b1～b4 设置为检测出的误块数，以便发端在性能事件 HP-REI 中显示相应的误块数。

HPT 检测 J1 和 C2 字节，若失配（应收的和所收的不一致）则产生 HP-TIM、HP-SLM 告警，使信号在 G 点相应的通道上输出为全"1"，同时通过 G1 的 b5 往发端回传一个相应通道的 HP-RDI 告警。若检查到 C2 字节的内容连续 5 帧为 00000000，则判断该 VC-4 通道未装载，于是使信号在 G 点相应的通道上输出为全"1"，HPT 在相应的 VC-4 通道上产生 HP-UNEQ 告警。

H4 字节的内容包含有复帧位置指示信息，HPT 将其传给 HOA 复合功能块的 HPA 功能块（因为 H4 的复帧位置指示信息仅对 2 Mbps 有用，对 140 Mbps 的信号无用）。

2. 发方向——信号流从 G 到 F

HPT 写入 POH，计算 B3，由 SEMF 传相应的 J1 和 C2 给 HPT 写入 POH 中。

G 点的信号形状实际上是 C-4 信号的帧，这个 C-4 信号，一种情况是由 140 Mbps 适配成的；另一种情况是由 2 Mbps 信号经 C-12→VC-12→TU-12→TUG-2→TUG-3→C-4 这种结构复用而来的。下面分别予以讲述。

先讲述由 140 Mbps 的 PDH 信号适配成 1 的 C-4，G 点处的信号帧结构如图 4.41 所示。

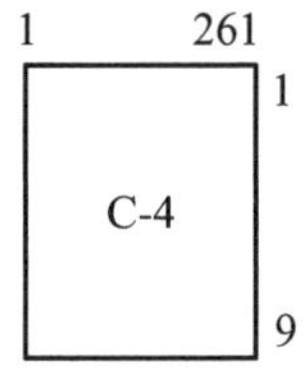

图 4.41　G 点的信号帧结构图

4.4.9　LPA：低阶通道适配功能块

LPA 的作用是通过映射和去映射将 PDH 信号适配进 C，或把 C 信号去映射成 PDH 信号，其功能类似于 PDH 的 C，此处指 140 Mbps 的 C-4。

4.4.10　PPI：PDH 物理接口功能块

PPI 的功能是作为 PDH 设备和携带支路信号的物理传输媒质的接口，主要功能是进行码型变换和支路定时信号的提取。

1．收方向——信号流从 L 到 M

将设备内部码转换成便于支路传输的 PDH 线路码型，如 HDB3（2 Mbps、34 Mbps）、CMI（140 Mbps）。

2．发方向——信号流从 M 到 L

将 PDH 线路码转换成便于设备处理的 NRZ 码，同时提取支路信号的时钟将其送给 SETS 锁相，锁相后的时钟由 SETS 送给各功能块作为它们的工作时钟。

当 PPI 检测到无输入信号时，会产生支路信号丢失告警 T-ALOS（2 Mbps）或 EXLOS（34 Mbps、140 Mbps），表示设备支路输入信号丢失。

4.4.11　HOI：高阶接口

此复合功能块由 HPT、LPA、PPI 三个基本功能块组成。完成的功能是将 140 Mbps 的 PDH 信号通过映射、复用、定位处理后进入 VC-4 中。

下面讲述由 2 Mbps 复用进 C-4 的情况。

此时，G 点处的信号实际上是由 TUG-3 通过字节间插而成的 C-4 信号，而 TUG-3 又是由 TUG-2 通过字节间插复合而成的，TUG-2 又是由 TU-12 复合而成，TU-12 由 VC-12 + TU-PTR 组成的。

4.4.12　HPA：高阶通道适配功能块

HPA 的作用有点类似 MSA，只不过进行的是通道级的处理/产生 TU-PTR，将 C-4 这种信息结构拆/分成 TU-12（对 2 Mbps 的信号而言）。

1. 收方向——信号流从 G 到 H

首先将 C-4 进行消间插成 63 个 TU-12，然后处理 TU-PTR，进行 VC-12 在 TU-12 中的定位、分离，从 H 点流出的信号是 63 个 VC-12 信号。

HPA 若连续 3 帧检测到 V1、V2、V3 全为"1"，则判定为相应通道的 TU-AIS 告警，在 H 点使相应 VC-12 通道信号输出全为"1"。若 HPA 连续 8 帧检测到 TU-PTR 为无效指针或 NDF 反转，则 HPA 产生相应通道的 TU-LOP 告警，并在 H 点使相应 VC-12 通道信号输出全为"1"。

HPA 根据从 HPT 收到的 H4 字节做复帧指示，将 H4 的值与复帧序列中单帧的预期值相比较，若连续几帧不吻合则上报 TU-LOM 支路单元复帧丢失告警，若 H4 字节的值为无效值，即在 01H~04H 之外，则也会出现 TU-LOM 告警。

2. 发方向——信号流从 H 到 G

HPA 先对输入的 VC-12 进行标准定位——加上 TU-PTR，然后将 63 个 TU-12 通过字节间插复用：TUG-2→TUG-3→C-4。

4.4.13 HOA：高阶组装器

高阶组装器的作用是将 2 Mbps 和 34 Mbps 的 POH 信号通过映射、定位、复用，装入 C-4 帧中，或从 C-4 中拆分出 2 Mbps 和 34 Mbps 的信号。

H 点处的信号帧结构图如图 4.42 所示。

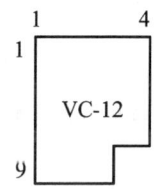

图 4.42 H 点处的信号帧结构图

4.4.14 LPC：低阶通道连接功能块

与 HPC 类似，LPC 也是一个交叉连接矩阵，不过它是完成对低阶 VC（VC-12/VC-3）进行交叉连接的功能，可实现低阶 VC 之间灵活的分配和连接。一个设备若要具有全级别交叉能力，就一定要包括 HPC 和 LPC。例如 DXC4/1 就应能完成 VC-4 级别的交叉连接和 VC-3、VC-12 级别的交叉连接，也就是说 DXC4/1 必须要包括 HPC 功能块和 LPC 功能块。信号流在 LPC 功能块处是透明传输的（所以 LPC 两端参考点都为 H）。

4.4.15 LPT：低阶通道终端功能块

LPT 是低阶 POH 的源和宿，对 VC-12 而言就是处理和产生 V5、J2、N2、K4 四个 POH 字节。

1. 收方向——信号流从 H 到 J

LPT 处理 LP-POH，通过 V5 字节的 b1~b2 进行 BIP-2 的检验，若检测出 VC-12 的误码块，则在本端性能事件 LP-BBE 中显示误块数，同时通过 V5 的 b3 回告对端设备，并在对端设备的性能事件 LP-REI（低阶通道远端误块指示）中显示相应的误块数。检测 J2 和 V5 的 b5~b7，若失配（应收的和实际所收的不一致）则在本端产生 LP-TIM（低阶通道踪迹字节失配）、LP-SLM（低阶通道信号标识失配），此时 LPT 使 I 点处的相应通道的信号输出为全"1"，同时通过 V5 的 b8 回送给对端一个 LP-RDI（低阶通道远端失效指示）告警，使对端了解本接收端相应的 VC-12 通道信号时出现劣化。若连续 5 帧检测到 V5 的 b5~b7 为 000，则判定为相应通道未装载，本端相应通道出现 LP-UNEQ（低阶通道未装载）告警。

I 点处的信号实际上已成为 C-12 信号，帧结构如图 4.43 所示。

HPA 的收发信号流程如图 4.44 所示。

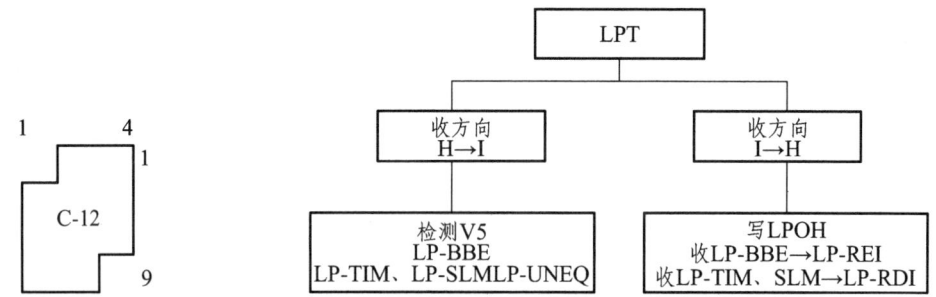

图 4.43 I 点处的信号帧结构图　　图 4.44 HPA 的收发信号流程图

2. 发方向-信号流从 J 到 H

与 HPT 类似，是产生低阶通道开销的过程。

4.4.16　LPA：低阶通道适配功能块

低阶通道适配功能块的作用与前面所讲的一样，就是将 PDH 信号（2 Mbps）装入/拆出 C-12 容器，相当于将货物打包/拆包的过程：2 Mbps 的 C-12。此时 J 点的信号实际上已是 PDH 的 2 Mbps 信号。

4.4.17　PPI：PDH 物理接口功能块

与前面讲的一样，PPI 主要完成码型变换的接口功能，以及提取支路定时供系统使用的功能。

4.4.18 LOI：低阶接口功能块

低阶接口功能块主要完成将 VC-12 信号拆包成 PDH 2 Mbps 的信号（收方向），或将 PDH 的 2 Mbps 信号打包成 VC-12 信号，同时完成设备和线路的接口功能——码型变换；PPI 完成映射和解映射功能。

设备组成的基本功能块就是这些，不过通过它们的灵活组合，可构成不同的设备，例如组成：REG、TM、ADM 和 DXC，并完成相应的功能。设备还有一些辅助功能块，它们携同基本功能块一起完成设备所要求的功能，这些辅助功能块是：SEMF、MCF、OHA、SETS、SETPI。

4.4.19 EMF：同步设备管理功能块

EMF 功能块的作用是收集其他功能块的状态信息，进行相应的管理操作。这就包括了本站向各个功能块下发命令，收集各功能块的告警、性能事件，通过 DCC 通道向其他网元传送 OAM 信息，向网络管理终端上报设备告警、性能数据以及响应网管终端下发的命令。

DCC（D1~D12）通道的 OAM 内容是由 SEMF 决定的，并通过 MCF 在 RST 和 MST 中写入相应的字节，或通过 MCF 功能块在 RST 和 MST 提取 D1~D12 字节，传给 SEMF 处理。

4.4.20 MCF：消息通信功能块

MCF 功能块实际上是 SEMF 和其他功能块和网管终端的一个通信接口，通过 MCF，SEMF 可以和网管进行消息通信（F 接口、Q 接口），以及通过 N 接口和 P 接口分别与 RST 和 MST 上的 DCC 通道交换 OAM 信息，实现网元和网元间的 OAM 信息的互通。

MCF 上的 N 接口传送 D1~D3 字节（DCCR），P 接口传送 D4~D12 字节（DCCM），F 接口和 Q 接口都是与网管终端的接口，通过它们可使网管能对本设备及至整个网络的网元进行统一管理。F 接口提供与本地网管终端的接口，Q 接口提供与远程网管终端的接口。

4.4.21 SETS：同步设备定时源功能块

数字网都需要一个定时时钟以保证网络的同步，使设备能正常运行。而 SETS 功能块的作用就是提供 SDH 网元乃至 SDH 系统的定时时钟信号。

SETS 时钟信号的来源有 4 个：

（1）由 SPI 功能块从线路上的 STM-N 信号中提取的时钟信号。

（2）由 PPI 从 PDH 支路信号中提取的时钟信号。

（3）由 SETPI（同步设备定时物理接口）提取的外部时钟源，如：2 MHz方波信号或 2 Mbps。

（4）当这些时钟信号源都劣化后，为保证设备的定时，由 SETS 的内置振荡器产生的时钟。

SETS 对这些时钟进行锁相后，选择其中一路高质量时钟信号，传给设备中除 SPI 和 PPI 外的所有功能块使用。同时 SETS 通过 SETPI 功能块向外提供 2 Mbps 和 2 MHz 的时钟信号，可供其他设备——交换机、SDH 网元等作为外部时钟源使用。

4.4.22 SETPI：同步设备定时物理接口

作用 SETS 与外部时钟源的物理接口，SETS 通过它接收外部时钟信号或提供外部时钟信号。

4.4.23 OHA：开销接入功能块

OHA 的作用是从 RST 和 MST 中提取或写入相应 E1、E2、F1 公务联络字节，进行相应的处理。

前面我们讲述了组成设备的基本功能块，以及这些功能块所监测的告警性能事件及其监测机理。深入了解各个功能块上监测的告警、性能事件，以及这些事件的产生机理，是以后维护设备时能正确分析、定位故障的关键所在。由于这部分内容较零散，现将其综合起来，以便找出其内在的联系。

以下是 SDH 设备各功能块产生的主要告警维护信号以及有关的开销字节。

SPI：LOS

RST：LOF（A1、A2），OOF（A1、A2），RS-BBE（B1）

MST：MS-AIS（K2[b6~b8]）、MS-RDI（K2[b6~b8]），MS-REI（M1），MS-BBE（B2），MS-EXC（B2）

MSA：AU-AIS（H1、H2、H3），AU-LOP（H1、H2）

HPT：HP-RDI（G1[b5]），HP-REI（G1[b1~b4]），HP-TIM（J1），HP-SLM（C2），HP-UNEQ（C2），HP-BBE（B3）

HPA：TU-AIS（V1、V2、V3），TU-LOP（V1、V2），TU-LOM（H4）

LPT：LP-RDI（V5[b8]），LP-REI（V5[b3]），LP-TIM（J2），LP-SLM（V5[b5~b7]），LP-UNEQ（V5[b5~b7]），LP-BBE（V5[b1~b2]）

以上这些告警维护信号产生机理的简要说明如下：

ITU-T 建议规定了各告警信号的含义：

LOS：信号丢失，输入无光功率、光功率过低、光功率过高，使 BER 劣于 10^{-3}。

OOF：帧失步，搜索不到 A1、A2 字节时间超过 625 μs。

LOF：帧丢失，OOF 持续 3 ms 以上。

RS-BBE：再生段背景误码块，B1 校验到再生段——STM-N 的误码块。
MS-AIS：复用段告警指示信号，K2[6～8] = 111 超过 3 帧。
MS-RDI：复用段远端劣化指示，对端检测到 MS-AIS、MS-EXC，由 K2[6～8] 回发过来。
MS-REI：复用段远端误码指示，由对端通过 M1 字节回发由 B2 检测出的复用段误块数。
MS-BBE：复用段背景误码块，由 B2 检测。
MS-EXC：复用段误码过量，由 B2 检测。
AU-AIS：管理单元告警指示信号，整个 AU 为全"1"（包括 AU-PTR）。
AU-LOP：管理单元指针丢失，连续 8 帧收到无效指针或 NDF。
HP-RDI：高阶通道远端劣化指示，收到 HP-TIM、HP-SLM。
HP-REI：高阶通道远端误码指示，回送给发端由收端 B3 字节检测出的误块数。
HP-BBE：高阶通道背景误码块，显示本端由 B3 字节检测出的误块数。
HP-TIM：高阶通道踪迹字节失配，J1 应收和实际所收的不一致。
HP-SLM：高阶通道信号标记失配，C2 应收和实际所收的不一致。
HP-UNEQ：高阶通道未装载，C2 = 00H 超过了 5 帧。
TU-AIS：支路单元告警指示信号，整个 TU 为全"1"（包括 TU 指针）。
TU-LOP：支路单元指针丢失，连续 8 帧收到无效指针或 NDF。
TU-LOM：支路单元复帧丢失，H4 连续 2～10 帧不等于复帧次序或无效的 H4 值。
LP-RDI：低阶通道远端劣化指示，接收到 TU-AIS 或 LP-SLM、LP-TIM。
LP-REI：低阶通道远端误码指示，由 V5[1～2] 检测。
LP-TIM：低阶通道踪迹字节失配，由 J2 检测。
LP-SLM：低阶通道信号标记字节话配，由 V5[5～7] 检测。
LP-UNEQ：低阶通道未装载，V5[5～7] = 000 超过了 5 帧。

为了理顺这些告警维护信号的内在关系，我们在下面列出了两个告警流程图。

如图 4.45 所示是简明的 TU-AIS 告警产生流程图。TU-AIS 在维护设备时会经常碰到，通过图 4.45 分析，就可以方便地定位 TU-AIS 及其他相关告警的故障点和原因。

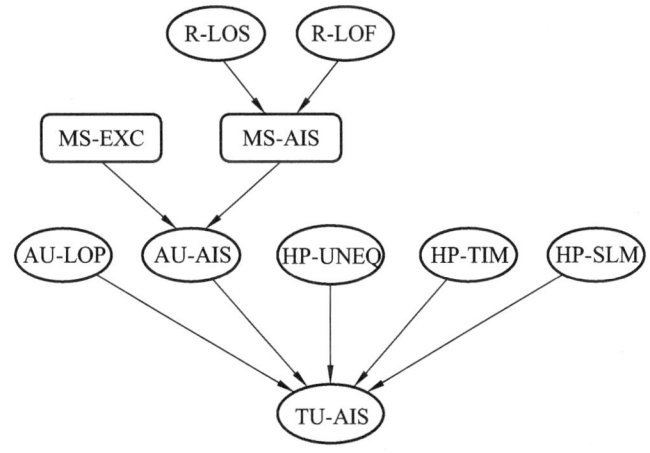

图 4.45　TU-AIS 告警产生流程图

如图 4.46 所示是一个较详细的 SDH 设备各功能块的告警流程图,通过它以可看出 SDH 设备各功能块产告警维护信号的相互关系。

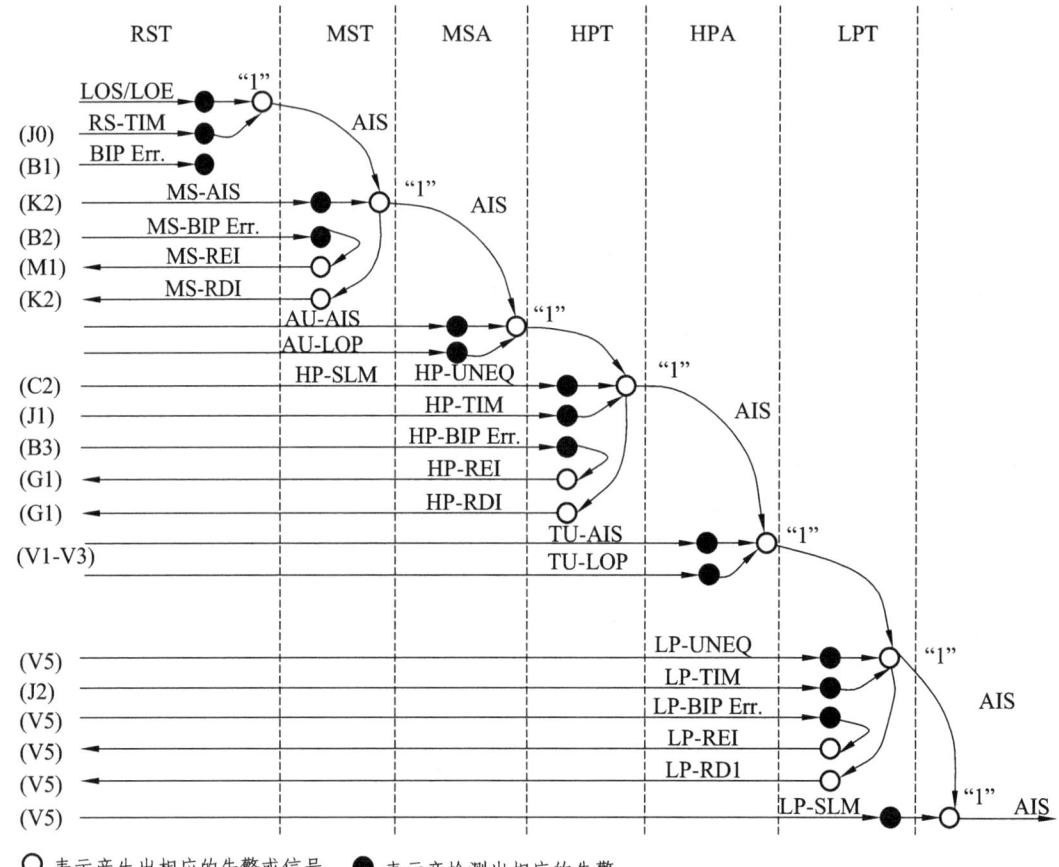

图 4.46 SDH 各功能块告警流程图

4.5 网元的组成及功能

前面讲过 SDH 的几种常见网元,现在讲一讲这几种网元是由哪些功能块组成的。从这些功能块的组成上,可以轻而易举地掌握每个网元所能完成的功能。

4.5.1 TM——终端复用器

TM 的作用是将低速支路信号 PDH、STM-N($M<N$)交叉复用成高速线路信号 STM-N,如图 4.47 所示。因为有 HPC 和 LPC 功能块,所以此 TM 有高、低阶 VC 的交叉复用功能。

第 4 章 光传输设备简介及组网结构

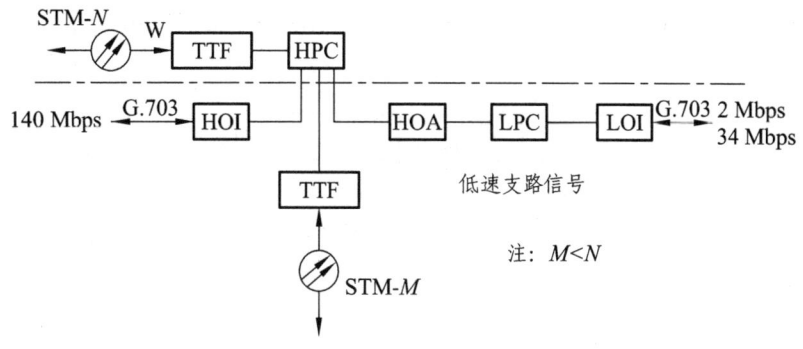

图 4.47 TM 功能示意图

4.5.2 ADM——分/插复用器

ADM 的作用是将低速支路信号（PDH、STM-M）交叉复用到东/西向线路的 STM-N 信号中，以及东/西线路的 STM-N 信号间进行交叉连接，如图 4.48 所示。

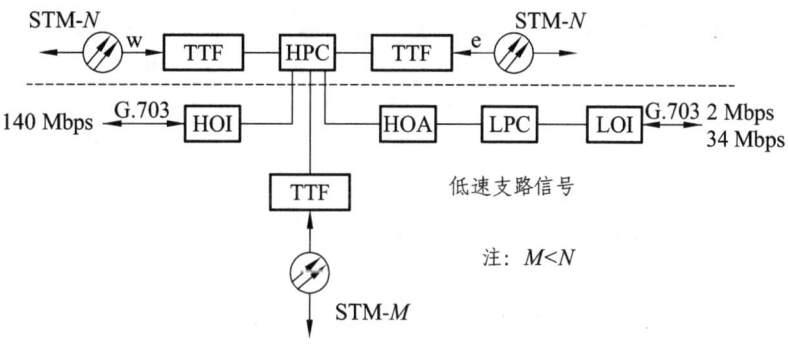

图 4.48 ADM 功能示意图

4.5.3 REG——再生中继器

REG 的作用是完成信号的再生整形，将东/西侧的 STM-N 信号传到西/东侧线路上去，如图 4.49 所示。注意：此处不用交叉能力。

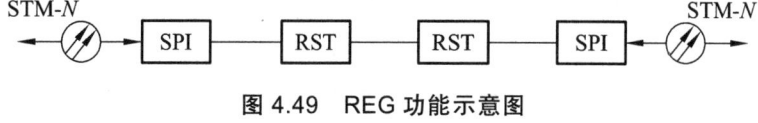

图 4.49 REG 功能示意图

4.5.4 DXC——数字交叉连接设备

DXC 的逻辑结构类似于 ADM，只不过其交叉矩阵的功能更强大，能完成多条线路信号和多条支路信号的交叉（比 ADM 的交叉能力要强大得多），如图 4.50 所示。

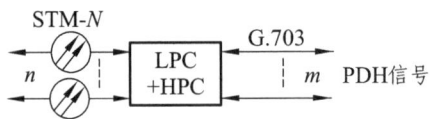

图 4.50　DXC 功能示意图

4.6　SDH 网络拓扑结构

ZXMP S320 设备作为传统 SDH 设备时，具有强大的交叉连接能力，系统的交叉矩阵容量最大可达 16×16 VC-4，交叉连接的级别为 VC-4，VC-3，VC-12，VC-11，ZXMP S320 采用独立的总线结构，各接口板板位具有独立的总线进入交叉矩阵，可以实现任一接口板之间的业务交叉。系统提供 4 个方向的群路接口及丰富的支路接口，具有灵活的配置，可实现多种组网方式，如图 4.51 所示。

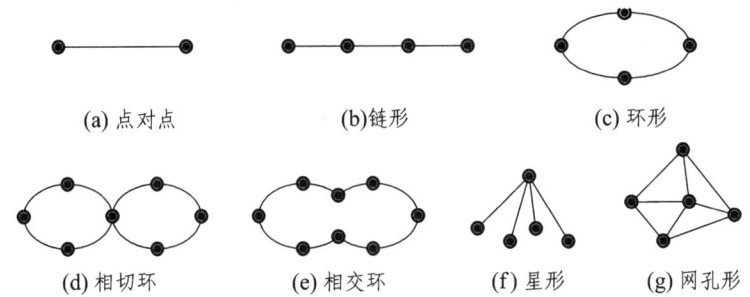

图 4.51　ZXMP S320 组网方式拓扑图

1. 点到点

点到点网络可用于局间中继、扩容，或替代原有 PDH 线路系统。ZXMP S320 构成的点到点组网如图 4.52 所示。

图 4.52　ZXMP S320 点到点组网示意图

ZXMP S320 点到点组网的群路速率包括 STM-1 和 STM-4。TM 设备可以构成无保护点对点组网，双 TM 设备可以构成 STM-1 级别链路 1+1 保护。当配置为 1+1 保护方式时，两个群路板互为保护，可以提高业务传送的可靠性，缺点在于会降低业务接入能力；当配置为无保护方式时，能够提高业务接入能力，但降低了业务传送的可靠性。

2. 链形网

链形网络适用于业务量呈链形分布的通信网，以及链形分支网络。ZXMP S320 构成的链形组网如图 4.53 所示。

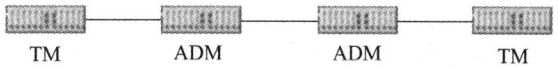

图 4.53　ZXMP S320 链形组网示意图

ZXMP S320 设备进行链形组网时的群路速率包括 STM-1 和 STM-4。TM 设备和 ADM 设备可以构成无保护链网，双 TM 设备和 ADM 设备可以构成 STM-1 级别 1+1 保护链。当配置为 1+1 保护方式时，两个群路板互为保护，可以提高业务传送的可靠性，缺点在于会降低业务接入能力；当配置为无保护方式时可以提高业务接入能力，缺点在于会降低业务传送的可靠性。

3．环形网

环形网络适用于网元分布可以组建成环形的网络。由于环形网络线路接口的自封闭特性，环上业务可以通过两个方向（东向、西向）进行端到端传输，网络的生存性很强，具有业务自愈能力。ZXMP S320 组成的环形网如图 4.54 所示。

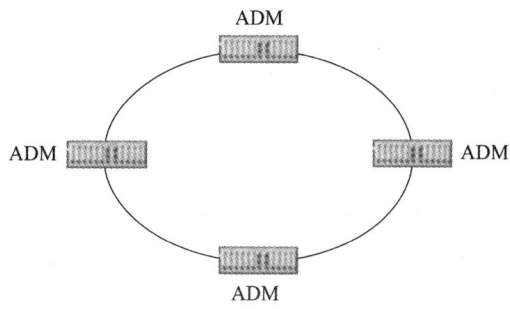

图 4.54　ZXMP S320 环形组网示意图

ZXMP S320 可组成 STM-1 和 STM-4 等级的二纤单向通道倒换环、二纤单向复用段倒换环，以及 STM-4 等级的二纤双向复用段倒换环。从抽象的功能结构观点来划分，通道倒换环和复用段倒换环分别属于子网连接保护和路径保护。

（1）二纤单向通道倒换环。

通道倒换环的优点在于具有很快的保护倒换速度，倒换灵活，能够提供各种容量等级的倒换。倒换工作由本地决定，与网络拓扑无关，可适用于各种复杂的网络拓扑，而不限定于环，因而更适合于在动态变化的网络环境工作，如蜂窝通信网等场合。通道倒换环的缺点在于环网中所有支路信号采用"并发优收"的结构，即所有支路信号都要经过两个方向传到接收节点，相当于通过整个环网进行传输，因而各网元上下业务容量的总和，即环的业务量小于或等于设备等级所能容纳的容量。

单向通道倒换环适用于业务集中且容量较小的接入网、中继网、长途网等场合。

（2）二纤单向复用段倒换环。

单向复用段倒换环能够保证在故障状况下使低速支路上的业务信号不会中断，维持环的连续性，并且在故障排除后能够恢复原来的工作方式。缺点在于倒换时需要处理 APS 协议，导致故障响应/恢复时间较长。

（3）二纤双向复用段倒换环。

二纤双向复用段倒换环具有大业务量的传输能力，最大可以达到 $K/2 \times$ STM-N，其中 K 为环网节点数，STM-N 为环网最高速率。复用段倒换环业务传输容量大，倒换灵活，但由于倒换时需要处理 APS 协议，导致故障响应/恢复时间较长。二纤双向复用段倒换环通常应用于高速率等级的大业务量传输，适用于大业务量分布的中继网、长途网等场合。

4. 相切环

两个环形网络相连于一个节点，相切点由配置有 4 个光方向的 ZXMP S320 设备构成。两个环可以采用二纤单向通道倒换环或二纤单向复用段倒换环保护方式，相切点的设备完成两个环之间的业务调度，对于跨环业务可以采用子网连接保护进行保护，相切环网的适用速率由环网速率决定。ZXMP S320 构成的相切环如图 4.55 所示。

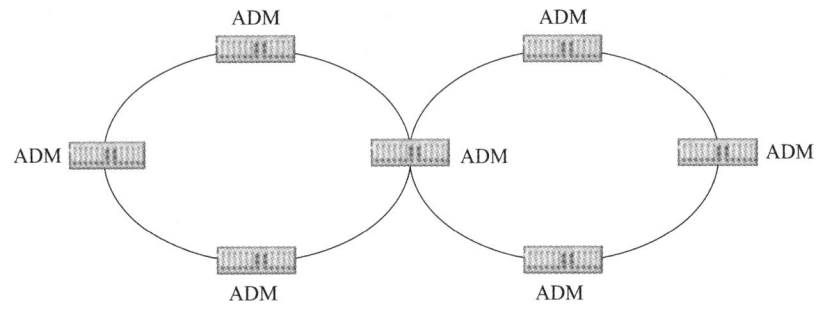

图 4.55　ZXMP S320 相切环组网示意图

相切环网可以提供环间业务保护，两个环网可配置相同的保护类型，也可以配置为不同的保护类型。相切环也适用于组建复杂的本地网传输干线网络，能够提供多种路径保护和重要节点保护。缺点在于相切网元失效时，环间业务无法得到保证。

5. 相交环

两个环形网络相连于两个节点，相交点分别由具有 4 个光方向的 ZXMP S320 设备构成。两个环可以采用二纤单向通道倒换环或二纤单向复用段倒换环保护方式，相交点的设备完成两个环之间的业务调度，对于跨环业务可以采用子网连接保护进行保护，相交环网的适用速率由环网速率决定。ZXMP S320 构成的相交环如图 4.56 所示。

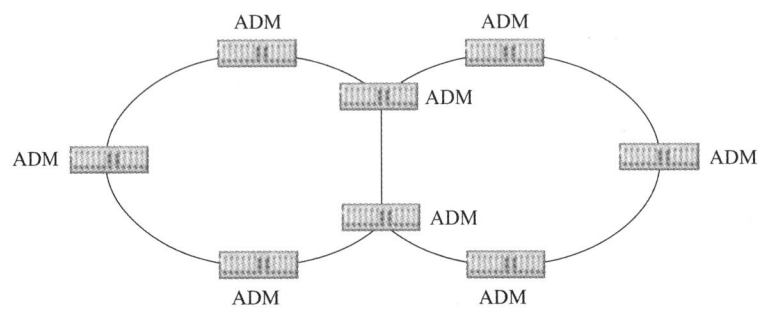

图 4.56　ZXMP S320 相交环组网示意图

相交环网可以提供环间业务保护,两个环网可配置相同的保护类型,如通道环与通道环相交,也可以配置为不同的保护类型,如通道环与复用段环相交等。利用相交环网还可以实现 DNI(双节点互连)组网,提供多种路径保护和重要节点保护,通常应用于本地网传输干线网络。

6. 星形网

在星形网络中,除了枢纽节点外,其他任意两个节点之间的连接都是通过枢纽节点进行的。ZXMP S320 可提供 2 个 STM-4、4 个 STM-1 共 6 个光方向的业务汇集。ZXMP S320 构成的星形组网如图 4.57 所示。

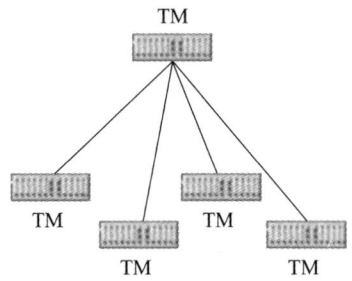

图 4.57　ZXMP S320 星形组网示意图

ZXMP S320 星形网络可以用于端口汇接,这些端口可以独立地连接业务或相互之间形成备份关系。在汇接点,支路与支路之间可以通过汇接点疏导,直接形成业务连接。星形网络适用于业务集中型的接入网,多用于网络中的枢纽点以及低级局向高级局的中继汇接。

7. 网孔形网络

在网孔形网络中,任意两个节点之间都有两条以上的路由,一旦网络出现某种故障,可以通过设备的交叉连接能力对受影响的业务进行迂回,因此,网孔形网络具有高度的可靠性和生存能力。网孔形网络中的业务保护方式可采用子网连接保护。ZXMP S320 构成的网孔形组网如图 4.58 所示。

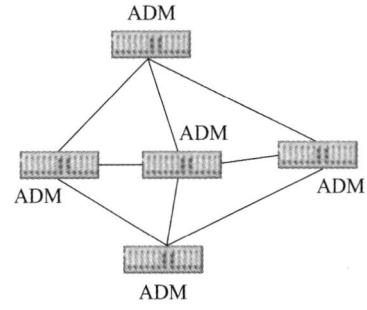

图 4.58　ZXMP S320 网孔形组网示意图

网孔形组网的网元间业务保护等级很高,但对网元交叉能力要求较高,并且网元间传输通路的利用率相对较低,适用于重要中继路由及枢纽网络。

实训二 SDH 网络的搭建

一、组网规划

组网规划如实训图 2.1 所示。

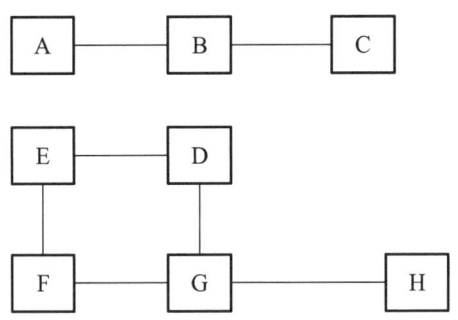

实训图 2.1 组网规划图

二、数据规划

网元 A、B、C、D、E、F、G、H 均为 ZXMP S320 设备；其中 ABC 是 155 M 链，DEFG 是 622 M 二纤环，GH 是 155 M 二纤链；各网元间业务配置如下：

A↔B：1 个 2 M；A↔C：2 个 2 M；D↔E：2 个 2 M

D↔F：2 个 2 M；F↔H：2 个 2 M；E↔H：2 个 2 M

三、实习步骤及记录

1. 启动网管

（1）启动 Server→启动 GUI。

（2）备份一个空的数据库，（名称可以参考："Blank0102"，指的是 1 月 2 号），备份在缺省目录下。

2. 创建网元

在客户端操作窗口中，单击"设备管理"→"创建网元"选项，或单击工具条中的 ▫ 按钮，弹出创建网元对话框。通过定义网元的名称、标识、IP 地址等参数，在网管客户端创建网元。在实训表 2.1 中填写网元的信息。

实训表 2.1

网元参数	A	B	C	D	E	F	G	H
网元名称								
网元标识								
网元地址								
系统类型								
设备类型								
网元类型								
速率等级								
在线/离线								
自动建链								
配置子架								

3. 安装单板

在客户端操作窗口中，双击拓扑图中的网元标识。根据待安装单板的类型，在单板类型选择区单击相应的板按钮，板按钮高亮显示，同时，模拟子架区中可以安装该类型单板的空闲槽位变为亮黄色，单击某个亮黄色槽位，该单板安装完毕。依次安装其他单板。 为取消安装按钮，点击该按钮后，槽位上的亮黄色会消失。

在实训表 2.2 中填写网元单板安装数量信息。

实训表 2.2

网元单板	A	B	C	D	E	F	G	H
NCP								
OW								
PWA								
O4CSD								
SCB								
OIB1D								
OID1S								
ET1								

4. 连接网元

在客户端操作窗口中，选择 SDH 网元，单击"设备管理"→"公共管理"→"网元间连接配置"菜单项，或单击工具条中的 按钮，弹出连接配置对话框，增加网元间连接关系。连接网元最好是能够在配置图中预先做好连接关系的分配，可以避免盲目工作。注意，因为是默认"双向"，左边的网元和右边的网元，只要按照正确的连接方法连接就可以了，不用太多考虑方向。请在实训表 2.3 中填写连接关系表格。

实训表 2.3

序号	源网元	目的网元

实训三 传统的 SDH 电路业务组网配置

传输设备可以完成 PDH—SDH 的交叉，以及 SDH–SDH 的交叉。对实训图 3.1 进行时隙配置，A–B 有一个 2M 的业务，A–C 有一个 2M 的业务。

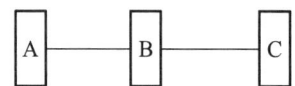

实训图 3.1 组网示意图

1. 连接：A（6-1）——（6-2）B（6-1）——（6-2）C

实习配置的时候要考虑每个网元内部的交叉连接，如果第一次见到时隙配置的时候认为是 A（6-1OL）交叉到 B（6-2OL），那么这种认识是错误的，因为 A 和 B 是通过光纤连接的，只要光纤连接成功，不需业务配置 A（6-1）和 B（6-2）就可以通业务了。

A–B 有一个 2M 的业务：

A: ET1（1#2M）– 6-1OL（1AUG 1TUG3 1TUG2 1TU12）

B: 6-2OL（1AUG 1TUG3 1TUG2 1TU12）– ET1（2#2M）

但是，A 的支路板和 B 的支路板应注意：A 的画线部分必须要和 B 的画线部分完全相同，因为 A 和 B 之间是通过光纤相连的，不可以改变序号。如果 A 选择 6-1OL（1AUG 1TUG3 1TUG2 1TU12），B 选择 6-2OL（1AUG 1TUG3 1TUG2 2TU12）就不可以了！

板可以选择不同的 2M 端口号。

2. 操作方法

在客户端操作窗口中，选择 SDH 网元，单击"设备管理"→"SDH 管理"→"业务配置"菜单项或单击工具条中的 按钮。弹出业务配置对话框，如实训图 3.2 所示。

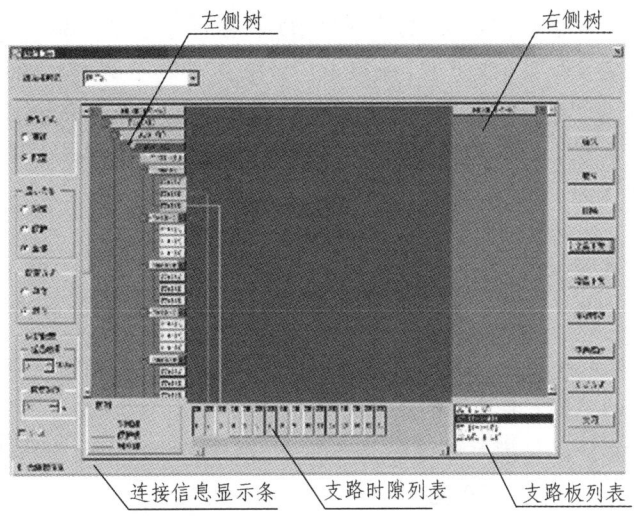

实训图 3.2　业务配置对话框

3. 界面说明

（1）"请选择网元"：显示当前所选网元，并可在下拉列表框中选择客户端操作窗口中选择其他网元。

（2）"操作方式"：包括查询和配置两个选项。选择"查询"时，对话框仅完成网元业务的查询功能；选择"配置"时，激活对话框中右侧的命令按钮，可进行网元业务的配置操作。

（3）"显示内容"：业务配置对话框中显示或即将配置的连线类型，包括"时隙"、"保护"和"全部"。选择"全部"表示显示所有时隙配置和保护配置连线。

（4）"配置方式"：待配置时隙的类型，包括"单向"和"双向"两个选项。单向表示仅配置发方向或收方向业务，双向表示配置发方向业务的同时自动配置收方向业务。系统默认为双向业务。

（5）"确认"按钮：单击后，确认配置，但尚未保存到数据库和下发至 NCP 板。

（6）"删除"按钮：单击后，删除所选时隙，但尚未保存到数据库和下发至 NCP 板。

（7）"清除时隙"按钮：单击后，清空当前所选网元的时隙配置或保护配置。

（8）"全量下发"按钮：单击后，将当前网元的所有时隙及保护配置保存至数据库，如果当前网元在线，下发到网元 NCP 板。

（9）"增量下发"按钮：单击后，仅将新配置数据下发到网元 NCP 板。

（10）左侧树：显示接收端光板的时隙配置和保护配置。

（11）右侧树：显示发送端光板的时隙配置和保护配置。

（12）支路板列表：列出当前网元已安装且可进行业务配置的支路板。配置有业务的单板名称后有符号"*"标识。

（13）支路时隙列表：显示支路板列表中所选支路板与光板的上下支路配置。

（14）连接信息显示条：当鼠标移动至实训图 3.2 中的时隙时，显示鼠标所指时隙的端点信息，包括起始、终结端点的单板、端口和通道信息。

（15）树节点：分为光板、端口级、AUG 级、AU 级、TUG3 级、TU 级、支路级。

光板树节点：由单板名称、机架 ID、子架 ID 和槽位号组成，如 `O4CSD[1-1-6]` 表示该单板是一块安装在机架 ID 为 1，子架 ID 为 1，6 号槽位的 O4CSD 板。

端口树节点：由端口序号组成，如 `Port(1)` 表示单板的第 1 个端口。

单元树节点：由单元名称和序号组成，如 `AUG(1)` 表示 1 号 AUG，`TU12(2)` 表示 2 号 TU-12 等，依此类推。

支路树节点：由支路速率和序号组成，位于支路时隙列表，如 示 12 号 2 M 支路（VC-12）。

（16）带标记的树节点：分为已配置时隙的单板或单元、配置通道保护的单板或单元以及配置有复用段保护的 AUG 单元树节点。

配置时隙的树节点：直接进行时隙配置的树节点背景色为绿色，如 `TU12(1)`，其上级树节点一侧有绿色圆形标记，如 `TU12(1)`。

配置通道保护的树节点：直接进行保护配置的树节点背景色为蓝色，如 ，其上级树节点一侧有一蓝色圆形标记，如 。

配置时隙和通道保护的树节点：直接配置有时隙和保护的树节点背景色为红色，如 `TU12(1)`，其上级树节点一侧有一红色圆形标记，如 `TU12(1)`。

（17）指向树节点的黄色箭头：其所指向的节点为当前选择节点。

（18）红色虚线：未确定下发的时隙配置或保护配置线。

红色实线：当前所选的时隙配置或保护配置线。

白色实线：已确定但未下发的时隙配置线。

浅绿色实线：已确定但未下发的保护配置线。

绿色实线：已确定并下发的时隙配置线。

蓝色实线：已确定并下发的保护配置线。

黄色实线：下发命令失败的时隙配置或保护配置线。

（19）"关闭"按钮：单击后，退出业务配置对话框。

4. 业务配置

在如实训图 3.3 所示的业务配置对话框中，将支路时隙与群路时隙连接起来，两者之间会出现红色虚线，然后单击"确定"、"全量下发"按钮，将命令下发到网元 NCP 单板上。连线会变成绿色实线。在实训表 3.4 中填写时隙配置表。

5. 检查业务配置是否正确

业务配置完后，可以进行如下操作，以检查配置的业务是否正确。

（1）选择 SDH 网元，在客户端操作窗口中，单击"业务管理"→"电路业务管理"菜单项，弹出电路业务管理对话框，如实训图 3.3 所示。

（2）点击"搜索"，可以看见有几条电路，再点击"查询"，取消掉"VC4_server"，则可以看见所配电路，如果你看到如实训图 3.4 所示，表示 A－C 有一个 2 M 的时隙，且 A 的第一号槽位的 ET1 板的业务和 C 点 1 号槽位的 ET1 板之间的业务，不会显示中间的光板，只会显示首尾 2 个支路板。

实训表 3.4

网元	时隙（入）	时隙（出）
A		
B		
C		
D		
E		
F		
G		
H		

实训图 3.3　电路业务管理对话框

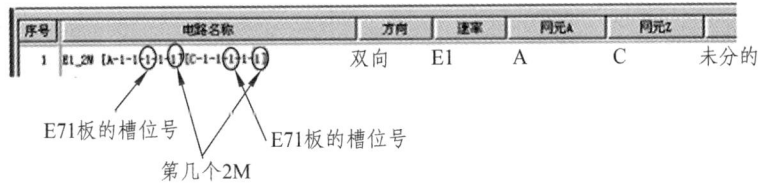

实训图 3.4　电路时隙配置图

如果你看见 B 点如实训图 3.5 所示，表示时隙一定配置的有问题，多数是因为时隙配置在这个点断开，所以检查一下 B 和 C 点的时隙是否配置错误。

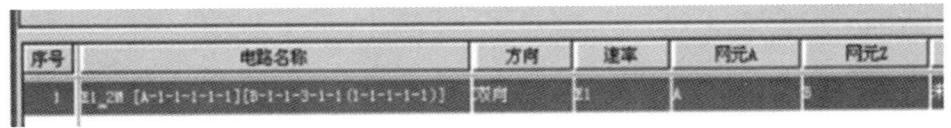

实训图 3.5　电路时隙配置图

业务检查正确后备份一个数据库，备份在缺省目录下。

（1）业务配置结束后，搜索电路结果为 0 条。如果是第一次搜索电路，说明业务配置错误，请重新检查所配业务。如果之前曾搜索过电路，需解除电路后再搜索。

（2）所配业务无法进行修改。先解除电路再修改。

本章小结

中兴通讯基于 SDH 的多业务节点设备传输产品可以同时满足从核心层、汇聚层到接入层的所有应用,为用户提供了一个面向未来的城域网整体解决方案。整个系列包括 ZXMP S395、ZXMP S390、ZXMP S385、ZXMP S380、ZXMP S360、ZXMP S330、ZXMP S320、ZXMP S310、ZXMP S100。

本章主要以中兴通讯公司推出的 ZXMP S320 传输设备为基础,介绍了中兴通讯常见的光传输设备的背板接口、支路板接口、光接口、组件和单板的功能,以及 SDH 网络常见的网元(TM、ADM、REG、DXC)和网络拓扑结构。并且同时利用 E300 网管软件系统,能够加深对 SDH 网元的建立和网络拓扑搭建的理解,最后完成传统的 SDH 电路业务组网的配置。

通过本章的学习,重点掌握 SDH 设备的结构、各个单板的功能作用以及学会使用 E300 网管软件建立各种网元,搭建不同的拓扑网络结构,完成电路业务的传输。

习　题

一、填空题

1. ZXMP-S320 的交叉板完成各个线路方向和各个支路接口业务的空分交叉与＿＿＿＿＿＿。
2. ZXONM E300 采用 GUI/Manager-DB/Agent 三层＿＿＿＿＿＿＿＿＿＿＿＿＿方式实现。
3. 再生段开销 RSOH 由＿＿＿＿接入。
4. ZXMP-S320 设备中,一块 ET3E 接口板可以上下＿＿＿个 34 M,一块 ET1 接口板可以上下＿＿＿个 2 M。

二、简答题

1. 简述使 ZXMP-S320 的 NCP 板进入配置状态的方法。
2. ZXMP S320 背板有哪些接口?各有什么作用?
3. ZXMP S320 设备能够提供的光板有哪几种?
4. MS-AIS 告警的引发机理是什么?
5. 引发 HP-RDI 的可能告警有哪些?
6. DXC4/1 的含义是什么?

第 5 章　多业务传送技术

在过去的几年中，为了适应快速增长的宽带业务需求，人们投入大量的精力改造了用户侧的接入网，目前的各种宽带接入技术如 xDSL 接入、以太网接入、HFC 接入、LMDS 接入等，都能够比较好地疏通接入网的瓶颈，具备提供各种宽带数据、视频、音频业务的能力。另一方面，由于 DWDM 技术的广泛应用，长途干线网的容量正向着 Tb 级进军，核心路由器的处理能力也达到了 Tb 级，干线网的巨大传输容量已经成为网络发展的坚实基础。

但是，在接入网和干线网高速发展的同时，传统的本地网的容量、接口能力都难以满足业务输导、汇聚的要求，于是出现了称之为 Metro Gap 的"城域裂缝"。对于传统的本地网来说，整个传送平台承载的业务主要是话音业务，接口种类局限于 E1/E3/STM-1/STM-4 等固定的 TDM 接口，容量一般来说也比较有限（当然一些特大型枢纽城市的业务容量会比较大）。随着宽带业务的不断发展，如何能够找到一种对这些迅猛发展的业务进行高效、可靠、低成本的承载方式？传统的本地网在容量和接口种类上都难以满足要求。

SDH 是一种非常成熟而严密的传送网体制，它一诞生就获得了广泛的应用支持，目前已成为世界各国核心网的主要传送技术。我国从 1995 年就在干线上开始全面转向 SDH 网络，SDII 传输网是支持我国固定电话用户数为全球电话用户数第一的网络基础，目前各运营商的城域网也大都采用 SDH 体制。但在 SDH 发展中也面临时分复用、固定带宽分配带来的效率低下、成本高、技术相对复杂的问题，因此，基于 SDH 体制的城域光网络如何向以 IP 为基础的光网络演进、同一平台上提供 TDM、二层和三层业务的光通信设备，是运营商设备制造商十分关注的问题。在当前主干网带宽容量过剩、城域网仍是瓶颈的现实下，城域网光网络的建设是热点。目前宽带城域光网的建设通常可以有多种技术方案选择，其中能把许多分立的网络元素整合在单一的多业务平台将代替功能各不相同的大量传输和接入设备的 MSTP（SDH 多业务传送平台）应运而生。

5.1　MSTP 发展概述

5.1.1　MSTP 技术的现状

MSTP 技术源于 SDH，经过近几年的不断发展，已经集 PDH、SDH、POS、以太网、ATM、RPR、SHDSL、DDN 等技术于一体，既可通过多业务汇聚方式实现城域网业务的综合传送，又可通过自身对多类型业务的适配性实现业务的接入和处理,非常适应城域网多种技术相融合的发展趋势,成为一套相对完善的城域网技术体系。

从业务的发展现状和MSTP技术在网上的应用情况来看,在MSTP传送技术中:POS技术可为IP互连提供更可靠、更高效的通道连接;ATM环网技术可实现基于ATM的DSLAM共享汇聚;PDH、SDH接入功能可高效处理大量的TDM业务;高速以太网互联技术可实现各种数据设备之间的可靠互联。随着城域数据业务的开展,MSTP以太网汇聚传送技术和RPR动态分组环网技术等数据处理功能,将在不久的将来得到广泛的应用。MSTP技术在发挥传送功能方面,继承了SDH稳定、可靠的特性,并融合了数据网灵活、多样的业务处理能力,可大量应用于大客户专线、以太网接入、DDN专线等业务的接入,可在数据城域网业务方面发挥越来越重要的作用。

基于SDH的多业务传送节点除应具有标准SDH传送节点所具有的功能外,还具有以下主要功能特征:

(1) 具有TDM业务、ATM业务和以太网业务的接入功能;
(2) 具有TDM业务、ATM业务和以太网业务的传送功能;
(3) 具有TDM业务、ATM业务和以太网业务的点到点传送功能保证业务的透明传送;
(4) 具有ATM业务和以太网业务的带宽统计复用功能;
(5) 具有ATM业务和以太网业务映射到SDH虚容器的指配功能。

基于SDH的MSTP基本功能模型如图5.1所示。

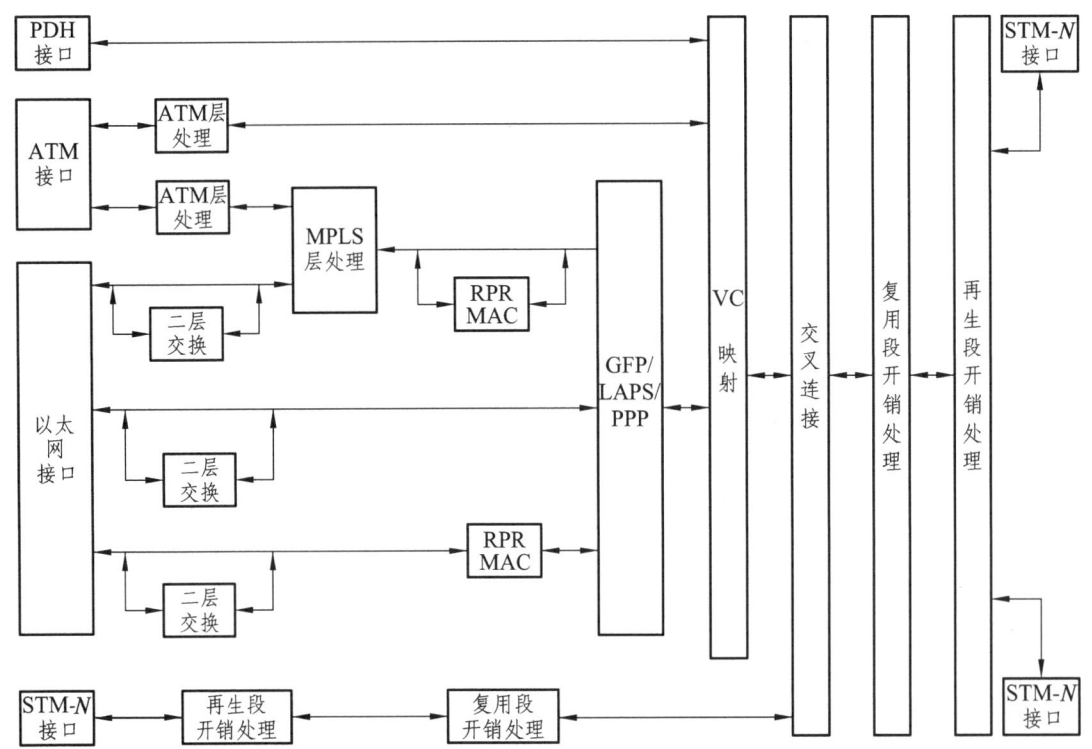

图5.1 基于SDH的MSTP基本功能模型

5.1.2 MSTP 技术原理分析

MSTP 可以将传统的 SDH 复用器、数字交叉链接器（DXC）、WDM 终端、网络二层交换机和 IP 边缘路由器等多个独立的设备集成为一个网络设备，即基于 SDH 技术的多业务传送平台（MSTP），进行统一控制和管理。基于 SDH 的 MSTP 最适合作为网络边缘的融合节点支持混合型业务，特别是以 TDM 业务为主的混合业务。它不仅适合缺乏网络基础设施的新运营商，应用于局间或 POP 间，还适合于大企事业用户驻地。而且即便对于已敷设了大量 SDH 网的运营公司，以 SDH 为基础的多业务平台可以更有效地支持分组数据业务，有助于实现从电路交换网向分组网的过渡。所以，它将成为城域网近期的主流技术之一。

这就要求 SDH 必须从传送网转变为传送网和业务网一体化的多业务平台，即融合的多业务节点。MSTP 的实现基础是充分利用 SDH 技术对传输业务数据流提供保护恢复能力和较小的延时性能，并对网络业务支撑层加以改造，以适应多业务应用，实现对二层、三层的数据智能支持。即将传送节点与各种业务节点融合在一起，构成业务层和传送层一体化的 SDH 业务节点，称为融合的网络节点或多业务节点，主要定位于网络边缘。

5.1.3 MSTP 技术的发展

MSTP 技术的发展主要体现在对以太网业务的支持上，包括最初提供以太网点到点透传的第一代 MSTP，以及当前支持以太网二层交换能力的第二代 MSTP，直到近来的第三代 MSTP，如图 5.2 所示。

1. 第一代 MSTP

将以太网信号直接映射到 SDH 的虚容器（VC）中，进行点到点传送；提供以太网透传租线业务，业务粒度受限于 VC，一般最小为 2 Mbps，不能提供不同以太网业务的 QoS 区分，不提供流量控制；不提供多个以太网业务流的统计复用和带宽共享；保护完全基于 SDH，不提供以太网业务层的保护。

2. 第二代 MSTP

一个或多个用户以太网接口与一个或多个独立的基于 SDH 虚容器的点对点链路之间，实现基于以太网链路层的数据帧交换。第二代 MSTP 可提供基于 802.3x 的流量控制；提供多用户隔离和 VLAN 划分；提供基于 STP 的以太网业务层保护；支持基于 802.1p 的优先级转发。但第二代 MSTP 也有一些缺点：不提供良好的 QoS 支持，无法很好地取代利润丰厚的租线业务；基于 STP 的业务层保护时间太慢；业务带宽粒度也受限于 VC，一般最小为 24 Mbps；VLAN 的 4 096 地址空间使其在核心节点的扩展能力很受限制，不适合大型城域公网应用；节点处在环上不同位置时，其业务的接入是不公平的；MAC 地址的学习/维护以及 MAC 地址表影响系统性能；基于 802.3x 的流量控制只是针对点到点链路；多用户/业务的带宽共享是对本地接口而言，还不能对整个环业务进行共享。

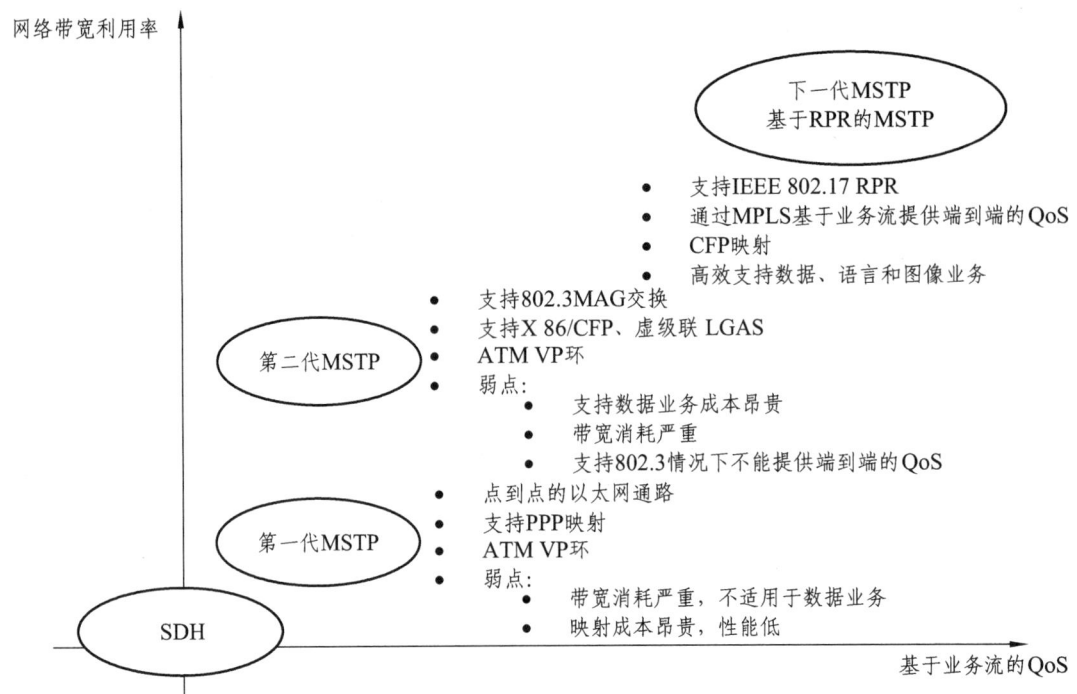

图 5.2 MSTP 技术发展演进图

3. 第三代 MSTP

主要技术特征是引入了中间的智能适配层（1.5 层）、采用 GFP 高速封装协议、支持虚级联和链路容量自动调整（LCAS）机制，因此它可支持多点到多点的连接，具有可扩展性、支持用户隔离和带宽共享，支持 QoS、SLA 增强，阻塞控制以及公平接入。

以太网新业务的 QoS 要求推动着 MSTP 向第三代发展。从第一代和第二代 MSTP 的以太网业务支持上看，不能提供良好 QoS 支持的一个主要原因是现有以太网技术是无连接的，尚没有足够的 QoS 处理能力，为了能将真正的 QoS 引入以太网业务，需要在以太网和 SDH 间引入一个中间的智能适配层来处理以太网业务的 QoS 要求；从目前的技术发展来看，该中间层主要有两种，分别是 MPLS 和弹性分组环（RPR），MPLS 通过 LSP 标签栈很好地解决了 VLAN 的可扩展性问题，此外由于 MPLS 的 QoS 和流量工程方面的特性，这将为以太网业务服务质量、SLA 增强和网络资源优化利用提供很好的支持，RPR 环为全分布式接入，环上节点均同等对待，没有 Master 和 Slave 之分，环路带宽按权重公平的在各节点间进行分配，支持不同的业务类别，实现高的带宽利用率，针对数据业务提供小于 50 ms 的快速分组环保护，可以保护由于节点失效或链路失效产生的故障，支持空间重用和额外业务。

5.1.4 MSTP 主要优势

（1）现阶段大量用户的需求还是固定带宽专线，主要是 2 Mbps、10/100 Mbps、34 Mbps、155 Mbps。对于这些专线业务，大致可以划分为固定带宽业务和可变带宽业务。对于固定带宽业务，MSTP 设备从 SDH 那里集成了优秀的承载、调度能力，对于可变带宽业务，可以直接在 MSTP 设备上提供端到端透明传输通道，充分保证服务质量，可以充分利用 MSTP 的二层交换和统计复用功能共享带宽，节约成本，同时使用其中的 VLAN 划分功能隔离数据，用不同的业务质量等级（QoS）来保障重点用户的服务质量。

（2）在城域汇聚层，实现企业网络边缘节点到中心节点的业务汇聚，具有节点多、端口种类多、用户连接分散和较多端口数量等特点。采用 MSTP 组网，可以实现 IP 路由设备 10 M/100 M/1 000 M POS 和 2 M/FR 业务的汇聚或直接接入，支持业务汇聚调度，综合承载，具有良好的生存性。根据不同的网络容量需求，可以选择不同速率等级的 MSTP 设备。

5.2 MSTP-关键技术

MSTP 技术源于 SDH，是在传统的 SDH 设备上增加了以太网和 ATM 业务的接入、处理、传送能力，并提供统一网管的多业务节点。既继承了 SDH 稳定、可靠的特性，又融合了数据网灵活、多样的业务处理能力。

5.2.1 级　联

VC 的级联概念是在 ITU-T G.7070 中定义的，分为相邻级联和虚级联两种。SDH 中用来承载以太网业务的各个 VC 在 SDH 的帧结构中是连续的，共用相同的通道开销（POH），此种情况称为相邻级联，有时也直接简称为级联。SDH 中用来承载以太网业务的各个 VC 在 SDH 的帧结构中是独立的，其位置可以灵活处理，此种情况称为虚级联。

从原理上讲，可以将级联和虚级联看成是把多个小的容器组合为一个比较大的容器来传输数据业务的技术。通过级联和虚级联技术，可以实现对以太网带宽和 SDH 虚通道之间的速率适配。尤其是虚级联技术，可以将从 VC-4 到 VC-12 等不同速率的小容器进行组合利用，能够做到非常小颗粒的带宽调节，相应的级联后的最大带宽也能在很小的范围内调节。虚级联技术的特点就是实现了使用 SDH 经济有效地提供合适大小的信道给数据业务，避免了带宽的浪费，这也是虚级联技术最大的优势。

5.2.2 通用成帧规程 GFP

GFP 是在 ITU-T G.7041 中定义的一种链路层标准，既可以在字节同步的链路中传送长度可变的数据包，又可以传送固定长度的数据块，是一种简单而又灵活的数据适配方法。

GFP 采用了与 ATM 技术相似的帧定界方式，可以透明地封装各种数据信号，利于多厂商设备互联互通；GFP 引进了多服务等级的概念，实现了用户数据的统计复用和 QoS 功能。

GFP 采用不同的业务数据封装方法对不同的业务数据进行封装，包括 GFP-F 和 GFP-T

两种方式。GFP-F 封装方式适用于分组数据，把整个分组数据（PPP、IP、RPR、以太网等）封装到 GFP 负荷信息区中，对封装数据不做任何改动，并根据需要来决定是否添加负荷区检测域。GFP-T 封装方式则适用于采用 8B/10B 编码的块数据，从接收的数据块中提取出单个的字符，然后把它映射到固定长度的 GFP 帧中。

5.2.3 链路容量调整机制 LCAS

LCAS 是在 ITU-T G.7042 中定义的一种可以在不中断数据流的情况下动态调整虚级联个数的功能，它所提供的是平滑地改变传送网中虚级联信号带宽以自动适应业务带宽需求的方法。

LCAS 是一个双向的协议，通过实时地在收发节点之间交换表示状态的控制包来动态调整业务带宽。控制包所能表示的状态有固定、增加、正常、EOS（表示这个 VC 是虚级联信道的最后一个 VC）、空闲和不使用六种。

LCAS 可以将有效净负荷自动映射到可用的 VC 上，从而实现带宽的连续调整，不仅提高了带宽指配速度、对业务无损伤，而且当系统出现故障时，可以动态调整系统带宽，无须人工介入，在保证服务质量的前提下显著提高网络利用率。一般情况下，系统可以实现在通过网管增加或者删除虚级联组中成员时，保证"不丢包"；即使是由于"断纤"或者"告警"等原因产生虚级联组成员删除时，也能够保证只有少量丢包。

5.2.4 智能适配层

虽然在第二代 MSTP 中也支持以太网业务，但却不能提供良好的 QoS 支持，其中一个主要原因就是因为现有的以太网技术是无连接的。为了能够在以太网业务中引入 QoS，第三代 MSTP 在以太网和 SDH/SONET 之间引入了一个智能适配层，并通过该智能适配层来处理以太网业务的 QoS 要求。智能适配层的实现技术主要有多协议标签交换（MPLS）和弹性分组环（RPR）两种。

1. 多协议标签交换

MPLS 是 1997 年由思科公司提出，并由 IETF 制定的一种多协议标签交换标准协议，它利用 2.5 层交换技术将第三层技术（如 IP 路由等）与第二层技术（如 ATM、帧中继等）有机地结合起来，从而使得在同一个网络上既能提供点到点传送，也能提供多点传送；既能提供原来以太网尽力而为的服务，又能提供具有很高 QoS 要求的实时交换服务。MPLS 技术使用标签对上层数据进行统一封装，从而实现了用 SDH 承载不同类型的数据包。这一过程的实质就是通过中间智能适配层的引入，将路由器边缘化，同时又将交换机置于网络中心，通过一次路由、多次交换将以太网的业务要求适配到 SDH 信道上，并通过采用 GFP 高速封装协议、虚级联和 LCAS，将网络的整体性能大幅提高。

基于 MPLS 的第三代 MSTP 设备不但能够实现端到端的流量控制，而且还具有公平的接入机制与合理的带宽动态分配机制，能够提供独特的端到端业务 QoS 功能。另外，通过嵌入二层 MPLS 技术，允许不同的用户使用同样的 VLAN ID，从根本上解决了 VLAN 地址空间的限制。再有，由于 MPLS 中采用标签机制，路由的计算可以基于以太网拓扑，大大减少了路由设备的数量和复杂度，从整体上优化了以太网数据在 MSTP 中的传输效率，达到了网络资源的最优化配置和最优化使用。

2. 弹性分组环（RPR）

RPR 是 IEEE 定义的如何在环形拓扑结构上优化数据交换的 MAC 层协议，RPR 可以承载以太网业务、IP/MPLS 业务、视频和专线业务，其目的在于更好地处理环形拓扑上数据流的问题。

RPR 环由两根光纤组成，在进行环路上的分组处理时，对于每一个节点，如果数据流的目的地不是本节点的话，就简单地将该数据流前传，这大大地提高了系统的处理性能。通过执行公平算法，使得环上的每个节点都可以公平地享用每一段带宽，大大提高了环路带宽利用率，并且一条光纤上的业务保护倒换对另一条光纤上的业务没有任何影响。

RPR 是一种专门为环形拓扑结构构造的新型 MAC 协议，具有灵活、可靠等特点。它能够适应任何标准（如 SDH、以太网、DWDM 等）的物理层帧结构，可有效地传送话音、数据、图像等多种类型的业务，支持 SLA 以及二层和三层功能，提供多等级、可靠的 QoS 服务，支持动态的网络拓扑更新。其节点间可采用类似 OSPF 的算法交换拓扑识别信令并具有防止分组死循环的机制，增加了环路的自愈能力。另外，RPR 还具有较强的兼容性和良好的扩展性，具有 TDM、SDH、以太网、POS 等多种类多速率端口，能够承载 IP、SDH、TDM、ATM、以太网等多种协议的业务还可以方便地增加传输线路、传输带宽或插入新的网络节点，对将来可能出现的新业务、协议或物理层规范具有良好的适应性。再有，由于 RPR 环路每个节点都掌握环路拓扑结构和资源情况，并根据实际情况调整环路带宽分配情况，所以网管人员并不需要对节点间资源分配进行太多干预，减少了人工配置所带来的人为错误。RPR 使得运营商能够在城域网内以较低成本提供电信级服务，是一种非常适合在城域网骨干层、汇聚层使用的技术。

3. PLS 技术与 RPR 技术比较

MPLS 技术与 RPR 技术各有优缺点。MPLS 技术通过 LSP 标签栈突破了 VLAN 在核心节点的 4 096 地址空间限制，并可以为以太网业务 QoS、SLA 增强和网络资源优化利用提供很好的支持；而 RPR 技术为全分布式接入，提供快速分组环保护，支持动态带宽分配、空间重用和额外业务。从对整个城域网网络资源的优化功能来看，MPLS 技术可以从整个城域网网络结构上进行资源的优化，完成最佳的统计复用，而 RPR 技术只能从局部（在一个环的内部）而不是从整个网络结构对网络资源进行优化。从整个城域网的设备构成复杂性上来看，使用 MPLS 技术可以在整个城域网上避免第三层路由设备的引入，而 RPR 设备在环与环之间相连接时，却不可避免地要引入第三层路由设备。从保护恢复来看，虽然 MPLS 技术也能提供网络恢复功能，但是 RPR 却能提供更高的网络恢复速度。

5.3 MSTP 业务介绍

根据 ITU-T G.etnsrv,以太业务的类型有四种:EPL 以太专线业务、EVPL 以太虚拟专线业务、EPLAN 以太专用局域网业务和 EVPLAN 以太虚拟专用局域网业务。

EPL:以太透传业务,各个用户独占一个 VCTRUNK 带宽,业务延迟低,提供用户数据的安全性和私有性。

EVPL:又称为 VPN 专线,其优点在于不同业务流可共享 vc trunk 通道,使得同一物理端口可提供多条点到点的业务连接,并在各个方向上的性能相同,接入带宽可调、可管理,业务可收敛实现汇聚,节省端口资源。

EPLAN:也称为网桥服务,网络由多条 EPL 专线组成,实现多点到多点的业务连接。接入带宽可调、可管理,业务可收敛、汇聚。优点与 EPL 类似,在于用户独占带宽,安全性好。

EVPLAN:也称为虚拟网桥服务、多点 VPN 业务或 VPLS 业务,实现多点到多点的业务连接。

5.3.1 以太网专线 EPL

EPL 包括:点到点业务,实现端到端基于以太端口透传。

如图 5.3 所示某省/市金融、证券行业的专线业务示意图。各地区的证券营业部和银行分别由点到点的以太专线实现互联,专线带宽从 $N \times 64$ kbps 到 1 000 Mbps 可灵活配置,映射颗粒可按 vc12、vc3、vc4 任意选取,用户端通过以太网单板的 COS、CAR 等功能满足各种 QOS 要求。汇聚节点(如地市 A、B)的以太单板通过设置不同的 VLAN 来实现不同证券或银行用户的隔离。

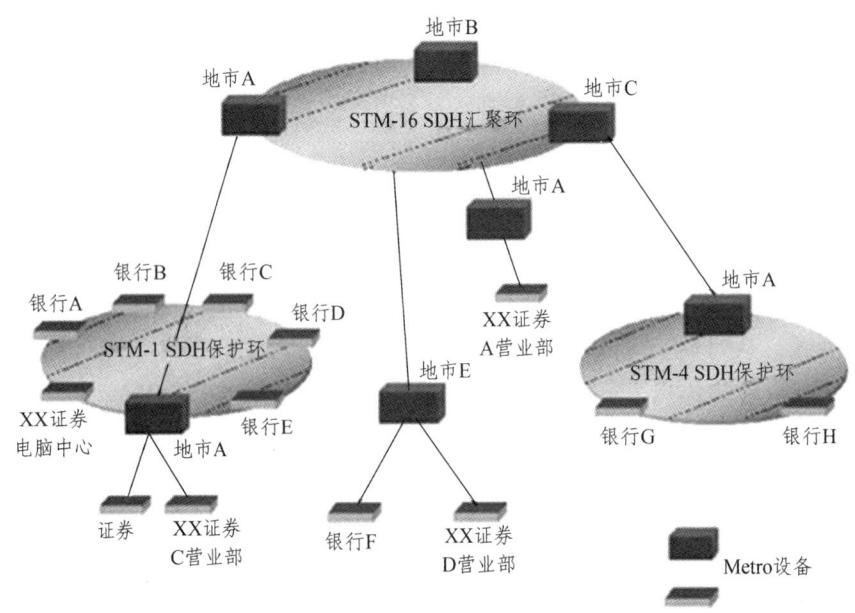

图 5.3 某地大客户专线业务

5.3.2 以太网虚拟专线 EVPL

如图 5.4 所示，以太单板利用通道共享技术实现用户接入带宽的统计复用，利用较少的网络带宽实现多点接入和带宽共享，传送到中心节点完成汇聚后经骨干路由器接入 Internet。各用户业务带宽可按需求动态灵活分配，提供接入端口的流量控制。

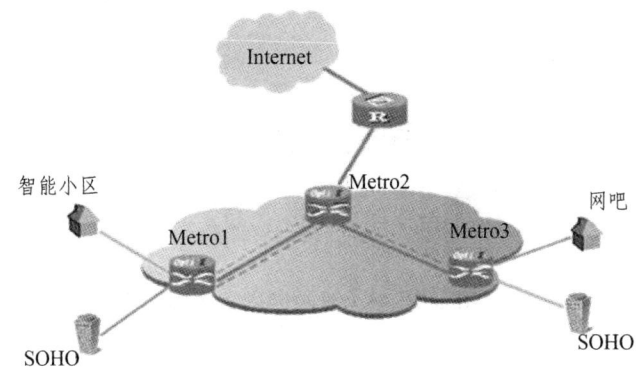

图 5.4 专线上网共享带宽

EVPL 透传专线也可用于城域网中公众上网、企业互联等，如图 5.5 所示。

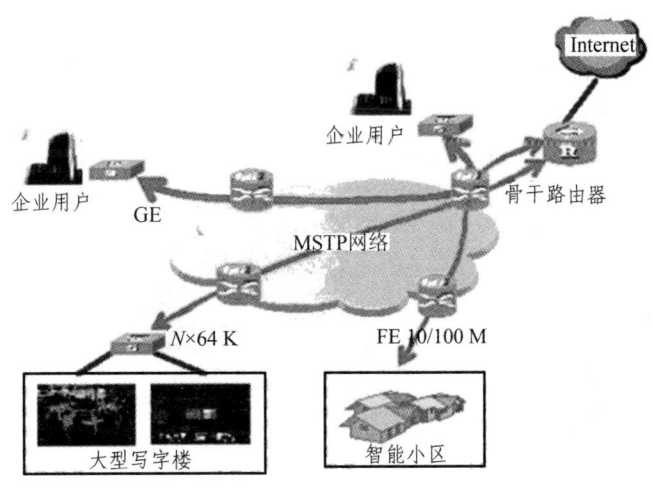

图 5.5 城域网中的 EPL 透传业务

各用户的以太业务上行汇聚到传输设备，再连接到骨干路由器到达 Internet。企业间的数据也通过汇聚层传输设备的以太单板按 vlan 和端口进行识别、区分，完成透明传送。

5.3.3 以太网专网 EPLAN

如图 5.6 所示为一个校园网的组网示例图。校园网的特点是数据流向复杂，点到点业务连接的流量变化大,而且部分业务需要实现汇聚。图中四所大学通过以太专线互联,构成一个校园专用本地网,中心服务器在大学 A 中。利用以太单板的二层交换功能完成相互间的数据传送,并实现 B/C/D 大学 FE 端口到中心站点 GE 端口的汇聚,对各端口进行速率限制(CAR)和流量控制,满足各种 QoS 要求。

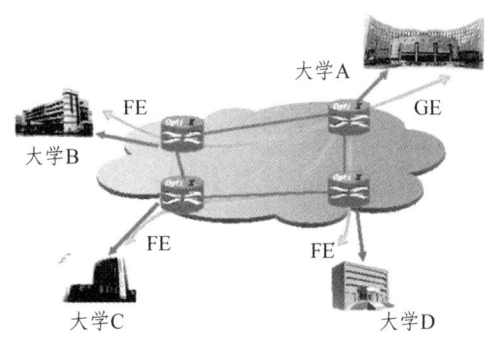

图 5.6　某大学校园网示例图

5.3.4　以太网虚拟专网 EVPLAN

如图 5.7 所示为某市的大型工业园区中有若干企业和机构示例图。其中企业 A、B 间有业务往来,并且 A 与供应商之间也有商品交易。三者通过传输设备的以太虚拟连接 EVC 互联,构成局域网 I;同样,某科研机构与企业 C、D 都有合作项目,三者也通过传输设备的以太虚拟连接 EVC 互联,构成局域网 II。各公司和机构的接入带宽可任意设置,按需调整。Metro 设备使用二层标签如 vlan 嵌套、MPLS 标签等共享传输通道,通过用户隔离技术,保障数据的安全性,利用相同的传输物理通道资源构成逻辑上独立的局域网 I、II,充分提高了带宽利用率。

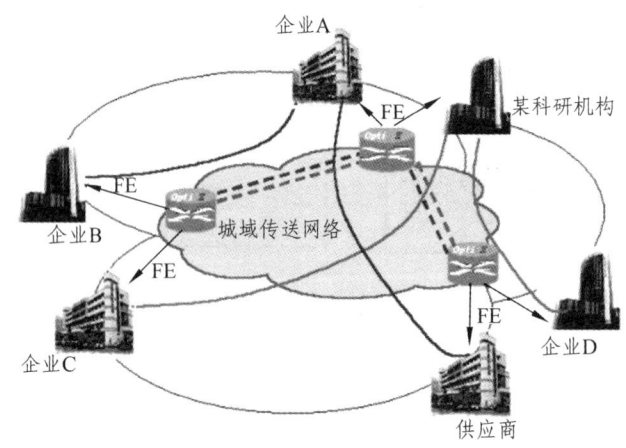

图 5.7　共享以太网应用示例图

EVPLAN 的另一种典型应用是社区互联。比如某大型房地产公司在多个地区都建有智能小区,为方便统一管理,可在现有的物理网络的基础上,构建一个虚拟专用网,用于本地产集团内部信息发布、社区活动组织、生活服务窗口等公共业务的开展。

在 EVPLAN 业务中，新型以太单板实现业务流基于 MAC 地址转发，使得两个站点之间不占用物理通路就能形成逻辑上有以太业务连接，节省了带宽，如图 5.8 所示。

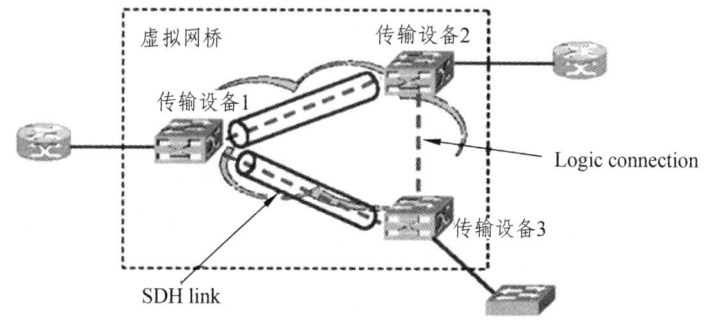

图 5.8　虚拟网桥实现逻辑连接

另外，虚拟通道还能使多个站点共享 SDH 环网同一传输带宽（如一个 2 M），实现在该共享带宽上的多个站点业务的统计复用，如图 5.9 所示。

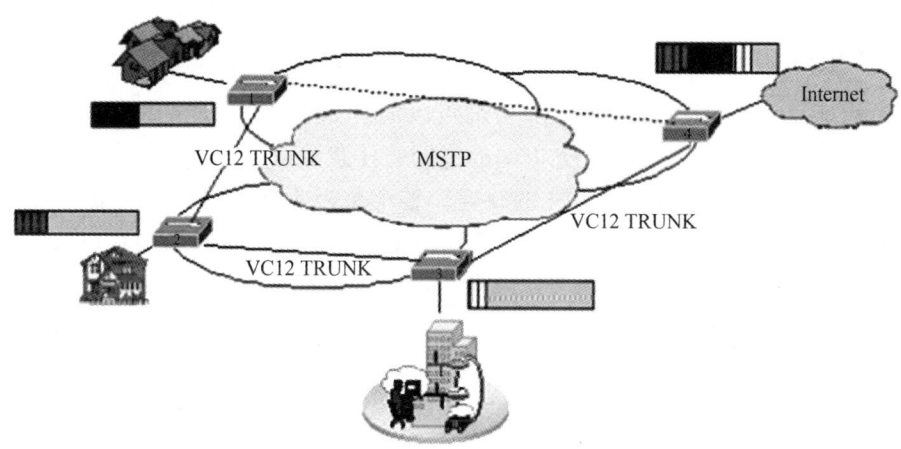

图 5.9　多站共享传输宽带示例

5.4　网单板介绍（SFE4/SFE8）

SFE8 和 SFE4 的区别是：SFE8 对外提供 8 个 10/100 M 自适应 LAN 接口，SFE4 对外提供 4 个 10/100 M 自适应 LAN 接口；其他的功能性能特点相同。

5.4.1 接口模式

SFE 单板接口分为用户接口和系统接口两种。

1. 用户接口

SFE 板提供 4 个或 8 个 10/100 M 自适应的以太网接口,每个接口可以实现全双工和半双工的工作,在全双工的工作方式下支持基于 PAUSE 帧的流控,在半双工的工作方式下支持基于背压的流控。传输距离不小于 100 米（100 M 时使用 CAT.5 以上无屏蔽双绞线,10 M 时使用 CAT.3 以上无屏蔽双绞线）。用户端口间可以实现百兆无阻塞的二层交换,每个端口可以通过设置 VLAN 实现与系统端口的任意绑定,从而为用户提供非常灵活的组网方式。另外在用户端口有比较详细的指示灯,可以为用户提供端口状态的指示,每个以太网接口提供 2 个端口状态指示灯:黄色是 ACTIVE/LINK 灯,灯亮时代表 LINK（连接上）,闪烁时代表 ACTIVE（有数据收发）。绿色是端口速度指示灯,灯亮时代表 100 M 速度连接,灯不亮表明端口的速度是 10 M。在 PCB 板上每个端口还对应一个指示灯,灯亮表示端口是全双工状态,灯不亮表示端口是半双工状态。

2. 系统接口

SFE 对内提供 8 个广域网方向,8 个方向可以根据实际的需要定义到不同的光方向,所有的 8 个方向共 63 个 VC-12,每个光方向通过网管任意配置绑定 1~63 个 VC-12,当系统端口绑定 47 个两兆时就可以实现百兆的线速,整个单板所有方向总吞吐量可以达到 63×2.176 Mbps。由于每个端口最大支持 255 个 VLAN ID,因此每个系统端口可以接受来自 255 个用户方向的数据包,8 个系统口就可以支持 2 040 个用户方向,也就是说使用一块 SFE 单板就可以组成有 2 040 网段的大网。

5.4.2 组网方式

SFE 板可以根据不同的需要组成多种形式的网络拓扑结构,可配置成点到点、点到多点、共享环、收敛/汇聚业务等多种组网方式,形成链形、星形、混合型、网形等多种网络拓扑结构。

在组网过程中,无论组成什么样的网络拓扑结构,对于现有的 SDH 网络,单板并不关心网络是由哪家设备商提供,仅仅关心上业务和下业务的点。上、下业务必须使用 SFE 板,如果采用不同设备商的产品上、下业务,业务无法对通,这主要是各个设备厂商采用不同的级联和数据包的封装方式,中兴公司的 SFE 采用 PPP 和 LAPS 的封装方式,使用时可根据需要进行设定,级联方式采用 V12 的虚级联方式,中兴公司的这种级联方式和数据包的封装方式完全符合行业标准。

1. 点到点组网

点到点的网络比较简单,在一个 SDH 网络上任意选取两个点,一点是上业务的路由器,另一点是下业务的以太网交换机，点对点的两端可以使用不同系统设备上的 SFE 板，单板可以配置不同的光方向，可以使用支路板的剩余时息，也可以单独配置，如图 5.10 所示。

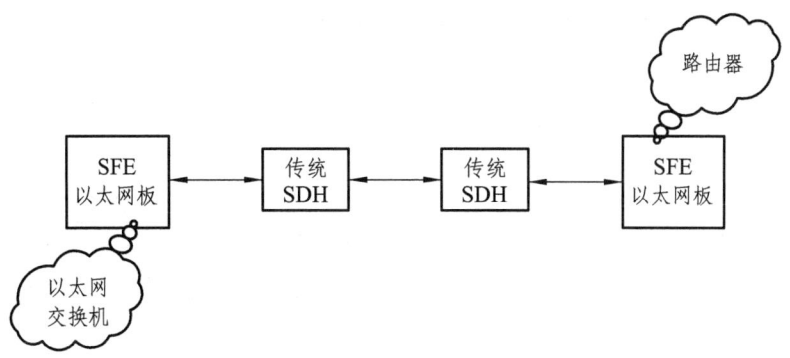

图 5.10　点到点组网图

2. 链形拓扑组网

链形拓扑网络比较常用，一个路由器用来上业务，其他的点是下业务的以太网交换机。这样的组网结构，可以根据需要给不同的下业务的节点分配不同的 2 M 数目，如图 5.11 所示。

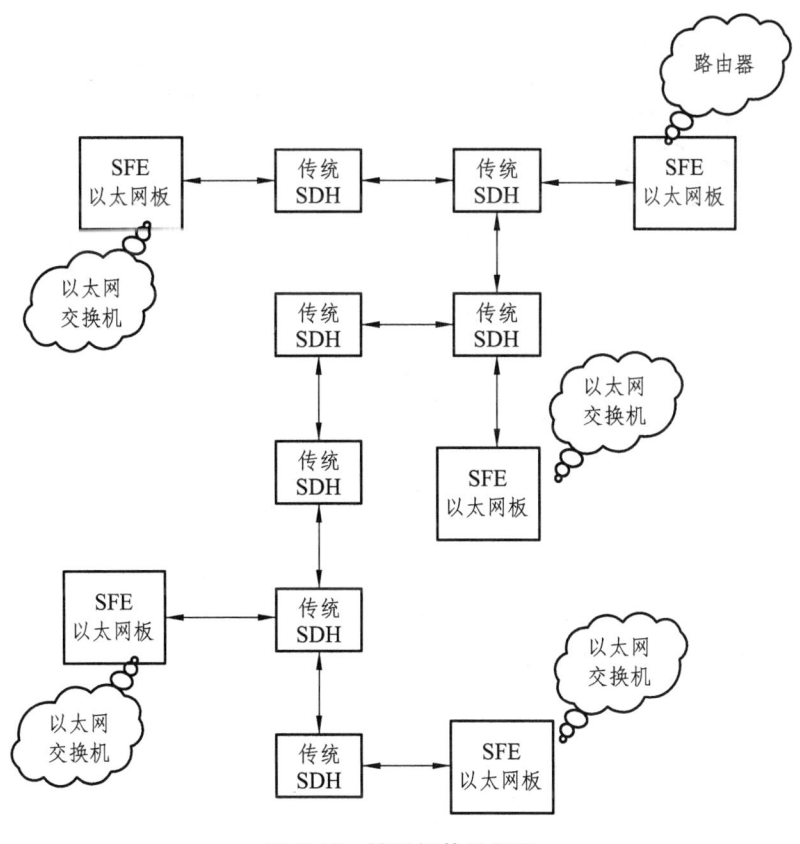

图 5.11　链形拓扑组网图

3. 环形拓扑网络

环形拓扑网络主要是根据现有的 SDH 共享环网,在两个环网上有一个路由器用来上业务,其他的点是下业务的以太网交换机,如图 5.12 所示。

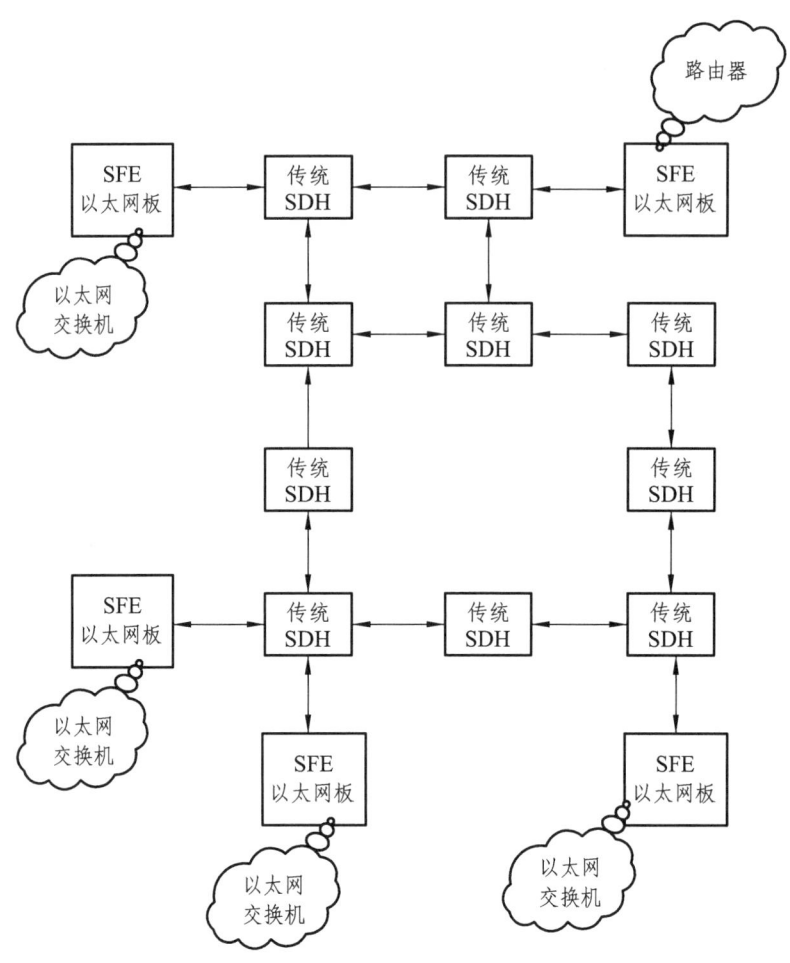

图 5.12 环形拓扑网络图

4. 网状拓扑网络

网状拓扑网络主要是根据现有的 SDH 网络,在网上某点有一个路由器用来上业务,其他的点是下业务的以太网交换机,如图 5.13 所示。

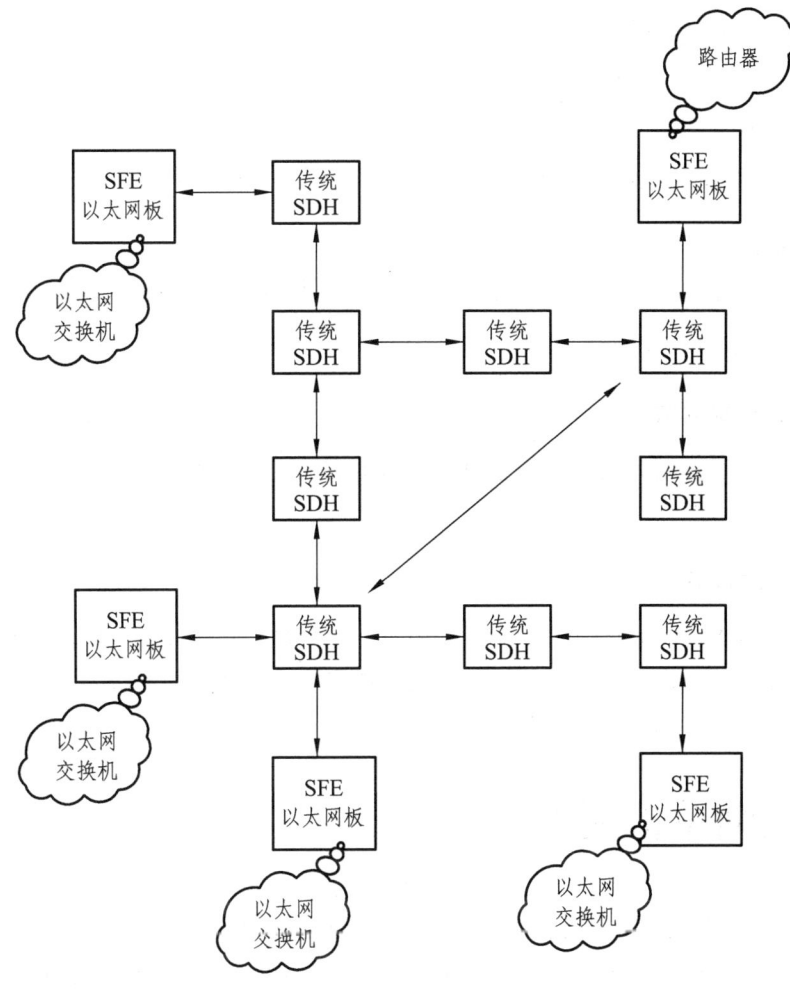

图 5.13 网状拓扑图

5.4.3 工作模式

工作模式包括接入模式和干线模式。

1. 接入模式

接收数据帧不带 VLAN 标识，由本端口按照 Pvid 添加一层 VLAN 后进行交换。

2. 干线模式

接收数据帧必须携带 VLAN 标识，未携带 VLAN 标识的数据帧将被过滤，发送侧不剥离 VLAN。

5.4.4 单板运行模式

1. 缺省模式

端口根据查找 MAC 地址表进行包的转发，实现用户端口和系统端口之间的任意交换。

2. 透传模式

交换时，屏蔽 MAC 地址与 VLAN，提供点到点的透明传输通道。数据帧只在相互对应的用户端口和系统端口之间转发。

3. 虚拟局域网模式

数据帧的转发通过划分的 VLAN 及 MAC 地址表的查找实现。不同的 VLAN 间业务不可互通，具有安全隔离的作用。

4. 虚拟通道模式

交换时，屏蔽 MAC 地址，按照划分的 VLAN 进行数据包的转发。该模式允许从不同端口接收相同源地址的数据包，支持各种协议包的透明传输，并按照 VLAN 进行业务汇聚。

5.5 以太网单板配置

在单板管理界面中，右击 SFE 系列单板，选择快捷菜单中的"属性"命令，进入 SFE 板的单板属性设置对话框。单击"高级"按钮，进入单板高级属性设置对话框。

5.5.1 用户端口设置

在数据端口属性页面中，完成用户端口的设置，主要参数说明见表 5.1。

表 5.1 用户端口设置（SFE 板）

参 数	描 述	备 注
端 口	用户端口的类型和数量由单板类型决定	端口被启用后，与该端口相关的设置才能生效
VLAN 模式	包括接入模式和干线模式： 1. 接入模式：接收数据帧不带 VLAN 标识，由本端口按照 Pvid 添加一层 VLAN 后进行交换 2. 干线模式：接收数据帧必须携带 VLAN 标识，未携带 VLAN 标识的数据帧将被过滤，发送侧不剥离 VLAN	如果端口采用接入模式，需设置端口速率、双工模式和 Pvid
速率选择	选择相应端口的工作速率	对接设备的速率和双工模式应保持一致
双工选择	选择相应端口的工作模式	

续表 5.1

参　数	描　述	备　注
Pvid	接入模式下，端口为接收的数据帧添加的 VLAN 标识	范围 1～4 095
是否流控	处理网络拥塞的两种方法。工作原理相反，不能同时启用。如果系统端口配置的带宽比对应的用户端口的业务总流量小，建议启用用户端口和系统端口的流控功能；如果多个用户端口共享一个系统端口，应启用 QoS 功能	1. 与用户端口对接的用户设备相应端口也需要启用流控功能 2. 启用流控功能时，需要同时启用相关的用户端口和系统端口的流控
QoS 优先级		如果用户端口采用 QoS 中的 WFQ 方式，需选择 QoS 优先级。每个 QoS 优先级对应一个带宽比例，带宽在系统端口中设置
自学习 MAC 地址	设置端口是否支持 MAC 地址自学习。如果不启用该功能，端口必须通过静态 MAC 地址设置，才能获得目的地址	建议启用该功能
速率限制	限制用户端口发出数据帧的速率。缺省值为不作限制	
Trunking 组	将物理上相同类型的端口绑定为逻辑上的一个端口，提高链路的带宽容量，实现数据在多个物理链路上的均衡分布，并利用冗余路径实现链路的保护	可选配置，根据业务需求选配

5.5.2　系统端口设置

在数据端口属性、通道组配置、端口容量设置、LCAS 配置页面中，完成系统端口的设置。主要参数说明见表 5.2。

表 5.2　系统端口设置（SFE 板）

参　数	描　述	备　注
端　口	系统端口的类型和数量由单板类型决定	端口被启用后，与该端口相关的设置才能生效
VLAN 模式	包括接入模式和干线模式	建议系统端口使用干线模式
Pvid	接入模式下，端口为接收的数据帧添加的 VLAN 标识	范围 1～4 095
是否流控	处理网络拥塞的两种方法	启用流控功能时，需要同时启用相关的用户端口和系统端口的流控
QoS 优先级		如果系统端口采用 QoS 中的 WFQ 方式，必须设置 QoS 优先级与带宽的对应关系
通道组配置	配置 VC-12 虚级联组	以太网业务两端的系统端口，其传输容量必须相同，否则业务不通
端口容量设置	为系统端口指定通道组	
LCAS 配置	即链路容量调整方案。当用户带宽发生变化时，通过 LCAS 调整虚级联组中 VC 通道的数量，使业务不中断，或仅发生瞬断。LCAS 启用时，如果通道组中的 VC 失效，系统将自动从通道组剔除失效的 VC，其余正常的 VC 可继续传输业务；当失效 VC 恢复后，系统又可自动将该 VC 重新加入虚级联组	建议系统端口启用 LCAS 功能

5.5.3 单板属性设置

在对话框的数据单板属性页面中，指定单板的运行方式和 MAC 地址。参数定义和设置原则见表 5.3。

表 5.3 单板属性设置（SFE 板）

单板运行方式		
运行方式	描 述	备 注
缺省模式	端口根据查找 MAC 地址表进行包的转发，实现用户端口和系统端口之间的任意交换	如果同一单板在该模式下启用 2 个以上的端口将可能形成广播风暴，导致业务不正常
透传模式	交换时，屏蔽 MAC 地址与 VLAN，提供点到点的透明传输通道。数据帧只在相互对应的用户端口和系统端口之间转发	1. 类似物理通道的透传，可以对各种协议帧（包括 802.1x）的透明传送 2. 如果单板采用透传模式，用户端口的 VLAN 模式设置无效
虚拟局域网模式	数据帧的转发通过划分的 VLAN 及 MAC 地址表的查找实现。不同的 VLAN 间业务不可互通，具有安全隔离的作用	可以保证业务的安全性，但是当业务包含大量 VLAN 时，需要逐个配置 VLAN，工作量较大
虚拟通道模式	交换时，屏蔽 MAC 地址，按照划分的 VLAN 进行数据包的转发。该模式允许从不同端口接收相同源地址的数据包，支持各种协议包的透明传输，并按照 VLAN 进行业务汇聚	
单板 MAC 地址		
参 数	描 述	备 注
MAC 地址	16 进制表示方式，输入单板的 MAC 地址	MAC 地址应设置为不同，避免发生广播风暴

5.5.4 虚拟局域网（VLAN）/生成树协议（STP）配置

参数说明见表 5.4。

表 5.4 VLAN/STP 配置说明（SFE 板）

参 数	描 述	配置原则
VLAN 配置	创建 VLAN，并添加用户端口和系统端口，必须配置	1. SFE/SGE 板只能批量创建多个连续 ID 的 VLAN 2. 端口所属 VLAN 的 ID 必须与数据端口属性页面中该端口所设的 Pvid 相同 3. VLAN ID 范围 1~4 095
STP 配置	当以太网业务构成环形或网形网络时，为避免业务成环，建议启用虚拟网桥的生成树协议（STP）	启用 STP 的 VLAN 数量为 30 个，使用 STP 的 VLAN×port 数量最大为 120 个

5.5.5 业务配置

在客户端操作窗口中，选择上下以太网业务的网元，单击"设备管理"→"SDH 管理"→"业务配置"菜单项，在业务配置对话框中，按照时隙交叉配置的方法建立以太网板 VC-12 通道与光线路板 TU-12 的连接。

5.5.6 途经站点光线路板配置

在客户端操作窗口中，选择途经站点，单击"设备管理"→"SDH 管理"→"业务配置"菜单项，在业务配置对话框中，建立途经光线路板的直通连接。

实训四　数据业务配置

如实训图 4.1 所示，在某组网中，网元 K 和网元 L 均为 ZXMP S320 网元，速率为 622 Mbps，具有 VLAN 业务。为突出以太网业务的组网方式，组网示意图中省略其他网元。

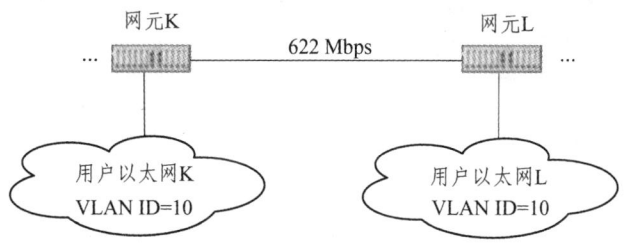

实训图 4.1　ZXMP S320 点到点组网

一、任务目的

在如实训图 4.1 所示的组网中，需完成用户以太网 K 和用户以太网 L 之间 30 M 以太网业务的传送。

二、实现任务

以太网业务的配置，请参见"组网分析和单板配置"～"时隙配置"。

1. 组网分析和单板配置

根据以上的组网要求，ZXMP S320 设备除配置相应的功能单板外，还应配置以下两种业务单板：

（1）O4CSD 板：用于实现 622 Mbps 链路。
（2）SFE4 板：实现 VLAN 业务。

根据业务要求和容量确定单板种类和数量，参照"传统 SDH 业务组网配置"所述，创建网元并安装单板。网元 K 和网元 L 的单板安装分别如实训图 4.2 和实训图 4.3 所示。

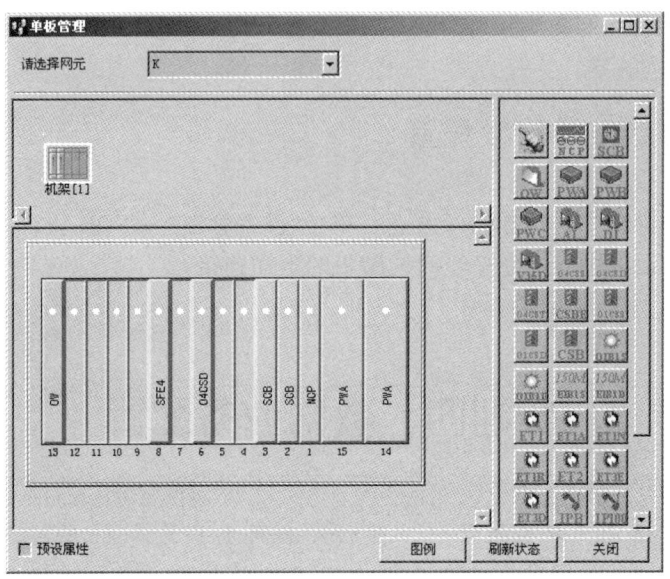

实训图 4.2　网元 K 的单板管理对话框

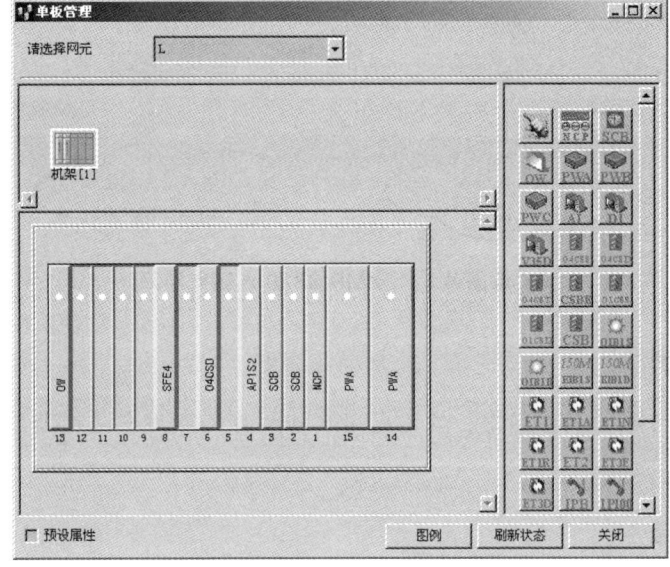

实训图 4.3　网元 L 的单板管理对话框

2. 单板属性配置

分别在实训图 4.2 与实训图 4.3 所示的对话框中右击 SFE4 板，在弹出的快捷菜单中选择"属性"选项，进入 SFE4 板属性对话框，单击"高级"按钮，在高级属性对话框中，进行单板端口属性配置,如实训图 4.4 所示。

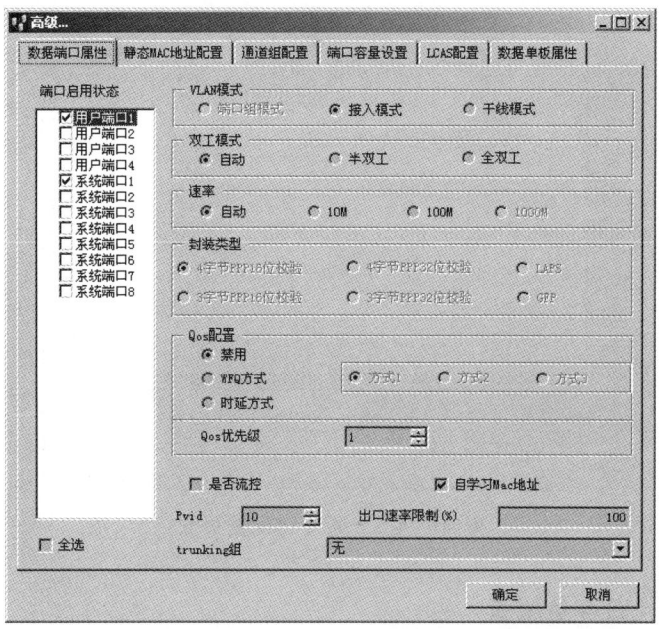

实训图 4.4　SFE4 单板高级属性对话框

3. 单板端口属性配置

网元 K 和网元 L 的设置相同。在实训图 4.4 中,分别对系统端口 1 和用户端口 1 进行配置。

(1)用户端口启用状态:单击"用户端口 1",启用该端口。VLAN 模式:接入模式。双工模式:自动。速率:自动。Pvid:10。其余参数采用默认值。

(2)系统端口启用状态:单击"系统端口 1",启用该端口。VLAN 模式:干线模式。封装类型:GFP。是否流控:由于业务量小于 100 M,使用该选项。其余参数采用默认值。

4. 通道组配置

单击实训图 4.4 的"通道组配置",进入通道组配置页面,根据以太网业务量捆绑 TU-12 通道。在本例中,需要完成的以太网业务为 30 M,因此,网元 K 和网元 L 均需要捆绑 15 个 TU-12 通道。配置要求见实训表 4.1。

实训表 4.1　通道组配置要求

参　　数	配　　置
占用(TU-12 通道)	01～15
级联方式	虚级联
通道组 ID	1

通道组配置完成后,SFE4 板通道组配置页面如实训图 4.5 所示。

实训图 4.5　通道组配置页面

5. 以太网板端口容量配置

在如实训图 4.5 所示的对话框中选择"端口容量设置"页面，进入端口容量设置页面。为网元 K 和网元 L 的系统端口 1 分别指定相应网元的通道组 1，如实训图 4.6 所示。

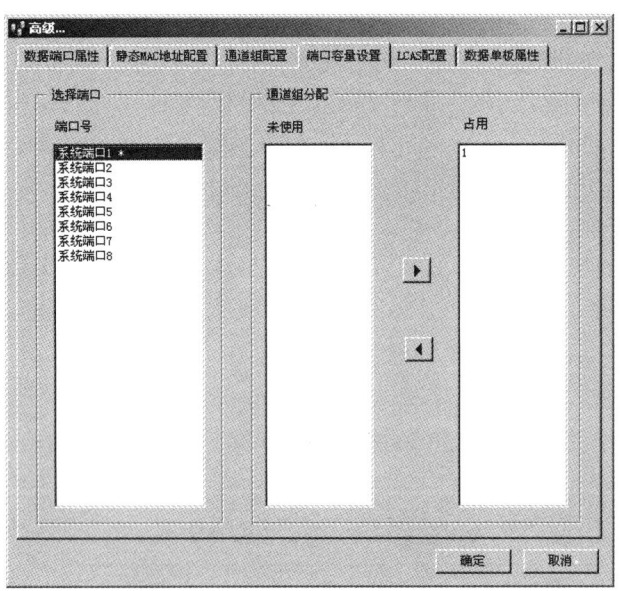

实训图 4.6　端口容量设置页面

6. LCAS 配置

在如实训图 4.6 所示的对话框中选择"LCAS 配置"页面，进入 LCAS 配置页面。对网元 K 和网元 L 的系统端口 1 中的 TU-12 进行 LCAS 配置，配置要求见实训表 4.2。

第 5 章　多业务传送技术

实训表 4.2　LCAS 配置要求

参　　数	配　　置
端口号	系统端口 1
LCAS 使能	选中
方向	双向
占用（TU-12 通道）	1～15

以网元 L 为例，配置完成后如实训图 4.7 所示。

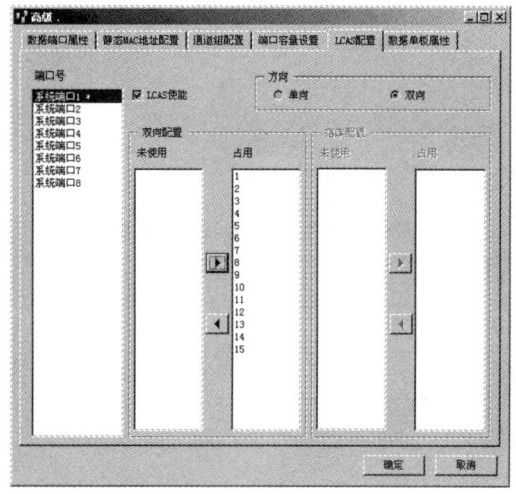

实训图 4.7　LCAS 配置页面

7. 数据单板属性配置

在如实训图 4.7 所示的对话框中选择"数据单板属性"页面，进入数据单板属性页面。运行方式：虚拟局域网模式。MAC 地址：网元 K 为 0x000000000001，网元 L 为 0x000000000002。以网元 K 为例，如实训图 4.8 所示。

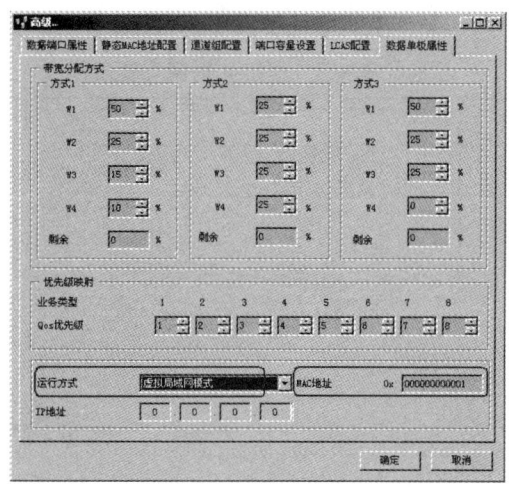

实训图 4.8　数据单板属性页面

(1) 建立连接。参照"建立连接",并按照如实训表 4.3 所列的连接配置,建立光连接。

实训表 4.3　连接配置表

源　　端	目 的 端	连 接 类 型
网元 K 6# O4CSD 板 1# 端口	网元 L 6# O4CSD 板 1# 端口	双向光连接

(2) 创建用户和 VLAN。在客户端操作窗口中,选择网元,单击"业务管理"→"客户管理"菜单项,创建新用户。用户名为 Customer A,用户 ID 为 1。

(3) VLAN 设置。在客户端操作窗口中,选择网元 K 和网元 L,单击"设备管理"→"以太网管理"→"虚拟局域网设置"菜单项,进入数据板虚拟局域网设置对话框。

① 创建 VLAN。

在"虚拟局域网信息"列表框中选择"Customer A",单击"增加 VLAN"按钮,在 VLAN 信息对话框中,创建 VLAN,如实训表 4.4 所列。

实训表 4.4　VLAN 配置要求

参　　数	配　　置
VLAN 名称	VLAN
VLAN 起始 ID	10
VLAN 终止 ID	10

② 为 VLAN 添加端口。

a. 在"虚拟局域网信息"列表框中选择"VLAN(10)"。

b. 选择"单板端口信息"中网元 K 的用户端口 1 与系统端口 1、网元 L 的用户端口 1 与系统端口 1,单击 ◀ 按钮,添加到"已配置单板"中。

c. 时隙配置:在如实训图 4.8 所示的数据板虚拟局域网配置对话框中,单击"业务配置"按钮,在业务配置对话框中完成网元的时隙设置。各网元时隙配置如下,所有配置均为双向配置。

网元 K 的时隙配置如实训表 4.5 所示。

实训表 4.5　网元 K 时隙配置表

以 太 网 板		光 接 口 板				
以太网板	VC-12	光接口板	AUG	TUG-3	TUG-2	TU-12
8#SFE4	01～15	6# O4CSD(1)	1	1	1	1～3
					2	1～3
					3	1～3
					4	1～3
					5	1～3

网元 L 的时隙配置见实训表 4.6。

实训表 4.6　网元 L 时隙配置表

以 太 网 板		光 接 口 板				
以太网板	VC-12	光接口板	AUG	TUG-3	TUG-2	TU-12
8#SFE4	01～15	6# O4CSD（1）	1	1	1	1～3
					2	1～3
					3	1～3
					4	1～3
					5	1～3

d. 结果验证：在网元与网管通信正常的情况下，支持两种验证操作。在客户端操作窗口中，选择网元 K 和网元 L，单击"维护"→"以太网维护"→"物理端口运行状态"菜单项，以太网板各端口的参数应与设置相同。在网元 K SFE4 板 1#用户端口所连计算机发送数据包，在网元 L SFE4 板 1#用户端口应该可以收到网元 K 所发数据，如实训图 4.9 所示。

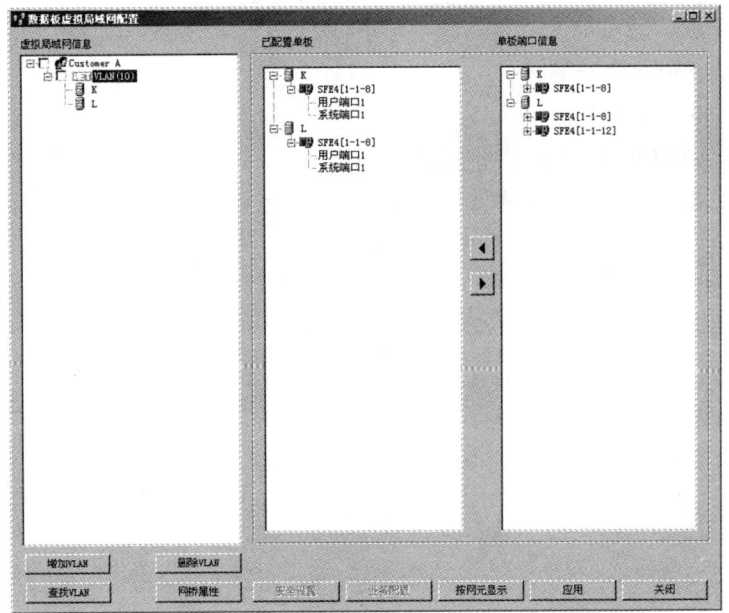

实训图 4.9　数据板虚拟局域网配置对话框

本章小结

为了适应快速增长的宽带业务需求，人们改造了用户侧的接入网，目前的各种宽带接入技术，都能够比较好地疏通接入网的瓶颈。同时 DWDM 技术的广泛应用，长途干线网的容量正向着 Tb 级进军，核心路由器的处理能力也达到了 Tb 级，干线网的巨大传输容量已经成为网络发展的坚实基础。

但是对于传统的本地网来说，整个传送平台承载的业务主要是话音业务，接口种类局限于 E1/E3/STM-1/STM-4 等固定的 TDM 接口，容量一般来说也比较有限。随着宽带业务的不断发展，找到一种对这些迅猛发展的业务进行高效、可靠、低成本的承载方式是发展的关键。目前宽带城域光网的建设通常可以有多种技术方案选择，其中能把许多分立的网络元素整合在单一的多业务平台将代替功能各不相同的大量传输和接入设备的 MSTP 应运而生。

本章主要介绍了多业务传送技术的发展及其关键技术，要求学生了解 MSTP 相关的业务，掌握 SFE4 单板的具体功能和作用，以及掌握数据业务的具体配置方法和步骤。通过 E300 网管软件，搭建出相应的网络，并能够在 SDH 网络上传输以太网数据业务。

习　题

一、填空题

1. VLAN 模式中，包括＿＿＿＿＿和＿＿＿＿＿。
2. 数据单板属性页面中，单板的运行方式有＿＿＿＿、＿＿＿＿、＿＿＿＿、＿＿＿＿四种。
3. SFE4 有＿＿＿＿＿个用户接口，＿＿＿＿＿个系统接口。

二、简答题

1. 简述 MSTP 的演进过程。
2. 简述 MSTP 的关键技术。
3. 画出基于 SDH 的 MSTP 的功能框图。
4. 虚级联技术与 LCAS 技术的区别是什么？

第 6 章 SDH 网络保护机理

随着现代社会对通信的依赖性越来越大，通信网络的生存性已成为至关重要的设计指标。据美国明尼苏达大学的研究结果估计，如果通信中断 1 小时，则可使保险公司损失 2 万美元，使航空公司损失 250 万美元，使投资银行损失 600 万美元。如果通信中断 2 天，则足以使银行倒闭。可见，通信网络的生存性已成为至关紧要的设计考虑，也成为市场开放环境下网络运营或业务提供者之间的重要竞争焦点。

6.1 自愈的概念与分类

所谓自愈网，就是无需人为干预，网络就能在极短的时间内从失效故障中自动恢复所携带的业务，使用户感觉不到网络已出了故障。其基本原理是使网络具备发现故障和重新建立通信的能力。自愈网只涉及重新确立通信，而不管具体失效元部件的修复和更换，后者仍需人工干预才能完成。

对于自愈保护来说，必须首先存在冗余路由，这样就可以为受保护业务建立一条冗余路由，当工作路由出现故障时，业务自动切换到冗余路由，并重新建立连接关系，以保证业务连续性，从而起到自愈保护的作用。

通常，不同的用户和不同的业务对业务恢复时间有不同的要求。一般说，大型金融机构和银行的自动取款机对业务的可靠性要求最高，希望业务恢复时间能短于 50 ms。而另一方面，只要业务资费较低，普通的居民用户对业务的中断时间要求一般不高，自愈保护的倒换时间做如表 6.1 的定义。

表 6.1 自愈保护的倒换时间

业务恢复时间	交换业务的连接丢失情况	业务恢复时间	交换业务的连接丢失情况
50～200 ms	业务丢失概率 <5%	200 ms～2 s	业务丢失概率提高
2 s	所有电路交换连接业务丢失	10 s	多数话带数据调制解调器超时
>10 s	所有通信会话丢失连接	>5 min	数字交换机阻塞

自愈保护中的两个重要的时间门限如下：

（1）50 ms 作为 ITU-T 规定的设备倒换时间门限，中断时间小于 50 ms，可以满足多数电路交换网的话带业务和中低速数据业务的质量要求。

（2）2 s 作为网络恢复的目标值（连接丢失门限 CDT），中断时间小于 2 s，可保证中继传输和信令网的稳定性，电话、数据、图像等多数用户可忍受。

6.2 自愈网的类型和原理

按照自愈网的定义可知有多种手段来实现自愈网。各种自愈网都需要考虑下面一些共同的因素：初始成本、要求恢复的业务量比例、用于恢复任务所需的额外容量、业务恢复速度、升级或增加节点的灵活性、易于操作运行和维护。自愈网的实现可以分为线路保护倒换和自愈环网两种基本形式，在自愈环网中又可划分为多种类型。

1. 线路保护倒换

最简单的自愈网形式就是传统 PDH 系统常采用的线路保护倒换方式，它同样可应用于 SDH 系统。其工作原理是当工作光纤的业务传输中断或性能劣化到一定程度后，系统倒换设备将主信号自动转至备用光纤传输系统，从而使接收端仍然接收到正常的信号而感觉不到网络已出了故障。这种保护方式的业务恢复时间很快，可短于 50 ms，它对于网络节点的光或电元部件失效故障十分有效。但是，当光缆被切断时，往往是同一缆芯内的所有光纤（包括主用和备用）一齐被切断时，上述保护方式就无能为力了。

进一步的改进是采用地理上的路由备用，即主用、备用光纤通过不同的地理路由铺设。这样，当主用通道的光缆被切断时，备用通道的光缆不受影响，仍能将信号安全地传输到对方。这种路由备用方法配置容易、网络管理简单，且保持了快速恢复业务的能力。但该方案需要至少双份的光纤光缆和线路设备，而且备用路由往往较长，因而成本较高。此外，该保护方法只能保护传输链路，无法提供网络节点的失效保护，因此适用于点到点应用的保护。对于两点间有稳定的较大业务量的场合，路由备用线路保护方法仍不失为一种较好的保护手段。

2. 自愈环网

将网络节点连成一个环形可以进一步改善网络的生存性和成本，一个环形自愈网也称为自愈环网。自愈环网的网络节点可以是 DXC，也可以是 ADM，通常都采用 ADM，利用 ADM 的智能分插能力构成的自愈网是 SDH 的特色之一，也是目前研究工作十分活跃的领域。自愈环网分为通道保护倒换环和复用段保护倒换环两大类。从功能结构观点来划分，通道倒换环和复用段倒换环分别属于子网连接保护和路径保护。

对于通道保护倒换环，业务信息的保护是以每个通道为基础的，根据环内每个通道信号质量的优劣决定是否进行倒换。对于复用段保护倒换环，业务量的保护是以复用段为基础的，根据每一对节点间的复用段信号质量的优劣决定是否进行倒换，当复用段出现故障时，整个节点间的所有复用段业务信号都倒换到保护回路。通道保护倒换环与复用段保护倒换环的一个重要区别是前者往往使用专用保护,即正常情况下保护段也在传送业务信号,而后者往往使用共享保护,即保护段在正常情况下是空闲的,保护时隙由每对节点共享。

按照环中节点间信息的传送方向来区分,自愈环又可分为单向环和双向环。

正常情况下,单向环中所有业务信号的收、发均按同一方向(顺时针或逆时针)在环中传输,双向环中业务信号的收、发按相反方向在环中传输。

按照业务通路和保护通路的利用情况,自愈网中存在1:1、1+1等保护形式。

(1)1:1保护形式,是指正常情况下业务信号只在工作通路上传输,在保护通路上可以传输额外的业务信号,当工作通路发生故障时,节点将保护通路上的额外业务舍弃,切换为传输业务信号,实现业务信号的保护。

(2)1+1保护形式,是指业务信号同时跨接在工作通路和保护通路,接收业务的节点从工作通路和保护通路中择优接收业务信号,即当工作通路发生故障时,节点自动切换到保护通路接收业务信号。按照环中每一对节点间所用光纤的最小数量来区分,自愈环可以划分为二纤环和四纤环。

按照上述各种不同的分类方法可以得出多种不同的自愈环结构。通常情况下,通道保护倒换环工作在单向二纤方式,复用段保护倒换环既可以采用单向方式,又可以采用双向方式;既可以是二纤方式,又可以是四纤方式。

3. 典型的自愈环结构

下面以 4 个节点的环为例,分别介绍 4 种典型、实用的自愈环结构。

(1)二纤单向通道保护倒换环。

二纤单向通道保护倒换环的保护方式为通道 1+1 保护,也是基于"并发优收"的原则,以 PATH-AIS 为倒换的判据,不需要 APS 协议。它有两根光纤,一根是用于传送业务信号的 S 光纤,另一根是用于保护的 P 光纤。它采用"首端桥接,末端倒换"的结构,即在 A 和 C 节点中,进入环的信号同时接入 S 光纤和 P 光纤,而分路节点的信号是靠倒换来获得的。二纤单向通道保护倒换环如图 6.1 所示。

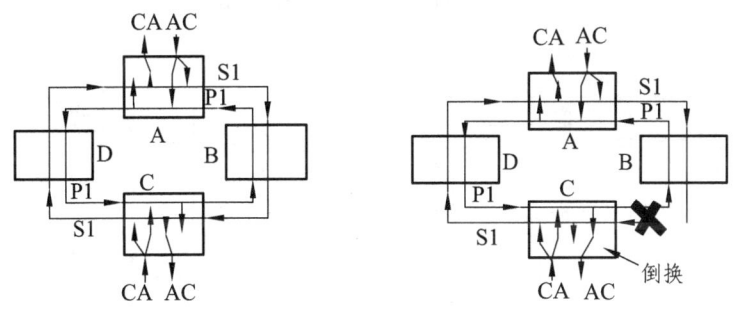

图 6.1 二纤单向通道保护倒换环示意图

如图 6.1 所示,在节点 A,进入环的以节点 C 为目的地的支路信号 AC 同时馈入发送方向光纤 S1 和 P1,其中 S1 光纤按顺时针方向将业务信号送至分路节点 C,而 P1 光纤则按逆时针方向将同样的支路信号送至分路节点 C。接收端分路节点 C 同时接到两个方向来的支路信号,按照分路通道信号的优劣决定选哪一路信号为分路信号。正常情况下,以 S1 光纤送来的信号为主信号。当 B 和 C 节点间的光缆被切断时，在节点 C，由于从 A 经 S1 来的 AC 信号丢失，按"并发优收"原则，倒换开关将由 S1 转向 P1，接收由 A 节点经 P1 而来的 AC 信号作为分路信号，从而使 AC 间的业务信号得以维持，不会丢失。故障排除后，开关返回原来位置。

（2）二纤单向复用段保护倒换环。

二纤单向复用段保护倒换环如图 6.2 所示。在二纤单向复用段倒换环中，节点在支路信号分插功能前的每一高速线路上都有一保护倒换开关，正常情况下，低速支路信号仅仅从 S1 进行分插，P1 是空闲的，由 A 到 C 以及由 C 返回 A 的信号都是沿 S1 顺时针方向传送的，所以它是一个单向环。

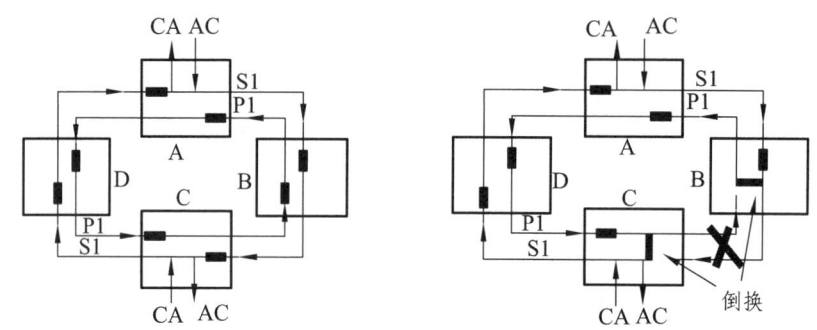

图 6.2　二纤单向复用段保护倒换环示意图

如图 6.2 所示，当 B 和 C 节点间的光缆被切断，B 和 C 节点中的保护倒换开关将利用 APS 协议执行环回功能，在 B 节点，S1 上的 AC 信号经倒换开关从 P1 返回，沿逆时针方向经过 A 和 D 节点到达 C 节点，并经过 C 节点的倒换开关环回到 S1 并落地分路。这种环回倒换功能能保证在故障状况下仍维持环的连续性，使低速支路上的业务信号不会中断，故障排除后，倒换开关返回原来位置。

（3）四纤双向复用段倒换环。

四纤双向复用段倒换环有两根分别对应收发方向的业务光纤 S1 和 S2，以及两根分别对应收发方向的保护光纤 P1 和 P2。四纤双向复用段倒换环如图 6.3 所示。

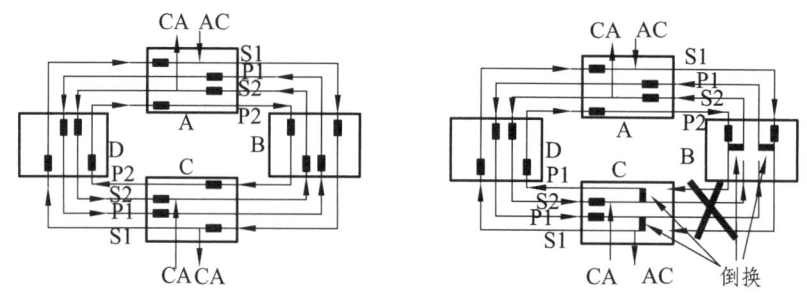

图 6.3　四纤双向复用段倒换环示意图

如图 6.3 所示，正常情况下，从 A 节点进入环，以 C 节点为目的地的低速支路信号沿 S1 顺时针传输，而由 C 节点返回 A 节点的低速支路信号则沿 S2 逆时针传输，所以它是一个双向环；而保护光纤 P1 和 P2 是空闲的。当 B 和 C 节点间的光缆被切断时，利用 APS 协议，B 和 C 节点中各有两个倒换开关执行环回功能，从而得以维持环的连续性。光纤 S1 和 P1 沟通，

S2 和 P2 沟通，沿 S1 的 AC 信号在 B 节点经倒换开关从 P1 返回，沿逆时针方向经过 A 和 D 节点到达 C 节点，并经倒换开关回到 S1 光纤落地分路，CA 信号也类似。其原理和前述二纤单向复用段倒换环类似，故障排除后，倒换开关返回原来位置。

（4）二纤双向复用段倒换环。

从图 6.3 中可以看出，S1 上的业务信号与 P2 上的保护信号的传输方向完全相同，都是顺时针。利用时隙交换技术，可使光纤 S1 和 P2 上的信号都置于一根光纤上，这根光纤就称为 S1/P2 光纤。此时，这根光纤上的一半时隙如奇时隙用于传业务信号，而另一半时隙如偶时隙留给保护信号，同样也有 S2/P1 光纤。S1/P2 上的保护信号时隙可保护 S2/P1 上的业务信号，而 S2/P1 上的保护信号时隙可保护 S1/P2 上的业务信号。于是，四纤环就可以简化为二纤环。对于二纤双向复用段倒换环，我们一般采用奇偶时隙保护，也有其他的保护形式，如前半时隙传业务信号，后半时隙传保护信号。二纤双向复用段倒换环如图 6.4 所示。

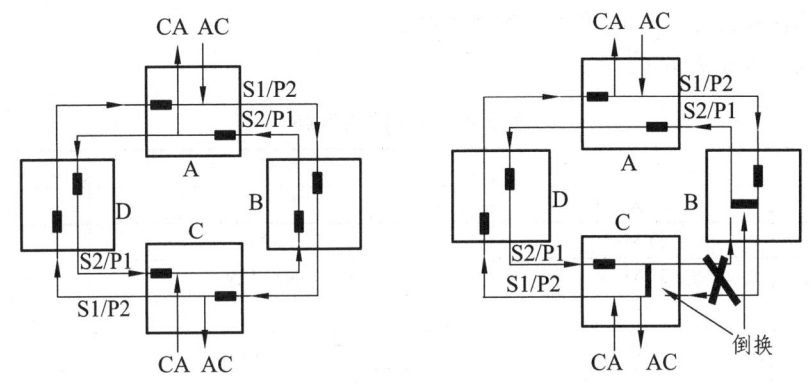

图 6.4　二纤双向复用段倒换环示意图

当 B 和 C 节点间光缆被切断，B 和 C 节点内的倒换开关将根据 APS 协议，将 S1/P2 与 S2/P1 沟通，利用时隙交换技术，可将 S1/P2 和 S2/P1 上的业务信号时隙移到另一根光纤上的保护信号时隙，从而完成保护倒换作用，保护倒换时间小于 30 ms。例如，S1/P2 的业务信号奇时隙可转移到 S2/P1 上的保护信号偶时隙，即把所有的业务信号置于一根光纤上传输，并且在 A，B，C，D 这四个站点都要进行这种时隙交换。当故障排除后，倒换开关返回原来位置。

6.3　自愈环网的特点

1. 二纤环网通道保护

（1）二纤环网的单/双向通道保护，在工作过程中可以相互转化，不存在优劣的比较。

（2）二纤环网单/双向通道保护，对网络速率没有任何限制，网络容量固定为 STM-N。

（3）环上无节点数目限制，倒换时间短。

（4）不能传送额外业务，只能基于 1+1 保护，适用于集中型业务的保护。

（5）可以利用网管进行返回式设置。

2. 二纤环网复用段保护小结

（1）二纤环网采用复用段保护，网络容量为 STM-N×K/2，其中 STM-N 为网络速率，K 为网元数目。

（2）二纤环网采用复用段保护时，网络速率应大于或等于 STM-4。

（3）环上最多存在 16 个 ADM 网元，倒换时间稍长。

（4）可传送额外业务，适用于分散型业务的保护。

3. 四纤环网复用段保护小结

（1）四纤环网采用复用段保护，网络容量为 STM-N×K，其中 STM-N 为网络速率，K 为网元数目。

（2）四纤环网采用复用段保护时，对设备的要求较高。

（3）可传送额外业务，适用于分散型业务的保护。

各自环网特点见表 6.2。

表 6.2 自环网的特点

项目	二纤单/双向通道	二纤双向复用段	四纤双向复用段
节点数	K	K	K
线路速率	STM-N	STM-N	STM-N
环传输容量	STM-N	K/2×STM-N	K×STM-N
APS 协议	不用	用	用
倒换时间	< 20 ms	20～50 ms	20～50 ms
节点成本	低	中	高
系统复杂性	简单	复杂	复杂
主要应用场合	接入网、中继网等（集中型业务）	中继网、长途网等（分散型业务）	中继网、长途网等（分散型业务）

实训五　通道保护配置实例

一、组网规划

组网规划如实训图 5.1 所示。

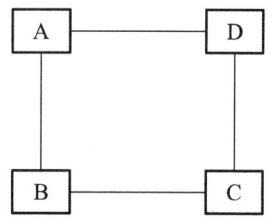

实训图 5.1　组网规划图

二、数据规划

网元 A、B、C、D 均为 ZXMP S320 设备,ABCD 是 622 M 二纤环。
各网元间业务配置如下:
A<->B:2 个 2 M;
A<->C:2 个 2 M。

三、实习步骤及记录

1. 启动网管

(1)启动"Server"→启动"GUI"。
(2)备份一个空的数据库(名称可以参考:"Blank0102",指的是 1 月 2 号),备份在缺省目录下。

2. 创建网元

在客户端操作窗口中依次创建网元 A、B、C、D,网元状态选择"离线"。

3. 安装单板

给各网元安装单板。

4. 连接网元

进行网元间连接配置。

5. 业务配置

进行网元间业务配置。
请填写业务配置时隙实训表 5.1。

实训表 5.1

网元	时隙(入)	时隙(出)
A		
B		
C		
D		

6. 通道保护配置

在已配置的工作时隙基础上,再配置经过另一个路由的保护时隙,完成通道保护的配置。配置方法与业务配置相同。先配置的时隙连接称为工作通路,由红色实线表示;后配置的时隙连接称为保护通路,由蓝色实线表示。

（1）保护配置必须在工作时隙配置后，手动选择时隙或通道作为保护。

（2）对支路板配置通道保护时，不能选择 VC 级信号作为保护。

为 A<->B 和 A<->C 业务配置通道保护，填写通道保护配置实训表 5.2。

实训表 5.2

网元	时隙（入）	时隙（出）
A		
B		
C		
D		

实训六　二纤双向复用段保护环配置实例

一、任务目的

完成二纤双向复用段保护环的配置。

二、实现任务

（1）在客户端操作窗口中，选中需要配置复用段保护的网元，单击"设备管理"→"公共管理"→"复用段保护配置"菜单项，弹出如实训图 6.1 所示的复用段保护配置对话框。准备创建二纤双向复用段保护环。

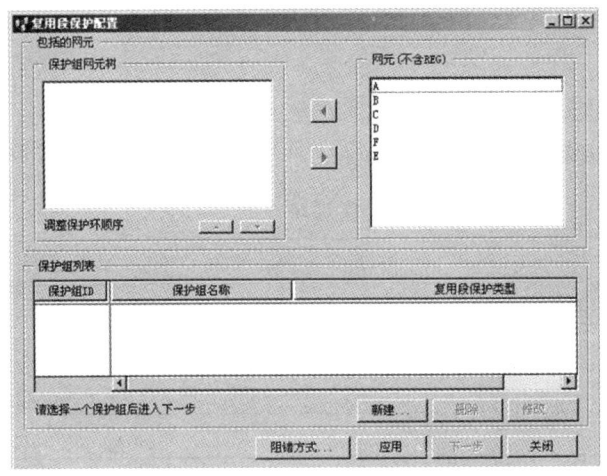

实训图 6.1　复用段保护配置对话框

（2）复用段保护组配置。

① 在如图 6.1 所示对话框中，单击"新建"按钮，配置复用段保护组，如实训图 6.2 所示。

第6章　SDH 网络保护机理

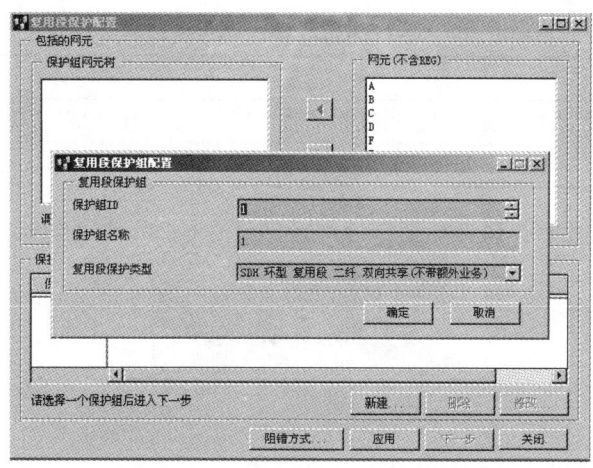

实训图 6.2　复用段保护组配置对话框

② 按实训表 6.1 所列，选择二纤双向复用段保护组的参数。

实训表 6.1　二纤双向复用段保护组配置表

参　　数	配　　置
保护组 ID	1
保护组名称	1
复用段保护类型	二纤双向复用段共享环保护环（不带额外业务）

③ 单击"确定"按钮，返回实训图 6.2 所示对话框，"保护组列表"显示配置的二纤双向复用段保护环，如实训图 6.3 所示。

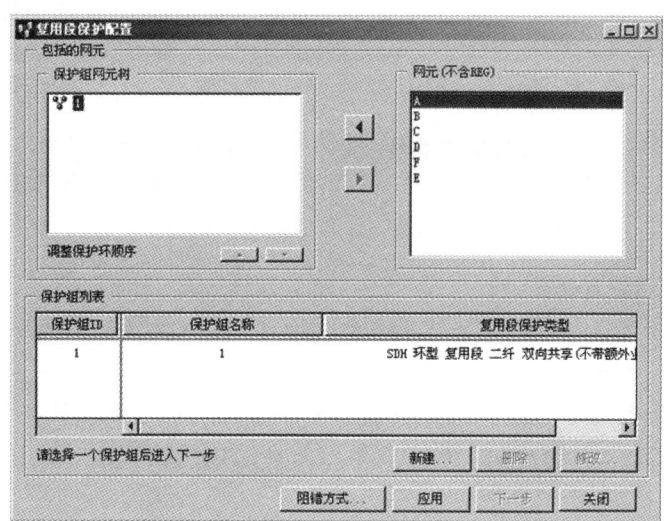

实训图 6.3　复用段保护配置对话框

④ 为"保护组网元树"列表框中的"1"选择网元，并调整保护环的网元顺序。在本实例中，配置参数见实训表 6.2。

实训表 6.2　二纤双向复用段保护组网元配置表

参　数	配　置
保护组 1 包含的网元	［保护组网元树］列表框中的"1"下，包括"A"、"B"、"C"、"D" 4 个网元
保护环顺序	［保护组网元树］列表框中的"1"下，由上至下依次为 A、B、C、D

⑤ 单击"应用"按钮，保存配置，弹出如实训图 6.4 所示的信息对话框。

实训图 6.4　复用段保护配置成功信息对话框

（3）APS ID 配置。

在复用段保护配置对话框的"保护组列表"中，选中保护组"1"，单击"下一步"按钮，进入如实训图 6.5 所示的 APS Id 配置对话框。默认系统设置。

实训图 6.5　APS Id 配置对话框

（4）复用段保护关系配置

在如图 6.5 所示对话框中，单击"下一步"按钮，进入复用段保护关系配置对话框。建立网元 A、网元 B、网元 C、网元 D 的 3#OL64 板端口 1 与 6#OL64 板端口 1 的连接。

提示：该连接的含义为：各网元 3#OL64 板的后 32 个 AUG 单元保护 6#OL64 板的前 32 个 AUG 单元，6#OL64 板的后 32 个 AUG 单元保护 3#OL64 板的前 32 个 AUG 单元。

（5）启动 APS。

在客户端操作窗口中，选择网元 A、网元 B、网元 C 与网元 D，单击"维护"→"诊断"→"APS 操作"菜单项，在 APS 操作对话框中，为每个网元启动 APS 协议处理器，如实训图 6.6 所示。

第 6 章 SDH 网络保护机理

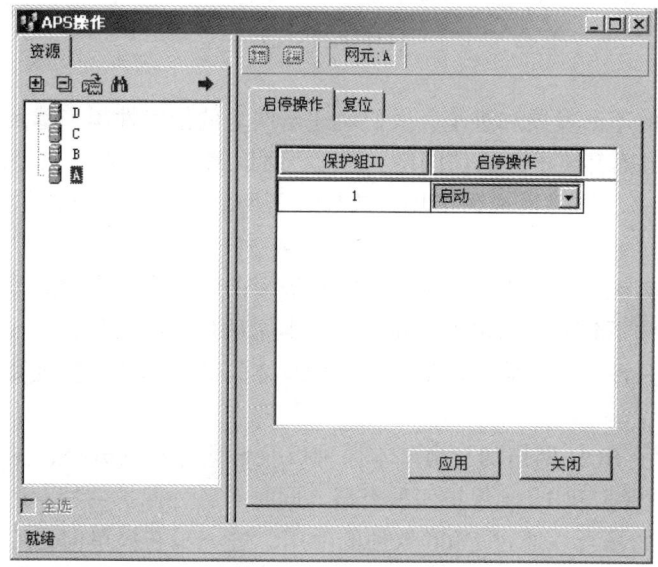

实训图 6.6　APS 操作对话框

三、结果验证

在客户端操作窗口中，选择复用段保护组中的网元，单击"设备管理"→"SDH 管理"→"业务配置"菜单项，打开业务配置对话框。以网元 A 为例，如实训图 6.7 所示。

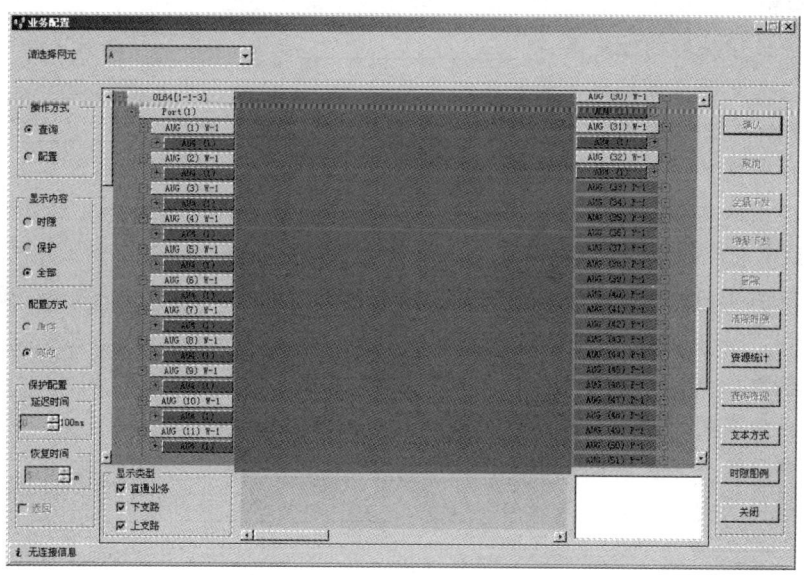

实训图 6.7　网元 A 业务配置对话框

网元 A、网元 B、网元 C 和网元 D 的 3# OL64 与 6# OL64 的后 32 个 AUG 处于灰色不可配置状态，且前 32 个 AUG 按钮显示"W-1"，表示工作通道；后 32 个 AUG 按钮显示"P-1"，表示保护通道。

本章小结

随着现代社会的不断发展和进步，人们对通信网络的依赖性越来越大，不管是生活、学习还是工作，各个方面都离不开通信网络。因此，通信网络的生存性已经成为当今网络至关重要的设计指标之一，同时也成为市场开放环境下网络运营或业务提供者之间的重要竞争焦点。

所谓自愈网就是无需人为干预，网络就能在极短的时间内从失效故障中自动恢复所携带的业务，使用户感觉不到网络已出了故障。其基本原理是使网络具备发现故障和重新建立通信的能力。自愈网只涉及重新确立通信，而不管具体失效元部件的修复和更换，后者仍需人工干预才能完成。

本章主要介绍了 SDH 网络的自愈基本原理以及自愈保护的分类，主要分为通道保护、复用段保护、1+1 保护和 1:1 保护四种类型。同时对各种保护的特点进行了详细分析和比较，指出了其应用的场合。通过 E300 软件的使用，进一步掌握单向通道保护环、双向通道保护环、单向双纤复用段保护环、双向双纤复用段保护环的工作机理、适用范围、业务容量，学会配置通道保护和复用段保护的配置方法及步骤。

习　题

一、填空题

1. 单向通道保护环的触发条件＿＿＿＿＿＿＿＿告警。
2. 双纤双向复用段保护环的触发条件＿＿＿＿、＿＿＿＿、＿＿＿＿、＿＿＿＿告警。
3. 4 网元双纤双向复用段保护环（2.5 G 系统）的业务容量是＿＿＿＿个 2 M。
4. 二纤单向保护环的业务容量恒定是＿＿＿＿，与环上的节点数和网元间业务分布无关。
5. 复用段倒换环是以复用段为基础的，倒换与否是根据环上传输的复用段信号的质量决定的。倒换是由 K1、K2（b1~b5）字节所携带的协议来启动的。
6. 复用段倒换功能测试对倒换时间的要求是倒换时间为≤＿＿＿＿ ms，通道环保护倒换时间要求≤＿＿＿＿ ms。

二、简答题

1. 简述自愈保护的基本原理。
2. 简述自动线路保护倒换结构中，1+1 方式与 1:1 方式的主要区别。
3. 复用段保护倒换的条件是什么？

第 7 章　SDH 网络定时与同步

同步是指两个或两个以上信号之间在频率或相位上保持某种特点的关系，也就是说两个或两个以上信号在相对应的有效瞬间其相位差或频率差在约定的容许范围内。通信网的同步是通信网中各数字通信设备内的时钟之间的同步。

同步网的基本功能是准确地将同步信息从基准时钟向同步网的各下级或同级节点传递，从而建立并保持同步。数字同步网是现代通信网的一个必不可少的重要组成部分，能准确地将同步信息从基准时钟向同步网各同步节点传递，从而调整网中的时钟以建立并保持同步，满足电信网传递业务信息所需的传输和交换性能要求，是保证网络定时性能的关键。因此，网同步的目的是使网中各节点的时钟频率和相位都限制在预先确定的容差范围内，以免由于数字传输系统中收/发定位的不准确导致传输性能的劣化（误码、抖动）。

7.1　同步方式

解决数字网同步有两种方法：伪同步和主从同步。伪同步是指数字交换网中各数字交换局在时钟上相互独立，毫无关联，而各数字交换局的时钟都具有极高的精度和稳定度，一般用铯原子钟。由于时钟精度高，网内各局的时钟虽不完全相同（频率和相位），但误差很小，接近同步，故称之为伪同步。主从同步指网内设一时钟主局，配有高精度时钟，网内各局均受控于该全局（即跟踪主局时钟，以主局时钟为定时基准），并且逐级下控，直到网络中的末端网元——终端局。

一般伪同步方式用于国际数字网中，也就是一个国家与另一个国家的数字网之间采取这样的同步方式，例如中国和美国的国际局均各有一个铯时钟，二者采用伪同步方式。主从同步方式一般用于一个国家、地区内部的数字网，它的特点是国家或地区只有一个主局时钟，网上其他网元均以此主局时钟为基准来进行本网元的定时。主从同步和伪同步的原理如图 7.1 所示。

为了增加主从定时系统的可靠性，可在网内设一个副时钟，采用等级主从控制方式。两个时钟均采用铯时钟，在正常时主时钟起网络定时基准作用，副时钟亦以主时钟的时钟为基准。当主时钟发生故障时，改由副时钟给网络提供定时基准，当主时钟恢复后，再切换回由主时钟提供网络基准定时。

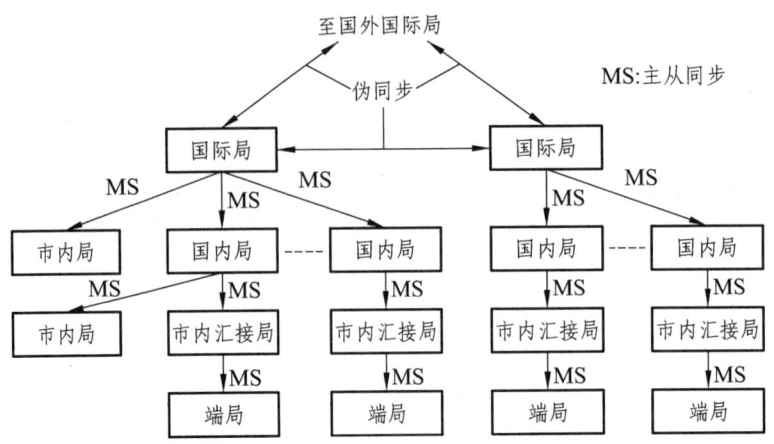

图 7.1　伪同步和主从同步原理图

现阶段,我国的数字同步网采用的是分布式多基准时钟方式,可由多个基准时钟控制网络,各基准时钟间按准同步方式运行,对同步网内各节点划分等级,节点之间是主从关系,如图 7.2 所示。目前我国在北京和武汉建立了两个铯原子钟,以铯时钟组为主与 GPS 接收机相结合的高精度基准时钟,称为 PRC。在除了北京和武汉以外的其他省、市网络中心建立以铷时钟与 GPS 接收机相结合的高精度区域基准时钟,称为 LPR。LPR 以 GPS 信号为主,当 GPS 信号出现故障或信号质量不满足要求时,LPR 将通过地面链路直接或间接跟踪北京或武汉的 PRC。LPR 之间采用准同步方式,各省市以区内 LPR 为基准时钟建立区内的分级数字同步网。

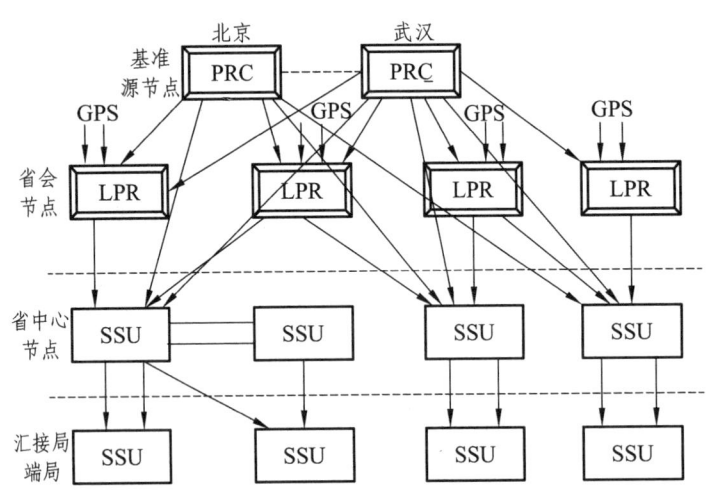

图 7.2　我国数字同步网结构示意图

数字网的同步方式除伪同步和主从同步外,还有相互同步、外基准注入、异步同步(即低精度的准同步)等。下面介绍相互同步和外基准注入同步方式。

相互同步方式是指网内不存在主基准时钟,每个时钟接受其他节点时钟送来的定时信号,将自身频率锁定在所有接受到的定时信号频率的加权平均值上,各时钟相互作用。当网络参数选择合适时,全网的时钟就将趋于一个稳定的系统频率,实现网内时钟同步。该方式对时钟要求较低,对链路故障不敏感,但网络的稳定性不太好,易受外界干扰。

外基准注入方式起备份网络上重要节点的时钟的作用,以避免当网络重要节点主时钟基准丢失,而本身内置时钟的质量又不够高,以致大范围影响网元正常工作的情况。外基准注入方法是利用 GPS(卫星全球定位系统),在网元重要节点局安装 GPS 接收机,提供高精度定时,形成地区级基准时钟(LPR),该地区其他的下级网元在主时钟基准丢失后仍采用主从同步方式跟踪这个 GPS 提供的基准时钟。

7.2 SDH 网同步

7.2.1 网同步的必要性

在 SDH 网络中,各网元之间的频率偏差是通过指针调整来修正的,由于 SDH 网元是以字节为单位进行复用的,所以指针调整也是以字节为单位进行的。指针调整会引起相位抖动,一次指针调整不会超出网络接口所规定的指标,但当指针的调整速率不能受到控制而使抖动频繁地出现和积累并超过网络接口抖动的规定指标时,将引起信息净负荷出现差错,因此,在 SDH 网中,网元内必须保持同步工作。

对于 PDH 和 SDH 网互通情况,指针调整会使 SDH 解同步器和互连的 PDH(2 Mbps)设备性能劣化,导致抖动超标甚至产生严重损伤。有了同步网的支撑,指针调整将减少,对业务的影响也会减轻。对于 SDH 网上承载业务的一些设备,如蜂窝通信网的基站,同样需要传送网承载高精度的频率或时间基准。因此,SDH 网仍然需要同步网的支撑才能发挥作用。

7.2.2 时钟类型

目前,数字通信网中实际使用的时钟类型主要分为 4 类。

1. 铯原子钟

铯原子钟是利用铯原子的能量跃迁现象构成的谐振器来稳定石英晶体振荡器的频率。原子时是极高的稳定时标,1967 年第 13 届国际计量大会上,对秒的定义是:"铯-133 原子基态的两个超精细能级之间跃迁所对应辐射的 9 192 631 770 个周期所持续的时间。"其长期频偏优于 10^{-11},可以作为全网同步的最高等级的基准主时钟。不足之处是价格昂贵,可靠性较差,短期稳定度不够理想。长期频率稳定度可达 $10^{-13} \sim 10^{-14}$,即约 300 万年误差一秒。

2. 铷原子钟

铷原子钟的工作原理与铯原子钟基本相似,都是利用能级跃迁的谐波频率作为基准。与铯钟相比,虽然性能不如铯钟,长期频偏低于铯钟一个数量级,但它具有体积小、预热时间短、短期稳定度高、价格便宜等优点，在同步网中普遍作为地区级参考频率标准。

3. 石英晶体振荡器

石英晶体振荡器是应用范围十分广泛的廉价频率源，可靠性高、寿命长、价格低、频率稳定度范围很宽，采用高质量恒温箱的石英晶体老化率可达 10^{-11}/天。缺点是长期频率稳定度不好，采用锁相环（PLL）技术使之能同步于外来基准信号，还具有频率记忆功能，可以作为长途交换局和端局的从时钟。

4. 全球定位系统 GPS

GPS 全球定位系统是 Navigation Satellite Timing and Range/Global Positioning System 的缩写词 NAVSTAR/GPS 的简称，它的全称含义是：导航卫星测时和测距/全球定位系统，是美国国防部在 1973 年开始建设的，是全天候的、基于高频无线电的卫星导航系统，能提供精确的定位（经度、纬度、高度）和速度、时间信息。GPS 由 24 颗卫星组成，卫星高度 20 100 km，运行周期为 12 小时，均分布在 6 个相对于赤道倾角为 55°的几乎为圆形的等间距轨道上，轨道面之间的夹角为 60°。卫星同时发射两种频率的载波无线电信号，所有这些信号都受到原子频标控制。GPS 使用动态均衡的方法，综合最多 6 颗卫星的信号，所提供的频率精度可达 10～12 数量级（24 小时平均）。

卫星传输信号的固有缺点和选择性供给的影响，地面接收站接收到的定时信号短期稳定性是比较差的。同步网中使用的 GPS 接收机提供的定时信号，必须与大楼综合定时源（BITS）内部时钟和 GPS 接收机内部时钟综合，才能得到长期和短期都能满足要求的定时信号。

7.2.3　时钟等级

我国数字同步网中时钟采用等级制，PRC 和 LPR 为一级基准时钟；省中心除 LPR 外的时钟及地市级、部分汇接局时钟为二级；部分汇接局时钟和端局时钟为三级；每一级时钟同步于较高一级的时钟。

1. 一级基准时钟分为两种

（1）全网基准钟（PRC）由自主运行的铯原子钟组或铯原子钟与卫星定位系统（GPS 和/或 GLONASS 及其他定位系统）组成。PRC 是全网同步基准的根本保障，PRC 的设置应符合以下原则：

① PRC 的设置数量及分布应满足省际 SDH 传送层的同步稳定和安全可靠性要求，即：使省际 SDH 传送网层有来自两个不同 PRC 的同步基准源。

② PRC 的设置数量及分布应有利于对全程全网漂动指标的控制。

③ PRC 应设置在省际传送层枢纽节点所在的通信楼内。

（2）区域基准钟（LPR）由卫星定时系统（GPS 和/或 GLONASS 及其他定位系统，下同）和铷原子钟组成。既能接收卫星定位系统的同步，也能同步于 PRC，LPR 是各省的同步基准源。LPR 的设置应符合以下原则：

① LPR 的设置数量及分布应满足省内 SDH 传送网层的同步稳定和安全可靠性要求，即：使省内 SDH 传送网层源自两个不同 LPR 的同步基准源。

② 原则上每个省设置两个 LPR（如该省已设有 1 个 PRC，则需设 1 个 LPR），地点选择在省际传送层与省内传送层交汇节点所在的通信楼内。

2. 二级节点时钟（SSU-T）

二级节点时钟是各地市接收 LPR 同步基准源的同步节点。二级节点时钟的设置应符合以下原则：

① 二级节点时钟的设置数量及分布应满足本地 SDH 传送层的同步稳定和安全可靠性要求，即：使本地 SDH 传送网层源自两个不同 SSU-T 的同步基准源。

② 二级节点时钟设置地点选择在省内传送层与本地传送层交汇节点所在的通信楼内。

③ 未设有 PRC 和 LPR 的省中心一级交换中心、地市二级交换中心、以及本地网的汇接局所在通信楼内也可设置二级节点时钟三级节点时钟（SSU-L）。

3. 三级节点时钟由高稳晶体钟组成

三级节点时钟宜设置在本地网端局以及传送层汇聚节点处所在通信楼。三级节点时钟的设置应根据通信楼内业务节点发展、局房条件、本地定时平台上的 SDH 系统可提供的同步输出端口等因素综合考虑，要切实注意技术经济的实用性和合理性。

7.2.4 时钟工作模式

主从同步的数字网中，从站（下级站）的时钟有四种工作模式。

1. 正常工作模式——跟踪锁定上级时钟模式

此时从站跟踪锁定的时钟基准是从上一级站传来的，可能是网中的主时钟，也可能是上一级网元内置时钟源下发的时钟，还可能是本地区的 GPS 时钟。

与从时钟工作的其他两种模式相比较，此种从时钟的工作模式精度最高。

2. 保持模式

当所有定时基准丢失后，从时钟进入保持模式，此时从站时钟源利用定时基准信号丢失前所存储的最后频率信息作为其定时基准而工作。也就是说从时钟有"记忆"功能，通过"记忆"功能提供与原定时基准较相符的定时信号，以保证从时钟频率在长时间内与基准时钟频率只有很小的频率偏差。但是由于振荡器的固有振荡频率会慢慢地漂移，故此种工作方式提供的较高精度时钟不能持续很久。此种工作模式的时钟精度仅次于正常工作模式的时钟精度。

3. 自由运行模式——自由振荡模式

当从时钟丢失所有外部基准定时，也失去了定时基准记忆或处于保持模式太长，从时钟内部振荡器就会工作于自由振荡方式。

此种模式的时钟精度最低，实属万不得已而为之。

4. 锁定工作模式

从时钟的定时信号受到外部同步供给单元（SSU）的控制。

7.2.5 定时基准的分配

SDH 网同步结构通常采用主从同步方式，要求所有网元时钟的定时都能最终跟踪至全网的基准主时钟。同步定时的分配则随网络应用场合不同而异。

1. 局内应用

局内同步分配通常采用逻辑上的星形拓扑，即所有网元时钟都直接从本局内最高质量的时钟 BITS 获取定时，只有 BITS 是从来自别的交换节点的同步分配链路中提取定时并能一直跟踪至全网的基准主时钟。该节点时钟一般至少为 3 级或 2 级时钟。定时信号再由该局内的 SDH 网元经 SDH 传输链路送往其他局的 SDH 网元。由于 TU 指针调整引起的相位变化会影响时钟的定时性能，因而通常不提倡采用在 SDH TU 内传送的一次群信号（2.048 Mbps 或 1.544 Mbps）作为局间同步分配，而直接采用高比特率的 STM-N 信号传送同步信息。局内时钟间关系如图 7.3 所示。对于较大的局，网元数较多的时候，BITS 必须有足够的同步输出分配口才行。

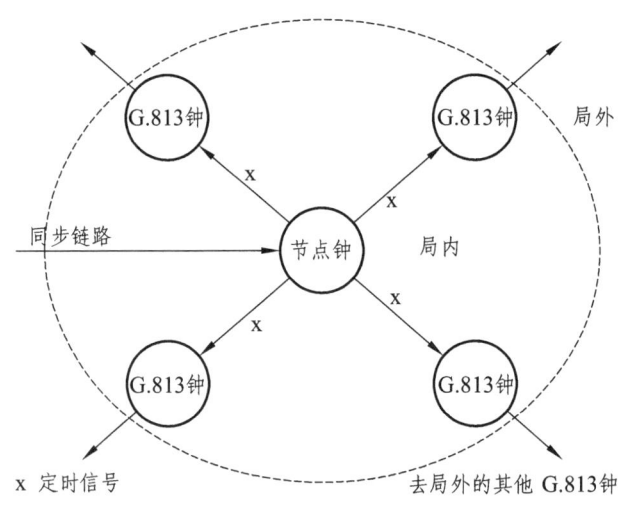

图 7.3 局内分配的同步网结构

2. 局间应用

局间同步分配一般采用类似树形拓扑，使 SDH 网内的所有节点都能同步。各级时钟间关系如图 7.4 所示。需要注意，低等级的时钟只能接收更高等级或同一等级时钟的定时，这样可以避免形成定时信号的环路，造成同步不稳定。为此，设计同步网时应能保证即便在故障条件下，也只有有效的高一级时钟基准能出现在该级时钟的输入。

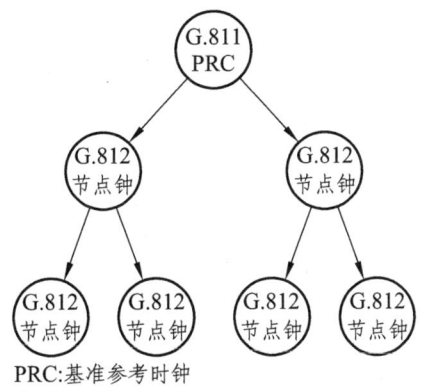

图 7.4　局间分配的同步网结构

从功能结构的观点看，同步网的功能结构涉及定时信息传送建模问题，等级时钟可以表示为一种适配功能，用以按照本身的质量级别来修改定时信息的质量。

在同步网的功能结构中，所有同步钟处于同一层，即同步分配（SD）层中。SD 层网络提供 SD 路径将定时信息从一个钟传给另一个钟。由于 SD 层网络只涉及信息的单向传递，因而 SD 层网络的接入点是单向的。SD 层可以由任何复用段或通道层来支持，前提是这些服务层必须对定时信息透明。另一方面，由 SDH 通道层支持的 SDH VC 层和 PDH 通道层不具备上述透明性，主要是指针调整处理会影响定时信息。

7.3　SDH 网的同步方式

7.3.1　SDH 网同步原则

我国数字同步网采用分级的主从同步方式，即用单一基准时钟经同步分配网的同步链路控制全网同步，网中使用一系列分级时钟，每一级时钟都与上一级时钟或同一级时钟同步。

SDH 网的主从同步时钟可按精度分为四个类型（级别），分别对应不同的使用范围：作为全网定时基准的主时钟；作为转接局的从时钟；作为端局（本地局）的从时钟；作为 SDH 设备的时钟（即 SDH 设备的内置时钟）。ITU-T 将各级别时钟进行规范（对各级时钟精度进行了规范），时钟质量级别由高到低分列于下：

基准主时钟：满足 G.811 规范。
转接局时钟：满足 G.812 规范（中间局转接时钟）。
端局时钟：满足 G.812 规范（本地局时钟）。
SDH 网络单元时钟：满足 G.813 规范（SDH 网元内置时钟）。
在正常工作模式下，传到相应局的各类时钟的性能主要取决于同步传输链路的性能和定时提取电路的性能。在网元工作于保护模式或自由运行模式时，网元所使用的各类时钟的性能，主要取决于产生各类时钟的时钟源的性能（时钟源相应的位于不同的网元节点处），因此高级别的时钟须采用高性能的时钟源。

在数字网中传送时钟基准应注意几个问题：

（1）在同步时钟传送时不应存在环路。

如图 7.5 所示。若 NE2 跟踪 NE1 的时钟，NE3 跟踪 NE2，NE1 跟踪 NE3 的时钟，这时同步时钟的传送链路组成了一个环路，这时若某一网元时钟劣化，就会使整个环路上网元的同步性能连锁性劣化。

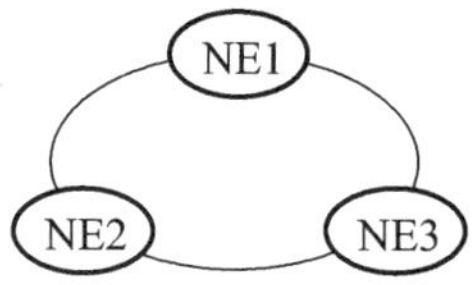

（2）尽量减少定时传递链路的长度，避免由于链路太长影响传输的时钟信号的质量。

（3）从站时钟要从高一级设备或同一级设备获得基准。

（4）应从分散路由获得主、备用时钟基准，以防止当主用时钟传递链路中断后，导致时钟基准丢失的情况。

图 7.5　时钟环网络图

（5）选择可用性高的传输系统来传递时钟基准。

7.3.2　SDH 网元时钟源的种类

外部时钟源：由 SETPI 功能块提供输入接口。

线路时钟源：由 SPI 功能块从 STM-N 线路信号中提取。

支路时钟源：由 PPI 功能块从 PDH 支路信号中提取，不过该时钟一般不用，因为 SDH/PDH 网边界处的指针调整会影响时钟质量。

设备内置时钟源：由 SETS 功能块提供。

同时，SDH 网元通过 SETPI 功能块向外提供时钟源输出接口。

7.3.3　SDH 网络常见的定时方式

SDH 网络是整个数字网的一部分，它的定时基准应是这个数字网的统一的定时基准。通常，某一地区的 SDH 网络以该地区高级别局的转接时钟为基准定时源，这个基准时钟可能是该局跟踪的网络主时钟、GPS 提供的地区时钟基准（LPR）或干脆是本局的内置时钟源提供的时钟（保持模式或自由运行模式）。那么这个 SDH 网是怎样跟踪这个基准时钟保持网络同步呢？首先，在该 SDH 网中要有一个 SDH 网元时钟主站，这里所谓的时钟主站是指该 SDH 网络中的时钟主站，网上其他网元的时钟以此网元时钟为基准，也就是说其它网元跟踪该主站网元的时钟，那么这个主站的时钟是何处而来？因为 SDH 网是数字网的一部分，网上同步时钟应为该地区的时钟基准时，该 SDH 网上的主站一般设在本地区时钟级别较高的局，SDH 主站所用的时钟就是该转接局时钟。我们在讲设备逻辑组成时，讲过设备有 SETPI 功能块，该功能块的作用就是提供设备时钟的输入/输出口。主站 SDH 网元的 SETS 功能块通过该时钟输入口提取转接局时钟，以此作为本站和 SDH 网络的定时基准。若局时钟不从 SETPI 功能块提供的时钟输入口输入 SDH 主站网元,那么此 SDH 网元可从本局上/下的 PDH 业务中提取时钟信息(依靠 PPI 功能块的功能)作为本 SDH 网络的定时基准。

此 SDH 网上其他 SDH 网元是如何跟踪这个主站 SDH 网时钟呢?可通过两种方法,一是通过 SETPI 提供的时钟输出口将本网元时钟输出给其他 SDH 网元。因为 SETPI 提供的接口是 PDH 接口,一般不采用这种方式(指针调整事件较多)。最常用的方法是将本 SDH 主站的时钟放于 SDH 网上传输的 STM-N 信号中,其他 SDH 网元通过设备的 SPI 功能块来提取 STM-N 信号中的时钟信息,并进行跟踪锁定,这与主从同步方式相一致。下面以几个典型的例子来说明此种时钟跟踪方式。

如图 7.6 所示是一个链网的拓扑图,B 站为此 SDH 网的时钟主站,B 网元的外时钟(局时钟)作为本站和此 SDH 网的定时基准。在 B 网元将业务复用进 STM-N 帧时,时钟信息也就自然而然地附在 STM-N 信号上了。这时,A 网元的定时时钟可从线路 w 侧端口的接收信号 STM-N 中提取(通过 SPI),以此作为本网元的本地时钟。同理,网元 C 可从西向线路端口的接收信号提取 B 网元的时钟信息,以此作为本网元的本地时钟,同时将时钟信息附在 STM-N 信号上往下级网元传输;D 网元通过从西向线路端口的接收信号 STM-N 中提取的时钟信息完成与主站网元 B 的同步。这样就通过一级一级的主从同步方式,实现了此 SDH 网的所有网元的同步。

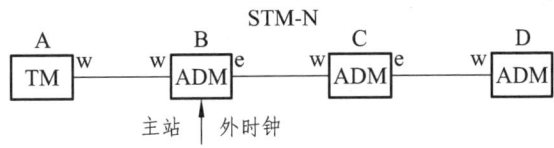

图 7.6 链形时钟网络图

当从站网元 A、C、D 丢失从上级网元来的时钟基准后,进入保持工作模式,经过一段时间后进入自由运行模式,此时网络上网元的时钟性能劣化。

不管上一级网元处于什么工作模式,下一级网元一般仍处于正常工作模式,跟踪上一级网元附在 STM-N 信号中的时钟。所以,若网元 B 时钟性能劣化,会使整个 SDH 网络时钟性能连锁反应,所有网上网元的同步性能均劣化(对应于整个数字网而言,因为此时本 SDH 网上的从站网元还是处于时钟跟踪状态)。

当链很长时,主站网元的时钟传到从站网元可能要转接多次和传输较长距离,这时为了保证从站接收时钟信号的质量可在此 SDH 网上设两个主站,在网上提供两个定时基准。每个基准分别由网上一部分网元跟踪,减少了时钟信号传输距离和转移次数。不过要注意的是,这两个时钟基准要保持同步及相同的质量等级。

那么环网的时钟是如何跟踪的呢?如图 7.7 所示,环中 NE1 为时钟主站,它以外部时钟源为本站和此 SDH 网的时钟基准,其他网元跟踪这个时钟基准,以此作为本地时钟的基准。在从站时钟的跟踪方式上与链网基本类似,只不过此时从站可以从两个线路端口西向

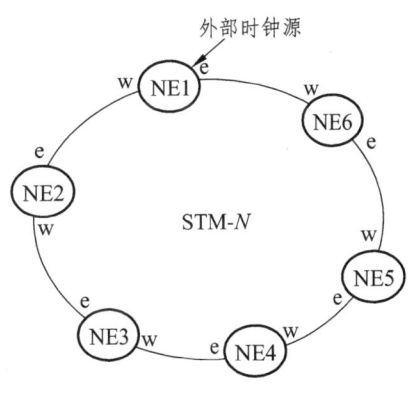

图 7.7 环形网网络图

/东向（ADM 有两个线路端口）的接收信号 STM-N 中提取出时钟信息，不过考虑到转接次数和传输距离对时钟信号的影响，从站网元最好从最短的路由和最少的转接次数的端口方向提取。如图 7.8 所示，NE5 网元跟踪西向线路端口的时钟，NE3 跟踪东向线路端口的时钟较适合。

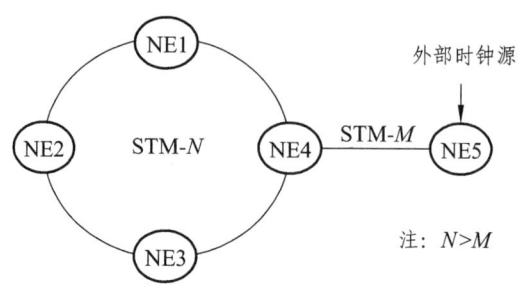

图 7.8 网络图

图中，NE5 为时钟主站，它以外部时钟源（局时钟）作为本网元和 SDH 网上所有其他网元的定时基准。NE5 是环带的一个链，这个链带在网元 NE4 的低速支路上。

NE1、NE2 和 NE3 通过东/西向的线路端口跟踪、锁定网元 NE4 的时钟，而网元 NE4 的时钟是跟踪主站 NE5 传来的时钟（放在 STM-M 信号中）。怎样跟踪呢？网元 NE4 通过支路光板的 SPI 模块提取 NE5 通过链传来的 STM-N 信号的时钟信息，并以此同步环上的下级网元（从站）。

7.4 S1 字节和 SDH 网络时钟保护倒换原理

随着 SDH 光同步传输系统的发展和广泛应用，越来越多的人对 ITU-T 定义的有关同步时钟 S1 字节的原理及其应用显示出浓厚的兴趣。这里介绍 S1 字节的工作原理以及利用 S1 字节实现同步时钟保护倒换的控制协议，并通过一个例子说明了 S1 字节的应用。

在 SDH 网中，各个网元通过一定的时钟同步路径一级一级地跟踪到同一个时钟基准源，从而实现整个网的同步。通常，一个网元获得同步时钟源的路径并非只有一条。也就是说，一个网元同时可能有多个时钟基准源可用。这些时钟基准源可能来自于同一个主时钟源，也可能来自于不同质量的时钟基准源。在同步网中，保持各个网元的时钟尽量同步是极其重要的。为避免由于一条时钟同步路径的中断，导致整个同步网的失步，有必要考虑同步时钟的自动保护倒换问题。也就是说，当一个网元所跟踪的某路同步时钟基准源发生丢失的时候，要求它能自动地倒换到另一路时钟基准源上。这一路时钟基准源，可能与网元先前跟踪的时钟基准源是同一个时钟源，也可能是一个质量稍差的时钟源。显然，为了完成以上功能，需要知道各个时钟基准源的质量信息。

ITU-T 定义的 S1 字节，正是用来传递时钟源的质量信息的。它利用段开销字节 S1 字节的高四位，来表示 16 种同步源质量信息。

表 7.1 是 ITU-T 已定义的同步状态信息编码。利用这一信息，遵循一定的倒换协议，就

可实现同步网中同步时钟的自动保护倒换功能。

表 7.1 同步状态信息编码

S1（b5~b8）	S1 字节	SDH 同步质量等级描述
0000	0x00	同步质量不可知（现存同步网）
0001	0x01	保留
0010	0x02	G.811 时钟信号
0011	0x03	保留
0100	0x04	G.812 转接局时钟信号
0101	0x04	保留
0110	0x06	保留
0111	0x07	保留
1000	0x08	G.812 本地局时钟信号
1001	0x09	保留
1010	0x0A	保留
1011	0x0B	同步设备定时源（SETS）信号
1100	0x0C	保留
1101	0x0D	保留
1110	0x0E	保留
1111	0x0F	不应用作同步

在 SDH 网络中，节点间的定时基准分配是经过大量较低等级的 SDH 网络时钟进行的。随着同步链路上网元数量的增加，定时基准信号的质量也逐渐恶化。因此，当网元有多个质量等级相同的同步路径可供选择时，采用经过网元数量最少的同步路径有助于提高 SDH 网络的定时性能。中兴通讯根据这个原则设计了 S1 字节专利算法，可以使网元能够选择质量等级最高、同步路径最短的时钟基准信号，其时钟选择遵循以下原则：

（1）当网元具有多个有效的时钟源可供选择时，网元首先根据时钟源的质量等级信息选择质量等级最高的时钟。

（2）当网元的多个时钟源质量等级一样时，网元根据时钟源传递路径经过的网元数量，选取经过网元数量最少的时钟源。

（3）网元将当前采用的时钟源质量等级信息和经过的网元数量信息通过 S1 字节传递给下游网元，并向其上游网元发送"不可用"的状态信息。（上游网元和下游网元是相对的，如果网元 B 是从网元 A 提取时钟，则网元 A 是网元 B 的上游网元，网元 B 相对于网元 A 是下游网元。）如图 7.9 所示是同步状态消息应用的一个实例。

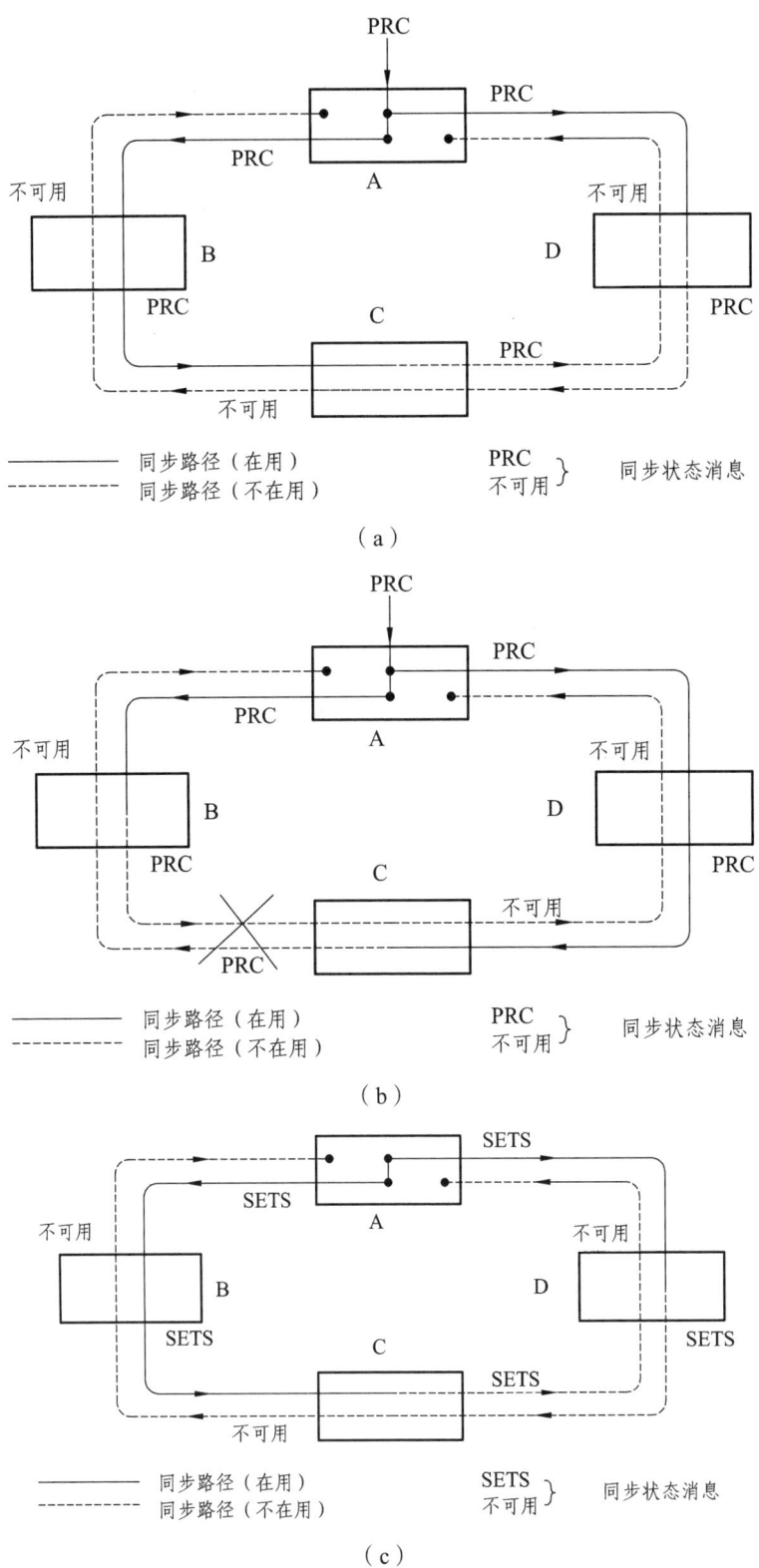

图 7.9 同步状态消息的应用示意图

由图 7.9 可知，每个网元都有两个同步时钟源可供选择，各网元的同步源设置如表 7.2 所示。

表 7.2 网元同步源设置对应表

网 元	时钟源列表
网元 A	外部时钟源、内部时钟源
网元 B	线路时钟 1、线路时钟 2
网元 C	线路时钟 1、线路时钟 2
网元 D	线路时钟 1、线路时钟 2

正常工作时：在网元 A，可供选择的同步源有外部接入时钟 PRC 和内部时钟源，根据原则 1，网元 A 自动选择外部时钟源 PRC 并将其同步质量等级信息传递给其他网元；在网元 B，可供选择的同步源有 A-B 的线路时钟和 A-D-C-B 的线路时钟，根据原则 2，网元 B 自动选择 A-B 的线路时钟作为同步源，同理网元 D 自动选择 A-D 的线路时钟作为同步源；在网元 C，既可以选择 A-B-C 的线路时钟也可以选择 A-D-C 的线路时钟，如图 7.9（a）所示，网元 C 选择了 A-B-C 的线路时钟。各网元在工作中根据原则 3 都向上游网元发送"不可用"状态信息。线路中断时：如图 7.9（b）所示，当网元 B 和 C 之间的线路被切断时，网元 C 选择 A-D-C 的线路时钟并向其上游网元 D 发送"不可用"状态信息。无外部时钟源时：如图 7.9（c）所示，当网元 A 所接的外时钟源中断时，网元 A 进入时钟保持模式，保持模式时间结束后则进入自由振荡模式，此时各网元仍同步于网元 A，时钟源级别则降为网元的设备时钟 SETS。

实训七　时钟配置实例训练

一、组网规划（见实训图 7.1）

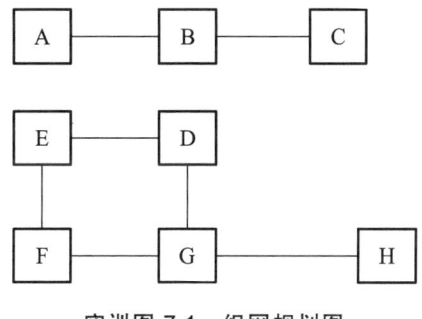

实训图 7.1　组网规划图

二、时钟配置

在客户端操作窗口中，选择 SDH 网元，单击"设备管理"→"SDH 管理"→"时钟源"

菜单项，或单击工具条中的 ▣ 按钮，弹出时钟源配置对话框。

时钟配置注意选择一个网头，一般情况下网头只可以配置外时钟和内时钟，如果你用的是标准的 SSM，注意，要先在"时钟源配置"的"SSM 字节"中"启用 SSM"，这样在"时钟源配置"的"定时源配置"中的"自动 SSM"才会生效，否则这里即使选择"自动 SSM"也是不会起作用的。

在实训表 7.1 中填写网元时钟源配置信息。

实训表 7.1　网元时钟源配置

网元	优先级 1	时钟源	优先级 2	时钟源
A				
B				
C				
D				
E				
F				
G				
H				

7.5　公务配置

1. 点　呼

所谓点呼，即为一对一的通话，就如平时打电话一样，直接拨通对方号码，即可达到通话目的。呼叫号码设置：P1P2P3，其中 $Pn = 0 \sim 9(n = 0 \sim 3)$；摘机后，如听到拨号音，则可以拨所设 3 位号码，进行点呼。

2. 群　呼

所谓群呼，即一对多的通话。呼叫号码设置：群呼密码 M1M2M3，$Mn = 0 \sim 9(n = 0 \sim 3)$，群呼号码 Q1Q2Q3，$Qn = 0 \sim 9$ 和通配符*（$n = 0 \sim 3$）。其中通配符指任意号码，如*12 是指呼叫所有 12 为后两位的站点，***为呼叫所有站点。摘机后，如听到拨号音，拨 #M1M2M3Q1Q2Q3 七位号码，进行群呼。

3. 主呼（又称为强插）

强行插入已经开始的通话中。

呼叫号码设置：主呼密码 N1N2N3，$Nn = 0 \sim 9 (n = 0 \sim 3)$，主呼号码 AAA，AAA = 111（表示强插入 E1）或 222（表示强插入 E2）。摘机后无论听到忙音或拨号音，拨 # N1N2N3AAA 七位号码，进行强插。

为防止公务电话成环,需要将环上一网元设置为公务控制点。当系统有一个以上的环需要配置多个公务控制点时,注意控制点顺序不能一样。分析组网图中每一个环路,通过设置控制点能将网络中所有的环路打断。控制点尽量少,尽量选取光方向少的网元为控制点。

为保证不同设备、光板之间的公务互通,需要统一对接光板的公务保护字节。设置是以光方向为单位的,各个光方向可以设置使用不同的开销字节。但是同一光连接上的保护字节必须一样,设置时要逐个单板挨个接口的设置。可设置的开销字节有:E2、F1、R2C9(第2行第9列)、D12。

实训八 公务配置项目实训

一、任务目的

(1)完成全网公务号码的设置。
(2)由于组网为环网,为防止公务电话成环,需将网元 C 设置为公务控制点。
(3)为保证不同设备、光板之间的公务互通,统一对接光板的公务保护字节。

二、实现任务

1. 公务号码设置

(1)在客户端操作窗口中,选择网元,单击"设备管理"→"公共管理"→"公务配置"菜单项,弹出公务配置对话框。
(2)单击"自动配置"按钮,为网元设置公务号码。
(3)单击"应用"按钮。

2. 公务控制点设置

(1)在客户端操作窗口中,选"网元 C",单击"设备管理"→"公共管理"→"公务配置"菜单项,弹出公务配置对话框。
(2)选择"配置公务保护","控制点顺序"默认为"1"。
(3)单击"应用"按钮。

3. 公务保护字节设置

(1)在客户端操作窗口中,选择"网元",单击"设备管理"→"SDH 管理"→"公务保护字节选择"菜单项,弹出公务保护字节选择对话框。
(2)"工作方式选择"中,单击选择"自动配置",激活"自动配置"选择框。
(3)"自动配置"的"全网预设保护字节"中,单击选择"R2C9"。
(4)单击"应用"按钮,统一全网的公务保护字节为 R2C9,如实训图 8.1 所示。

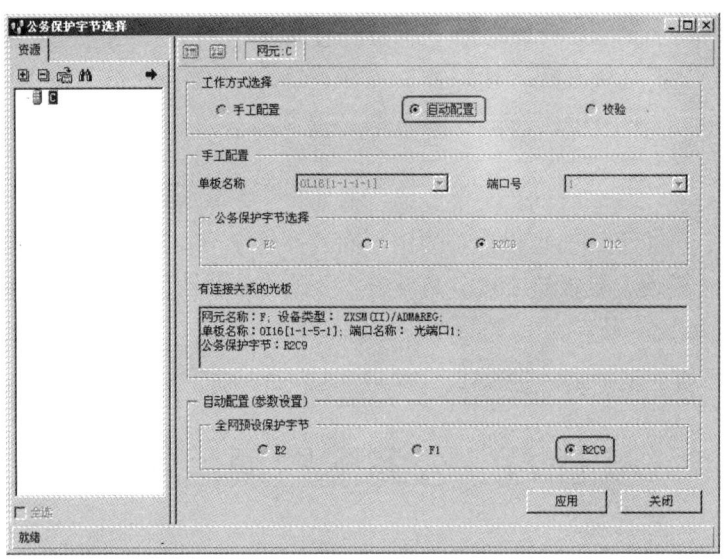

实训图 8.1　公务保护字节选择对话框（配置公务保护字节）

三、结果验证

（1）在公务配置对话框中，公务号码显示结果与设置相同。单击"查询保护"按钮，"公务保护信息"中显示的控制点信息与设置相符，如实训图 8.2 所示。

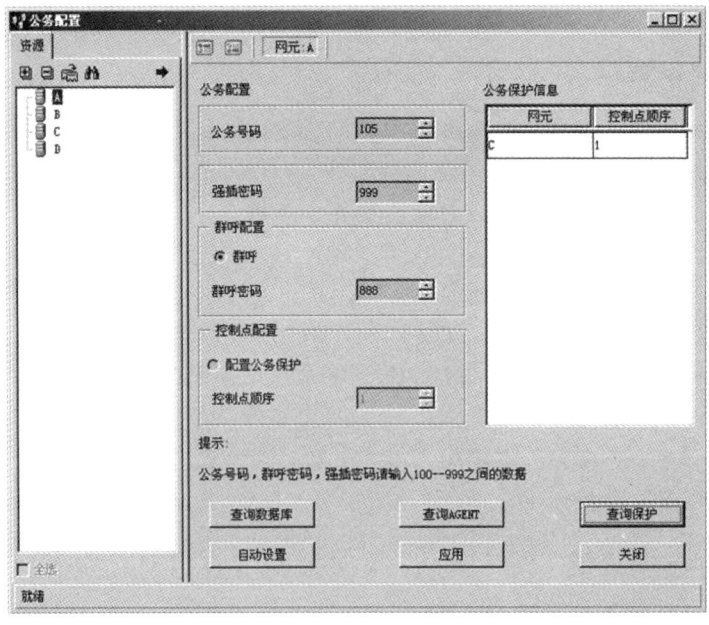

实训图 8.2　公务配置对话框

（2）在公务保护字节选择对话框中，每个网元、每个单板光接口的公务保护字节均为 R2C9。"工作方式选择"中选择"校验"，单击"应用"按钮，检查全网公务保护字节，系统提示配置正确，如实训图 8.3 所示。

第 7 章　SDH 网络定时与同步

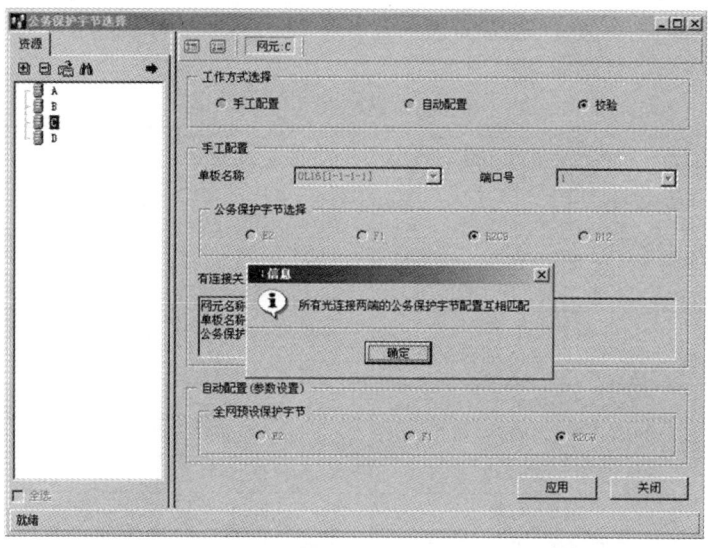

实训图 8.3　公务保护字节选择对话框（校验结果）

实训九　光传输综合组网实训

介绍利用 ZXONM E300 网管组建传输网络的配置流程。以一个 SDH 业务组网为例，讲述具体的操作步骤和操作方法。

一、配置流程

根据网元的状态（在线和离线），ZXONM E300 有两种典型的配置组网流程。

1. 在线网元组网流程（见实训表 9.1）

实训表 9.1　在线网元组网流程

步　骤	描　述	菜单位置
1	创建在线网元	设备管理→创建网元（网元状态选择"在线"）
2	选择接入网元	设备管理→设置网关网元
3	安装单板	设备管理→网元配置→打开网元
4	建立网元连接	设备管理→公共管理→网元间连接配置
5	时隙配置	设备管理→SDH 管理→业务配置
6	时钟源配置	设备管理→SDH 管理→时钟源
7	公务配置	设备管理→公共管理→公务配置
N	提取 NCP 时间	维护→时间管理

2. 离线网元组网流程（见实训表 9.2）

实训表 9.2　离线网元组网流程

步　骤	描　　述	菜单位置
1	创建离线网元	设备管理→创建网元（网元状态选择"离线"）
2	选择接入网元	设备管理→设置网关网元
3	安装单板	设备管理→网元配置→打开网元
4	建立网元连接	设备管理→公共管理→网元间连接配置
5	时隙配置	设备管理→SDH 管理→业务配置
6	时钟源配置	设备管理→SDH 管理→时钟源
7	公务配置	设备管理→公共管理→公务配置
…	……	……
$N-2$	修改网元状态为在线	设备管理→网元配置→网元属性
$N-1$	下载网元数据	系统→NCP 数据管理→数据库下载
N	提取 NCP 时间	维护→时间管理

说明 1："在线"表示网元配置命令实时下发 NCP 板，并通过 NCP 板转发至相关配置单板；"离线"表示网元配置命令仅存储于网管数据库中，暂时不下发至 NCP 板。

说明 2：根据实际组网需要和设备类型，可能还要在网管中进行其他配置。

（1）如果网络需要复用段保护，应在时隙配置前进行复用段保护配置。

（2）如果网络需要实现以太网业务或 ATM 业务，应进行以太网业务配置或 ATM 业务配置。

（3）如果设备有特殊配置要求，如 ZXMP S330 设备需要实现单板 1：N 保护，应通过网管进行相应的配置。

二、配置实例

本节将以离线网元为例，介绍传统 SDH 业务的配置过程。组网包括 A、B、C、D、E、F 六个网元，如实训图 9.1 所示。

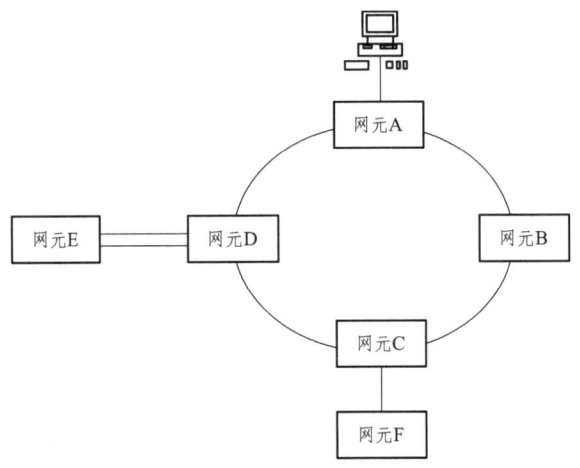

实训图 9.1　组网示意图

业务要求：

（1）网元 A 为接入网元和网头网元，即在网元 A 接入 ZXONM E300 并提供全网时钟。

（2）网元 A 与网元 B、网元 C、网元 D 间各有 8 个 STM-1 光信号业务，网元 E 和网元 F 间有 50 个 2 M 双向业务。

（3）所有网元之间可以通公务电话。

（4）网元 A、网元 B、网元 C 和网元 D 构成二纤双向复用段保护环，网元 D 和网元 E 构成四纤链型 1+1 复用段保护链。

三、组网分析及业务配置

根据组网配置及业务需要，确定各站点网元类型以及单板，分别见实训表 9.3、实训表 9.4 和实训表 9.5。

实训表 9.3　ZXMP S390 网元单板配置表

单板		单板数量			
类型	实现功能	网元 A	网元 B	网元 C	网元 D
NCP	网元控制	1	1	1	1
SC	完成时钟分配，提供 1+1 热备份	2	2	2	2
OW	公务电话	1	1	1	1
CSD	完成空分交叉，提供 1+1 热备份	2	2	2	2
OL64	提供 10 Gbps 线路光信号	2	2	2	2
OL16	提供 2.5 Gbps 线路光信号	—	—	1	2
OL1×8	STM-1 光信号业务	3	1	1	1

实训表 9.4　ZXMP S380 网元单板配置表

单板		单板数量
类型	实现功能	网元 E
NCP	网元控制	1
SC	完成时钟分配，提供 1+1 热备份	2
OW	公务电话	1
CSA	完成空分交叉，通过 32×32 时分模块提供时分交叉功能；提供 1+1 热备份	2
OL16	提供 2.5 Gbps 线路光信号	2
ET1	提供 2 M 业务	1

实训表 9.5　ZXMP S360 网元单板配置表

单板		单板数量
类型	实现功能	网元 F
NCP	网元控制	1
PWCK	提供电源并完成时钟分配，提供 1+1 热备份	2
OHP	公务电话	1
CSC	完成空分交叉，通过 8×8 时分模块提供时分交叉功能。提供 1+1 热备份	2
OI16	每个 OI16 板和 2 块 LP16 板	1
LP16	提供一个 2.5 Gbps 线路光信号	2
EP1A	提供 2 M 业务	1

四、创建网元

1. 任务目的

创建网元 A、B、C、D、E、F。

2. 实现任务

在客户端操作窗口中，单击"设备管理"→"创建网元"菜单项，创建网元时所有需配置的网元参数见实训表 9.6。

本工程没有配置扩展子架，因此直接配置为系统默认配置；其余参数，如定时采集历史性能、自动定时校时等，均参照系统默认选择。以创建网元 A 的创建网元对话框为例，如实训图 9.2 所示。

实训表 9.6　网元信息表

网元参数	A	B	C	D	E	F
网元名称	A	B	C	D	E	F
网元标识	51	52	53	54	55	56
网元地址	193.55.1.18	193.55.2.18	193.55.3.18	193.55.4.18	193.55.5.18	193.55.6.18
系统类型	ZXSM-10G	ZXSM-10G	ZXSM-10G	ZXSM-10G	ZXSM-10G	ZXSM（II）
设备类型	ZXMP-S390	ZXMP-S390	ZXMP-S390	ZXMP-S390	ZXMP-S380	ZXMP-S360
网元类型	ADM®	ADM®	ADM®	ADM®	TM	TM
速率等级	STM-64	STM-64	STM-64	STM-64	STM-16	STM-16
在线/离线	离线	离线	离线	离线	离线	离线
自动建链	自动建链	自动建链	自动建链	自动建链	自动建链	自动建链
配置子架	主子架	主子架	主子架	主子架	主子架	主子架

第 7 章 SDH 网络定时与同步

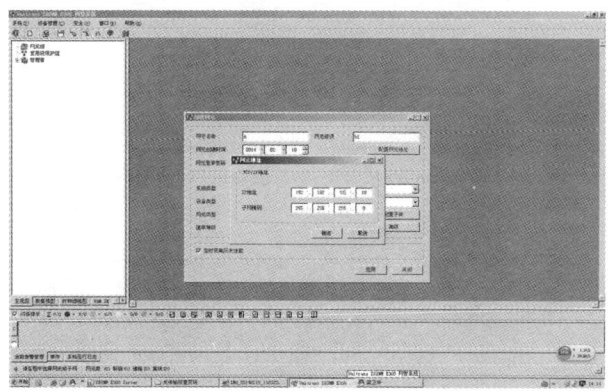

实训图 9.2 创建网元 A 对话框

3．结果验证

（1）创建网元成功后，网管客户端操作窗口显示网元图标，以网元 A 为例，如实训图 9.3 所示。

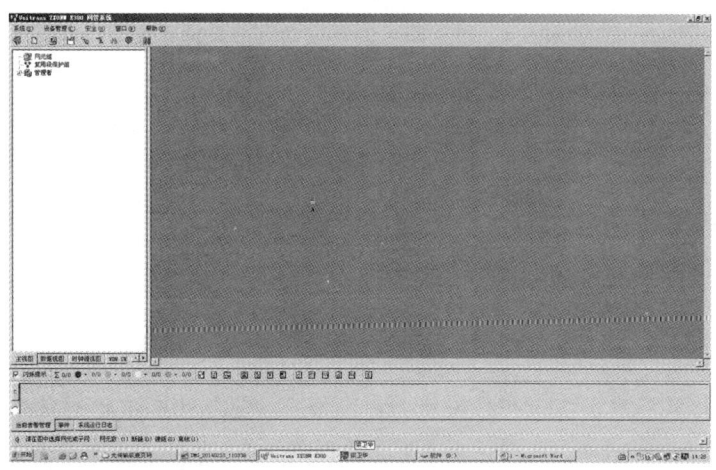

实训图 9.3 网元 A 创建成功后的客户端操作窗口

（2）在客户端操作窗口中，选择网元，单击"设备管理"→"网元配置"→"网元属性"菜单项，对话框中显示的网元参数应与实训表 9.6 相同。

五、选择接入网元

1．任务目的

配置接入网元。

2．实现任务

在客户端操作窗口中，选择"网元 A"，单击"设备管理"→"设置网关网元"菜单项，将网元 A 设置为接入网元。

3. 结果验证

如实训图 9.4 所示，配置接入网元成功后，网元 A 在网管客户端操作窗口上显示为接入网元。

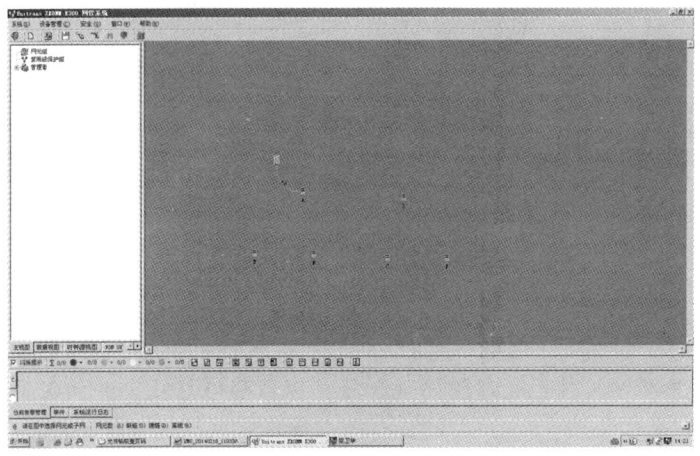

实训图 9.4　接入网元设置成功客户端操作窗口

六、单板安装

1. 任务目的

为每个网元安装单板。

2. 实现任务

在客户端操作窗口中，双击拓扑图中的网元图标，进入单板管理对话框如实训图 9.5 所示，根据实训表 9.3、实训表 9.4 和实训表 9.5 的内容，为网元安装单板。

提示：安装 CS 板时，选中对话框左下角"预设属性"前的选择框，在单板高级属性对话框中，选择各网元的 CS 板和时分交叉模块类型。

3. 结果验证

所有网元单板安装完成保存后，再次双击该网元，各网元的单板管理对话框中的模拟子架应显示所安装单板。

（1）网元 A 的模拟子架如实训图 9.6 所示。

（2）网元 B 的模拟子架如实训图 9.7 所示。

（3）网元 C 的模拟子架如实训图 9.8 所示。

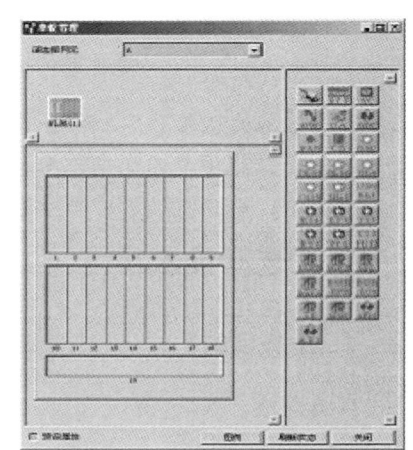

实训图 9.5　单板管理对话框

（4）网元 D 的模拟子架如实训图 9.9 所示。

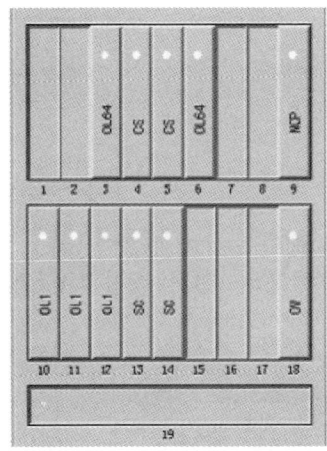

实训图 9.6　网元 A 的模拟子架

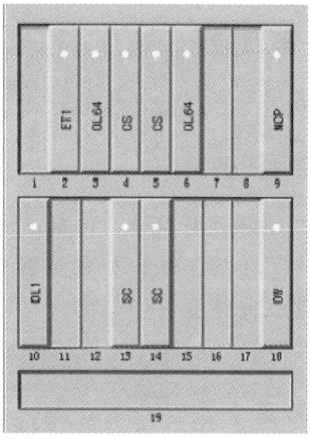

实训图 9.7　网元 B 的模拟子架

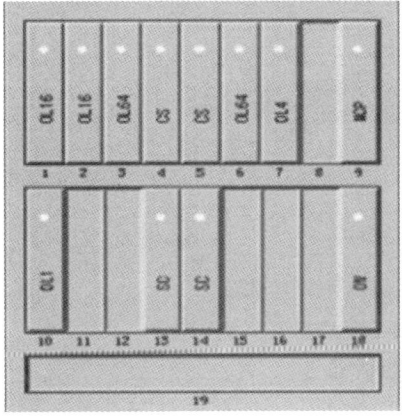

实训图 9.8　网元 C 的模拟子架

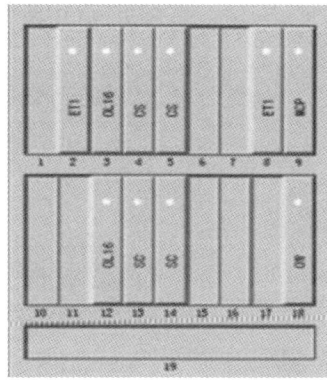

实训图 9.9　网元 D 的模拟子架

（5）网元 E 模拟子架如实训图 9.10 所示。
（6）网元 F 模拟子架如实训图 9.11 所示。

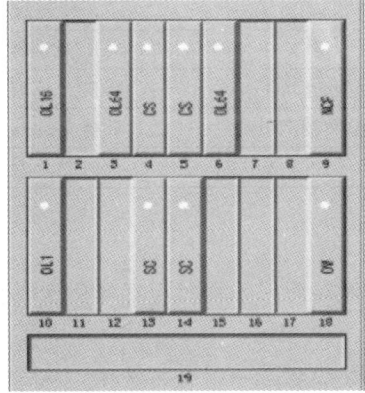

实训图 9.10　网元 E 的模拟子架

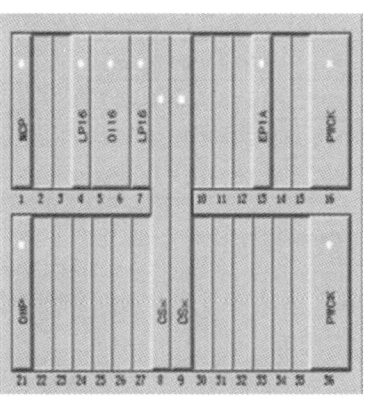

实训图 9.11　网元 F 的模拟子架

七、建立连接

1. 任务目的

建立各网元之间的光连接。

2. 实现任务

在客户端操作窗口中,选择"所有网元",单击"设备管理"→"公共管理"→"网元间连接配置"菜单项,弹出如实训图9.12所示的连接配置对话框。按照实训表9.7所列的单板连接关系建立光连接。

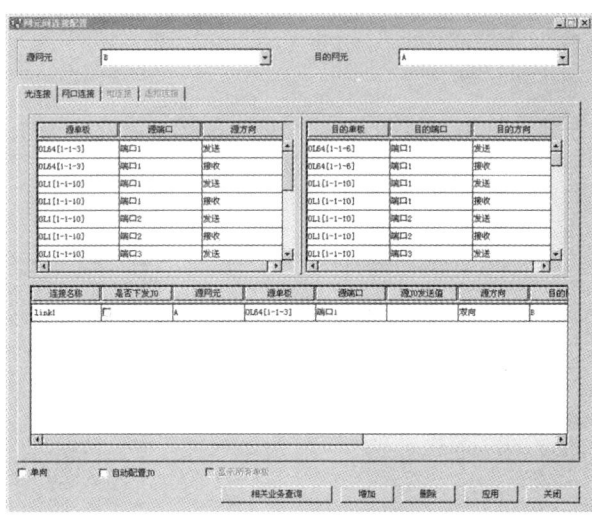

图9.12 连接配置对话框

实训表9.7 连接配置表

序 号	始 端	终 端	连接类型
1	网元 A 6# OL64 板端口 1	网元 B 3# OL64 板端口 1	双向光连接
2	网元 B 6# OL64 板端口 1	网元 C 3# OL64 板端口 1	双向光连接
3	网元 C 6# OL64 板端口 1	网元 D 3# OL64 板端口 1	双向光连接
4	网元 D 6# OL64 板端口 1	网元 A 3# OL64 板端口 1	双向光连接
5	网元 D 1# OL16 板端口 1	网元 E 3# OL16 板端口 1	双向光连接
	网元 D 2# OL16 板端口 1	网元 E 12# OL16 板端口 1	双向光连接
6	网元 C 1# OL16 板端口 1	网元 F 5# OI16 板端口 1	双向光连接

3. 结果验证

(1)在客户端操作窗口的拓扑图中,成功建立光连接的网元图标间有绿色连线相连,如实训图9.13所示。

(2)选中所有网元,在客户端操作窗口单击"设备管理"→"公共管理"→"网元间连接配置"菜单项,弹出如实训图9.14所示的连接配置对话框,查询光连接。

第 7 章 SDH 网络定时与同步

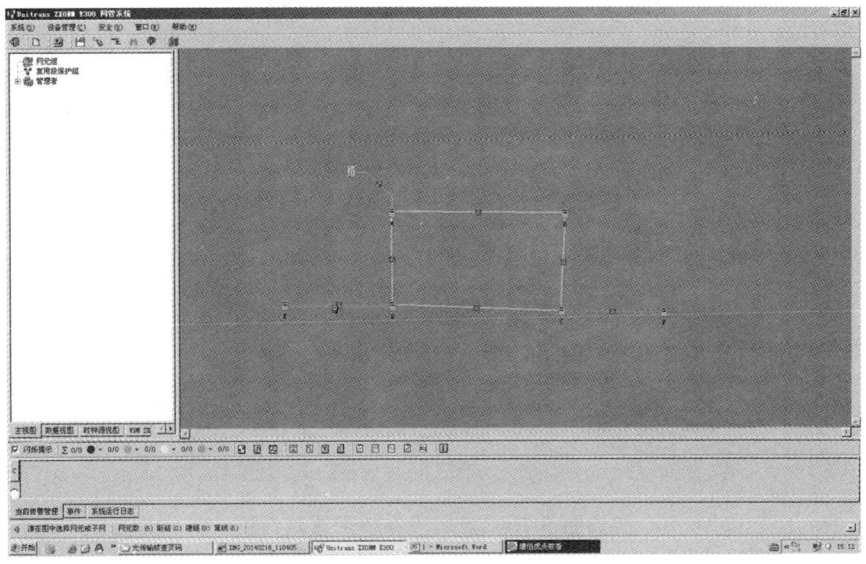

实训图 9.13　建立光连接的拓扑图

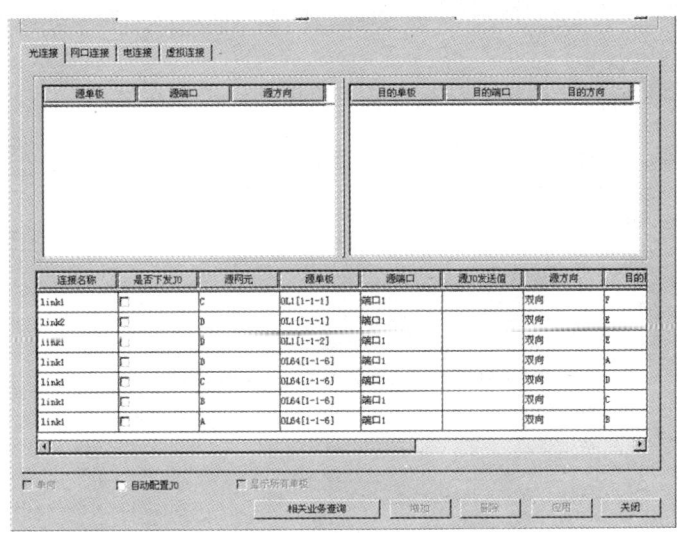

实训图 9.14　网元间连接配置对话框

八、二纤双向复用段保护环配置

1. 任务目的

完成二纤双向复用段保护环的配置。

2. 实现任务

（1）在客户端操作窗口中，选中需要配置复用段保护的网元，单击"设备管理"→"公共管理"→"复用段保护配置"菜单项，弹出如实训图 9.15 所示的复用段保护配置对话框。准备创建二纤双向复用段保护环。

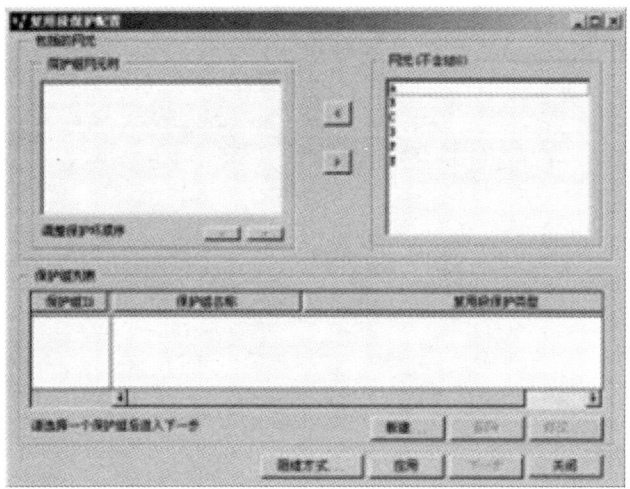

实训图 9.15　复用段保护配置对话框

（2）复用段保护组配置。

① 在如实训图 9.15 所示对话框中，单击"新建"按钮，配置复用段保护组，如实训图 9.16 所示。

② 按实训表 9.8 所列，选择二纤双向复用段保护组的参数。

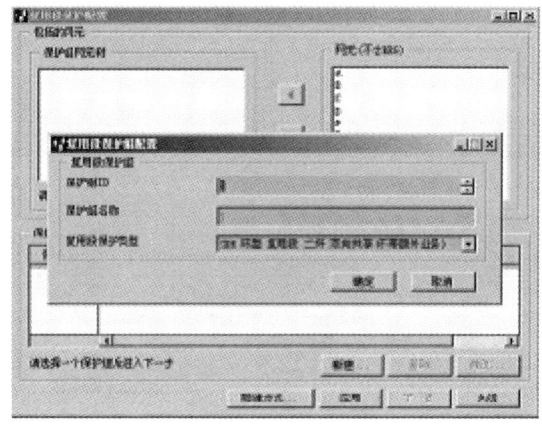

实训图 9.16　复用段保护组配置对话框

实训表 9.8　二纤双向复用段保护组配置表

参　　数	配　　置
保护组 ID	1
保护组名称	1
复用段保护类型	二纤双向复用段共享环保护环（不带额外业务）

③ 单击"确定"按钮，返回实训图 9.16 所示的对话框，"保护组列表"显示配置的二纤双向复用段保护环，如实训图 9.17 所示。

第 7 章 SDH 网络定时与同步

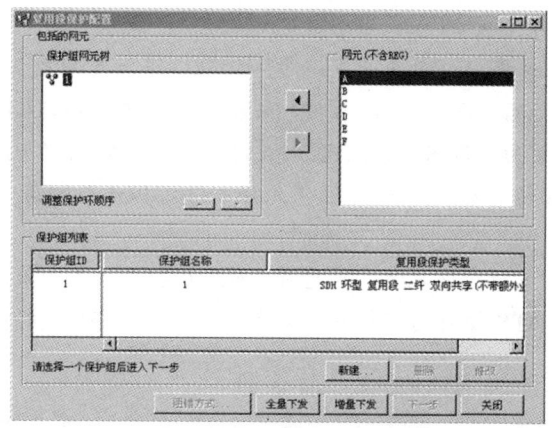

实训图 9.17　复用段保护配置对话框

④ 为"保护组网元树"列表框中的"1"选择网元，并调整保护环的网元顺序。在本实例中，配置参数见实训表 9.9。

实训表 9.9　二纤双向复用段保护组网元配置表

参　　数	配　　置
保护组 1 包含的网元	"保护组网元树"列表框中的"1"下，包括"A"、"B"、"C"、"D"4 个网元
保护环顺序	"保护组网元树"列表框中的"1"下，由上至下依次为 A、B、C、D

⑤ 单击"应用"按钮，保存配置，弹出如实训图 9.18 所示的信息对话框。

实训图 9.18　复用段保护配置成功信息对话框

（3）APS ID 配置。

在复用段保护配置对话框的"保护组列表"中，选中保护组"1"，单击"下一步"按钮，进入如实训图 9.19 所示的 APS Id 配置对话框。默认系统设置。

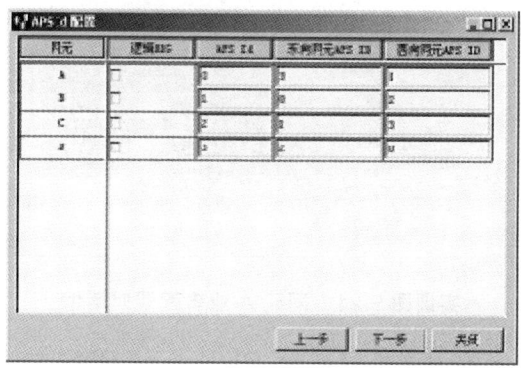

实训图 9.19　APS Id 配置对话框

（4）复用段保护关系配置。

在如图 9.19 所示对话框中，单击"下一步"按钮，进入复用段保护关系配置对话框。建立网元 A、网元 B、网元 C、网元 D 的 3# OL64 板端口 1 与 6# OL64 板的端口 1 的连接。

提示：该连接的含义为：各网元 3# OL64 板的后 32 个 AUG 单元保护 6#OL64 板的前 32 个 AUG 单元，6# OL64 板的后 32 个 AUG 单元保护 3#OL64 板的前 32 个 AUG 单元。

（5）启动 APS。

在客户端操作窗口中，选择网元 A、网元 B、网元 C 与网元 D，单击"维护"→"诊断"→"APS 操作"菜单项，在 APS 操作对话框中，为每个网元启动 APS 协议处理器，如实训图 9.20 所示。

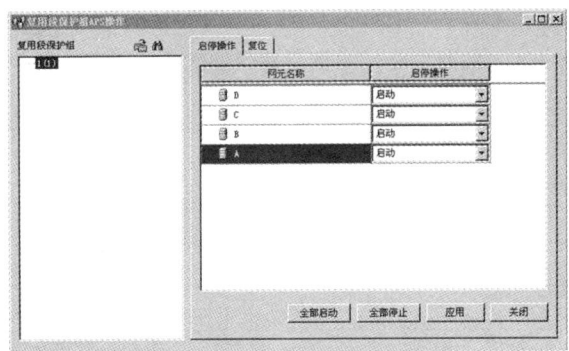

实训图 9.20　APS 操作对话框

3. 结果验证

在客户端操作窗口中，选择复用段保护组中的网元，单击"设备管理"→"SDH 管理"→"业务配置"菜单项，打开业务配置对话框。以网元 A 为例，如实训图 9.21 所示。

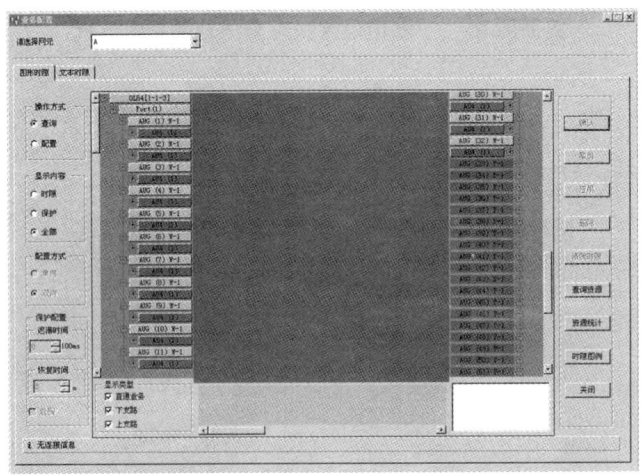

实训图 9.21　网元 A 业务配置对话框

网元 A、网元 B、网元 C 和网元 D 的 3# OL64 与 6# OL64 的后 32 个 AUG 处于灰色不可配置状态，且前 32 个 AUG 按钮显示"W-1"，表示工作通道；后 32 个 AUG 按钮显示"P-1"，表示保护通道。

九、四纤 1+1 复用段保护链配置

1. 任务目的

完成四纤 1+1 复用段保护链的配置。

2. 实现任务

（1）在客户端操作窗口中，选中需要配置复用段保护的网元，单击"设备管理"→"公共管理"→"复用段保护配置"菜单项，弹出复用段保护配置对话框。准备创建四纤 1+1 复用段保护链。

（2）复用段保护组配置与二纤双向复用段保护环的保护组配置操作类似，参见"二纤双向复用段保护环配置"中的步骤（2）。配置参数见实训表 9.10。

实训表 9.10　四纤 1+1 复用段保护链型配置表

参　数	配　置
保护组 ID	2
保护组名称	2
复用段保护类型	四纤链路 1+1 复用段保护
保护组包括的网元	网元 D、网元 E
保护环顺序	无顺序要求

（3）复用段保护关系配置与二纤双向复用段保护环复用段保护关系配置操作类似，参见"二纤双向复用段保护环配置"中的步骤（4）。在复用段保护关系配置对话框中，按照实训表 9.11 所列完成保护关系的配置。

实训表 9.11　复用段保护关系配置表

网元名称	工作单元	保护单元
网元 D	1# OL16 板端口 1	2# OL16 板端口 1
网元 E	3# OI16 板端口 1	12# OI16 板端口 1

（4）启动 APS。

在客户端操作窗口中，选择网元 D 和网元 E，单击"维护"→"诊断"→"APS 操作"菜单项，在 APS 操作对话框中，为每个网元启动 APS 协议处理器。

3. 结果验证

在客户端操作窗口中，选择选择复用段保护组中的网元，单击"设备管理"→"SDH 管理"→"业务配置"菜单项，打开业务配置对话框。以网元 E 为例，如实训图 9.22 所示。

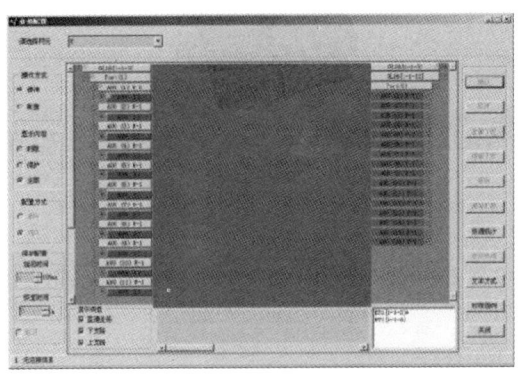

实训图 9.22　网元 E 业务配置对话框

网元 E 的 12#OL16 所有 AUG 处于灰色不可配置状态，每个 AUG 按钮均显示"P-1"，表示保护通道；3#OL16 所有 AUG 处于可配置状态，每个 AUG 按钮均显示"W-1"，表示工作通道。

十、业务配置

1. 任务目的

完成 STM-1 光信号双向业务和 2 M 双向业务的配置，业务要求见实训表 9.12。

实训表 9.12　业务要求

业务类型	源网元	目的网元	数　量
STM-1 光信号双向业务	网元 A	网元 B	8
		网元 C	8
		网元 D	8
2 M 双向业务	网元 E	网元 F	20

2. 实现任务

（1）在客户端操作窗口中，选择所有网元，单击"设备管理"→"SDH 管理"→"业务配置"菜单项。

（2）在业务配置对话框中，按实训表 9.13 所列，配置各网元时隙。所有配置均为双向配置。

① 网元 A 时隙配置见实训表 9.13。

实训表 9.13　网元 A 时隙配置表

光接口板（支路）		光接口板（群路）		
光接口板	端口（Port）→AUG→AU-4	光接口板	端口（Port）	AUG→AU-4
10#OL1	1～8	3#OL64	1	1～8
11#OL1	1～8	6#OL64	1	1～8
12#OL1	1～8	6#OL64	1	9～16

② 网元 B 时隙配置见实训表 9.14、实训表 9.15。

实训表 9.14 网元 B 时隙配置表（1）

光接口板（支路）		光接口板（群路）		
光接口板	端口（Port）→AUG→AU-4	光接口板	端口（Port）	AUG→AU-4
10# OL1	1～8	3# OL64	1	1～8

实训表 9.15 网元 B 时隙配置表（2）

光接口板（群路）			光接口板（群路）		
光接口板	端口（Port）	AUG→AU-4	光接口板	端口（Port）	AUG→AU-4
3# OL64	1	9～16	6# OL64	1	1～8

③ 网元 C 时隙配置见实训表 9.16、实训表 9.17。

实训表 9.16 网元 C 时隙配置表（1）

光接口板（支路）		光接口板（群路）		
光接口板	端口（Port）→AUG→AU-4	光接口板	端口（Port）	AUG→AU4
10# OL1	1～8	3# OL64	1	1～8

实训表 9.17 网元 C 时隙配置表（2）

光接口板（支路）					光接口板（群路）					
光接口板	端口→AUG→AU-4	TUG-3	TUG-2	TU-12	光接口板	端口	AU→AU-4	TUG-3	TUG-2	TU-12
1# OL16	1	1	1～7	1～21	6# OL64	1	1	1	1～7	1～21
		2	1～7	1～21				2	1～7	1～21
		3	1	1～3				3	1	1～3
			2	1～3					2	1～3
			3	1～2					3	1～2

④ 网元 D 时隙配置见实训表 9.18、实训表 9.19。

实训表 9.18 网元 D 时隙配置表（1）

光接口板（支路）		光接口板（群路）		
光接口板	端口（Port）→AUG→AU-4	光接口板	端口（Port）	AUG→AU-4
10# OL1	1～8	6# OL64	1	1～8

实训表 9.19 网元 D 时隙配置表（2）

光接口板（支路）					光接口板（群路）					
光接口板	端口→AUG→AU-4	TUG-3	TUG-2	TU-12	光接口板	端口	AUG→AU-4	TUG-3	TUG-2	TU-12
1#OL16	1	1	1～7	1～21	3# OL64	1	1	1	1～7	1～21
		2	1～7	1～21				2	1～7	1～21
		3	1	1～3				3	1	1～3
			2	1～3					2	1～3
			3	1～2					3	1～2

⑤ 网元 E 时隙配置见实训表 9.20。

实训表 9.20　网元 E 时隙配置表

支路板		光接口板				
支路板	2M（VC-12）	光接口	端口→AUG→AU-4	TUG-3	TUG-2	TU-12
8# ET1	1～50	3# OL16	1	1	1～7	1～21
				2	1～7	1～21
				3	1	1～3
					2	1～3
					3	1～2

⑥ 网元 F 时隙配置见实训表 9.21。

实训表 9.21　网元 F 时隙配置表

支路板		光接口板				
支路板	2M（VC-12）	光接口	端口→AUG→AU-4	TUG-3	TUG-2	TU-12
13# EP1A	1～50	5# OI16	1	1	1～7	1～21
				2	1～7	1～21
				3	1	1～3
					2	1～3
					3	1～2

3. 结果验证

在客户端操作窗口中，选择所有网元，单击"设备管理"→"SDH 管理"→"业务配置"菜单项，在业务配置对话框中，查询时隙连接，应与实训表 9.13～9.21 相符。

十一、时钟源配置

1. 任务目的

完成网络时钟源和兼容性的设置。

（1）时钟源设置：确保 SDH 网络只有一个时钟源，且时钟不成环。

（2）兼容性设置：实训图 9.1 所示的组网由 ZXMP380、ZXMP S390 和 ZXMP S360 三种网元构成。其中，ZXMP S380 和 ZXMP S390 属于同一种系统类型（ZXSM-10G），只需启用 ZXMP S390 和 ZXMP S360 的对接光接口兼容性。

2. 实现任务

（1）时钟源配置。

① 在客户端操作窗口中，选择所有网元，单击"设备管理"→"SDH 管理"→"时钟

源"菜单项,进入时钟源配置对话框定时源配置页面。

② 按照实训表 9.22 所列的规划,为每个网元配置时钟源。定时源配置对话框如实训图 9.23 所示。

实训表 9.22　时钟源配置列表

网元名称	第一定时源（优先级 1）	第二定时源（优先级 2）	第三定时源（优先级 3）	自动 SSM
网元 A	外时钟,端口 1,支持成帧	内时钟		√
网元 B	3# OL64 板端口 1 抽时钟	6# OL64 板端口 1 抽时钟	内时钟	√
网元 C	3# OL64 板端口 1 抽时钟	6# OL64 板端口 1 抽时钟	内时钟	√
网元 D	6# OL64 板端口 1 抽时钟	3# OL64 板端口 1 抽时钟	内时钟	√
网元 E	3# OL16 板端口 1 抽时钟	12# OL16 板端口 1 抽时钟	内时钟	√
网元 F	7# LP16 板端口 1 抽时钟	内时钟		√

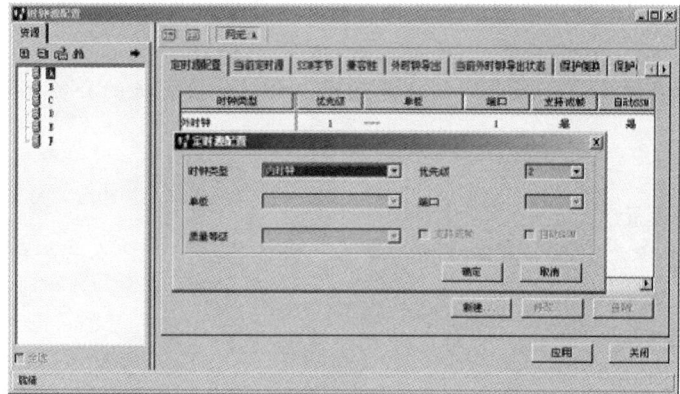

实训图 9.23　时钟源配置对话框（定时源配置）

（2）兼容性设置。

① 在如实训图 9.23 所示的网元 C 的时钟源配置对话框中,选择"兼容性",进入兼容性页面。

② 单击"自动配置"按钮,完成兼容性配置,如实训图 9.24 所示。

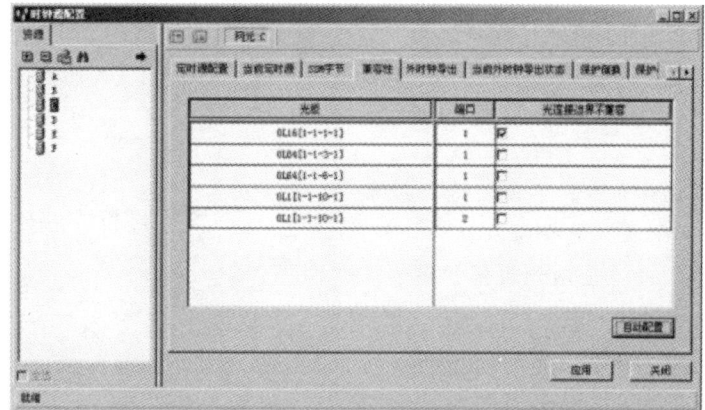

实训图 9.24　时钟源配置对话框（兼容性）

该设置表示，启用网元 C 1# OL16 板端口 1 的光口兼容性。

3. 结果验证

（1）在客户端操作窗口中，选择网元，单击"设备管理"→"SDH 管理"→"时钟源"菜单项，在定时源配置页面中，各网元的时钟信息应与实训表 9.21 所列的时钟信息相符。

（2）进入兼容性页面，兼容信息应与步骤（2）中的设置相符。

十二、公务配置

1. 任务目的

（1）完成全网公务号码的设置。

（2）由于实训图 9.1 所示组网为环网，为防止公务电话成环，需将网元 C 设置为公务控制点。

（3）为保证不同设备、光板之间的公务互通，统一对接光板的公务保护字节。

2. 实现任务

（1）公务号码设置。

① 在客户端操作窗口中，选择网元，单击"设备管理"→"公共管理"→"公务配置"菜单项，弹出公务配置对话框。

② 单击"自动配置"按钮，为网元设置公务号码。

③ 单击"应用"按钮。

（2）公务控制点设置。

① 在客户端操作窗口中，选网元 C，单击"设备管理"→"公共管理"→"公务配置"菜单项，弹出公务配置对话框。

② 选择"配置公务保护"，"控制点顺序"默认为"1"。

③ 单击"应用"按钮。

（3）公务保护字节设置。

① 在客户端操作窗口中，选择网元，单击"设备管理"→"SDH 管理"→"公务保护字节选择"菜单项，弹出公务保护字节选择对话框。

② "工作方式选择"中，单击选择"自动配置"，激活"自动配置"选择框。

③ "自动配置"的"全网预设保护字节"中，单击选择"R2C9"。

④ 单击"应用"按钮，统一全网的公务保护字节为 R2C9，如实训图 9.25 所示。

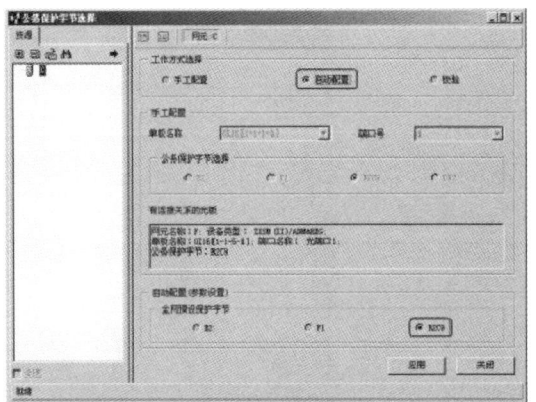

实训图 9.25　公务保护字节选择对话框
（配置公务保护字节）

3. 结果验证

（1）在公务配置对话框中，公务号码显示结果与设置相同。单击"查询保护"按钮，"公务保护信息"中显示的控制点信息与设置相符，如实训图 9.26 所示。

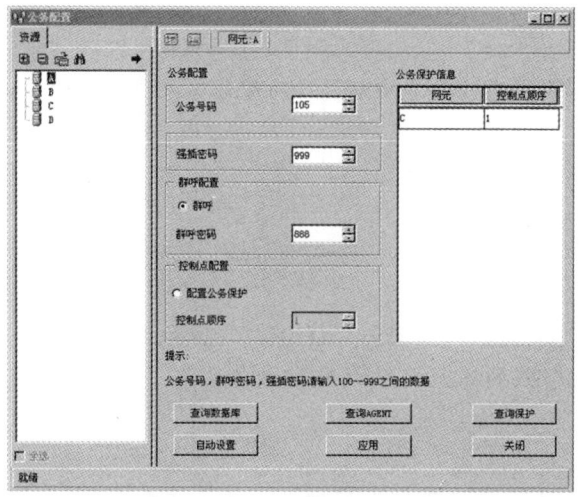

实训图 9.26　公务配置对话框

（2）在公务保护字节选择对话框中，每个网元、每个单板光接口的公务保护字节均为 R2C9。"工作方式选择"中选择"校验"，单击"应用"按钮，检查全网公务保护字节，系统提示配置正确，如实训图 9.27 所示。

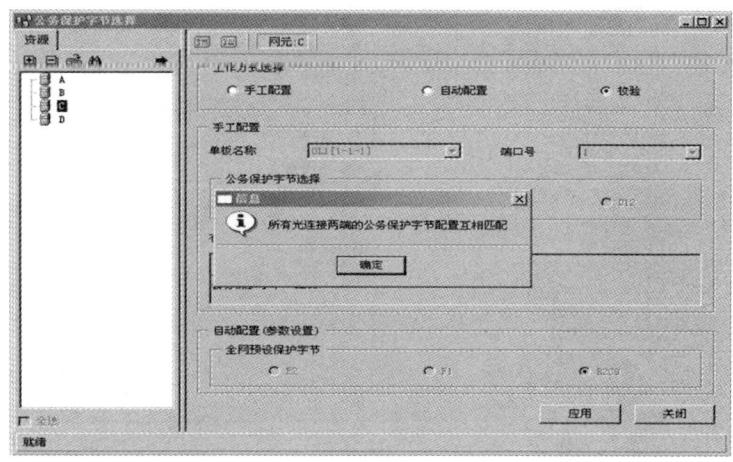

实训图 9.27　公务保护字节选择对话框（校验结果）

十三、修改网元状态

1. 任务目的

将各网元离线状态改为在线状态。

2. 实现任务

在客户端操作窗口中，选择网元，单击"设备管理"→"网元配置"→"网元属性"菜单项，将所有网元修改为在线状态。

3. 结果验证

以网元 A 为例，网元状态修改成功后，在网管计算机上，执行"ping 193.55.1.18"命令，可以 PING 通网元 A。

十四、下载网元数据库

1. 任务目的

将所有的配置数据下载到网元设备的 NCP 板上。

2. 实现任务

在客户端操作窗口中，选择所有在线网元，单击"系统"→"NCP 数据管理"→"数据库下载"菜单项，在数据库下载对话框中，将配置数据下发至 NCP 板，如实训图 9.28 所示。

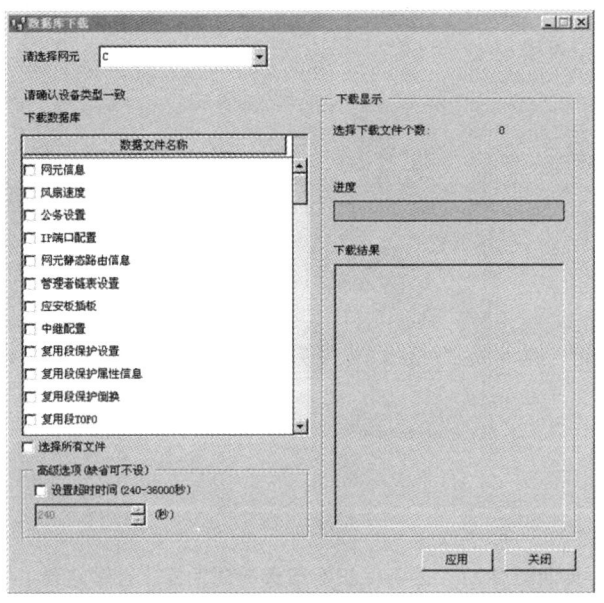

实训图 9.28 下载 NCP 数据对话框

3. 结果验证

数据下载后，设备可正常运行。在客户端操作窗口中，选择网元，单击"维护"→"时间管理"菜单项，弹出时间管理对话框。单击"查询"按钮，对话框中显示 NCP 时间，表示网管与网元通信正常，完成组网配置操作。

实训十 ZXMP S320/S360 Agent 程序配置

本节介绍 ZXMP S320、ZXMP S360 设备 Agent 程序的下载、配置操作方法。对于 ZXMP S320、ZXMP S360 类型初始设备，需要将 Agent 应用程序下载到 NCP 板并进行初始参数配置，只有经过下载和配置操作的设备才能够和网管终端计算机连接，进而实现网络数据的配置和网络管理。

一、Smcc GDownloader 功能介绍

（1）查询 NCP 板的硬件信息，包括板类型、数据库和应用程序区等的相关信息。
（2）监视 NCP 程序的运行状况。
（3）上载数据库和主控板程序文件。
（4）擦除数据库或主程序芯片。
（5）设置 NCP 板初始参数。
（6）固化 NCP 板应用程序到 NCP 板的主程序芯片中。
（7）下载数据文件到 NCP 板数据库芯片中。
（8）支持本地下载和远程下载两种方式。

本地下载，也称离线下载，是指网元工作在 DOWNLOAD 状态，在网管主机上通过网口连接到网元设备的 Qx 接口，进行下载、升级等操作。远程下载，也称在线下载，是指网元工作在正常状态，在网管主机上通过 ECC 通道远程连接到网元设备，进行下载、升级等操作。在远程下载方式下，Smcc GDownloader 具有试用和启用功能，并根据 Agent 运行状态，对操作界面的按钮作相应限制，以保证下载的可靠性和安全性。

（9）适用设备 GDownloader 必须配套使用 ZXMP S360、ZXMP S320 的新版 BOOTROM 和支持 IP 协议栈的 Agent 版本。ZXMP S320：NCP 板 BOOTROM 为 020 807 或者以后版本。ZXMP S360：NCP 板 BOOTROM 为 030 910 或者以后版本。只有主程序版本为 2002 年 8 月以后的 ZXMP S320 设备才适用于 Smcc GDownloader。

二、单板存储区介绍

（1）单板存储区划分：NCP 板使用 FLASH ROM 芯片存储程序和数据，FLASH ROM 芯片上包括以下存储区：程序区 1、程序区 2、数据库区、数据备份区。其中，程序区 1、程序区 2 互为主备用。
（2）程序区状态说明：程序区 1、程序区 2 采用主备用工作方式，用于储存 NCP 板主程序，程序区 1、程序区 2 共有以下 5 种工作状态：
① 无效：该存储区无程序或程序不正常，不能继续使用。
② 主用：正常运行情况下使用（引导）的存储区。
③ 备用：程序正确，但暂时不使用（引导）的存储区。

④ 试用开始：已将备用存储区设定为主用，但设备尚未复位，设备仍运行原主用程序。

⑤ 试用进行：已将备用存储区设定为主用，设备复位后，开始加载新主用程序。

（3）程序区各个工作状态的关系举例说明如下：

① 在没有任何程序时，程序区 1、程序区 2 都为无效状态。

② 通过本地下载将程序 V1 烧入程序区 1，此时程序区 1 为主用状态，程序区 2 为无效状态，设备可正常引导程序 V1 并运行。

③ 当版本升级需要进行远程下载时，将程序 V2 写到程序区 2，此时程序区 1 仍为主用状态，程序区 2 为备用状态，设备运行的还是 V1 程序。

④ 试用程序区 2，此时将程序区 2 改为试用状态，将程序区 1 改为备用状态，因为此时设备没有复位，设备运行的还是 V1 程序。

⑤ 复位设备，此时设备监测到程序区 1 为备用状态，程序区 2 为试用状态，会引导程序区 2 的程序 V2，并将程序区 2 改为试用进行状态。

⑥ 试用进行时，执行启用命令，将程序区 2 从试用进行状态改为主用状态，程序区 1 仍为备用状态，远程升级成功。此后无论是复位还是掉电都只引导程序区 2 的 V2 程序。

⑦ 试用进行时，如果连续复位三次还未启用，说明新版本程序 V2 不适宜在该设备上运行，设备会自动将程序区 2 改为无效状态，而将程序区 1 改为主用状态。复位后仍运行程序区 1 的程序 V1，远程升级失败。

⑧ 试用进行时，如果超过试用期限还未启用，设备会自动将程序区 2 改为无效状态，而将程序区 1 改为主用状态。复位后仍运行程序区 1 的程序 V1，远程升级失败。

说明：一个处于试用进行状态的存储区，如果超过试用期限还未启用，可能是该存储区内的程序虽能正常运行，但设备与网管间的连接中断，也可能是操作人员在试用期限内未执行启用命令。

三、Smcc GDownloader 操作说明

执行 GDownLoad.exe 程序，弹出 Smcc GDownloader 程序界面，如实训图 10.1 所示。Smcc Downloader 程序界面包括下载页面和监视页面。下载页面可以对 NCP 板主程序区和数据库区进行擦除、上载、下载、查询和配置网元参数，复位单板等操作。Smcc GDownloader 下载页面如实训图 10.1 所示，在与网元建立连接前，只有"连接"按钮被激活，建立连接后其他按钮才能够操作。下载页面中各个按钮和选项说明如下：

1）目标地址

用于输入需要连接的网元的 IP 地址。

2）连接(C)

建立与当前网元间的连接，使用 Smcc GDownloader 程序时首先应进行此操作，只有建立连接后才能继续其他操作。单击该按钮后提示正在连接，如实训图 10.2 所示，程序执行完连接操作后，在运行状态指示区会提示操作是否成功。

3）断开(D)

断开与当前网元 NCP 板的连接。

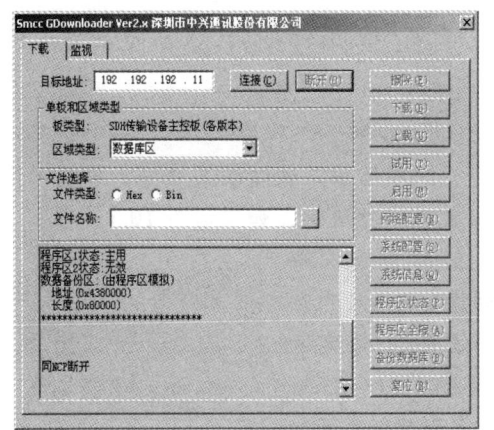 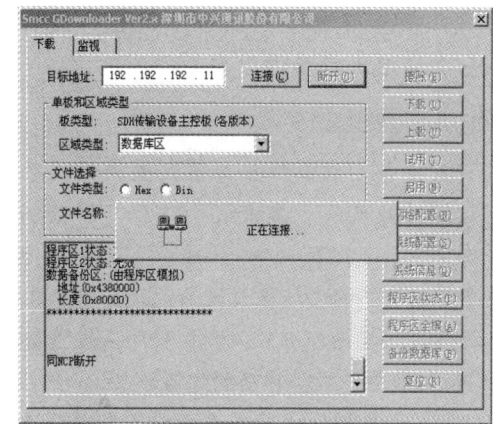

实训图 10.1　Smcc GDownloader 程序下载页面　　实训图 10.2　建立连接窗口

4)"单板和区域类型"

区域类型用于选择当前操作的 NCP 板存储区类型,有数据库区、程序区 1、程序区 2 和数据备份区 4 个选项。

5)"文件选择"

文件类型用于选择要在当前区域中写入程序或数据文件的类型,文件名称用于指定具体的文件位置和文件名。

6)运行状态指示区

在文件选择框下面为运行状态指示区,其中显示 Smcc GDownloader 程序对 NCP 板进行操作的进度、完成情况和返回结果。

7)擦除(E)

擦除在单板和区域类型中选定的存储区,只有建立连接后可以操作。在本地下载方式下,可任意擦除选定存储区。而在远程下载方式下,数据库区不能擦除,处于主用、试用开始、试用进行状态的程序区不能擦除,处于备用、无效、初始状态和异常状态的程序区可以擦除。单击该按钮,将弹出警告窗口,确认后将执行擦除操作。运行状态指示区会提示擦除操作是否成功。

8)下载(D)

将指定的文件下载到选定的存储区中,只有在建立了与网元的连接并选定了要下载的文件后,该按钮才能操作。在本地下载方式下,可任意进行下载操作。而远程下载方式下,数据库区不能下载,处于主用、试用开始、试用进行状态的程序区不能下载,处于备用、无效、初始状态和异常状态的程序区可以下载。单击该按钮,在运行状态指示区会显示下载进度。下载完毕后,运行状态指示区提示下载操作是否成功。

9)上载(U)

将选定的存储区中的内容上载到计算机中,只有建立连接后才可以操作。数据库区可以上载,处于备用、主用、试用开始、试用进行状态的程序区可以上载,处于无效、初始状态和异常状态的程序区不能上载。单击该按钮后出现文件选择窗口,要求指定一个文件名,用于保存存储区内容。进行上载时在运行状态指示区会显示上载进度,操作完成后在运行状态指示区会提示上载操作是否成功。

10) 试用(T)

将处于备用状态的存储区设置为试用开始状态,仅在远程下载方式下可用,本地下载方式下该操作被屏蔽。单击该按钮后,弹出确认升级数据库对话框,如实训图 10.3 所示。

如果需要升级数据库,单击"是"按钮。Smcc GDownloader 程序将处于备用状态的存储区设置为试用开始状态,自动将数据库区的配置数据备份到数据备份区,并在程序区设置数据库升级标志。在复位 NCP 板后,清除原数据库区的配置数据。如果清除配置数据失败,Smcc GDownloader 程序可以将数据备份区内的配置数据恢复到数据库区。如果不升级数据库,单击"否"按钮。Smcc GDownloader 程序将处于备用状态的存储区设置为试用开始状态,不对数据库区进行操作。

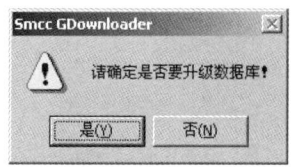

实训图 10.3　确定升级数据库对话框

11) 启用(M)

将处于备用状态或试运行状态的存储区设置为主用状态,仅在远程下载方式下可用,本地下载方式下该操作被屏蔽。

12) 网络配置(N)

配置当前网元的网络参数,只有建立连接后可以操作。单击该按钮,将弹出如实训图 10.4 所示的修改网络配置窗口。

在修改网络配置窗口中设置当前网元的网络参数,包括网管终端 IP 地址及子网掩码、网元初始 IP 地址及子网掩码、子网 ID、网元网关 IP 地址、网元物理地址。完成设置并确认后,将配置信息下发到 NCP 数据库区,在运行状态指示区会提示操作是否成功。注意:配置网元参数时,应确保配置信息与网管中的设置一致。

13) 系统配置(S)

配置当前网元的系统参数,只有建立连接后可以操作。单击该按钮,将弹出如实训图 10.5 所示的修改系统配置窗口。

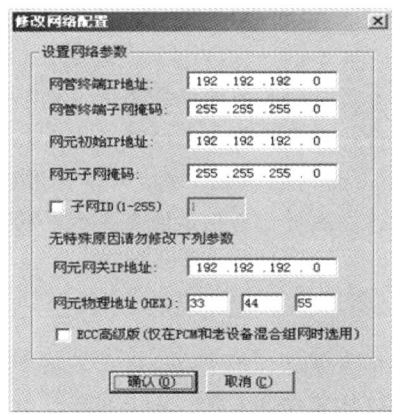

实训图 10.4　修改网络配置窗口

实训图 10.5　修改系统配置窗口

第 7 章　SDH 网络定时与同步

在修改系统配置窗口中设置当前网元的系统参数。试用时限：远程下载后试用某个程序的时间限制，最小为 60 秒，最大为 14 400 秒（4 小时）。E3 探测周期：用于通信链路检测，若在探测周期内，未收到 E3 探测包，Smcc GDownloader 自动中断通讯。最小为 1 分钟，最大为 240 分钟。MTU 长度：为 IP 协议栈预留的配置项目，用于 IP 协议栈性能调整，暂时未用。完成设置并确认后，将配置信息下发到 NCP 数据库区，在运行状态指示区会提示操作是否成功。

14）系统信息(Q)

查询当前系统信息，只有建立连接后可以操作。单击该按钮，将弹出如实训图 10.6 所示的系统参数窗口，其中包含当前网元的运行信息、配置信息以及数据库区和主程序区的相关信息。

15）程序区状态(P)

单击该按钮，在运行状态指示区显示程序区 1、程序区 2 的当前状态。

16）程序区全擦(A)

单击该按钮，将擦除程序区 1 和程序区 2，仅在本地下载方式下可用，远程下载方式下该操作被屏蔽。

17）备份数据库(B)

当前选择的区域类型是数据库区时，该按钮显示为 备份数据库(B)，用于将数据库备份到数据备份区。当前选择的区域类型是数据备份区时，该按钮显示为 恢复数据库(B)，用于将数据备份区里的数据恢复到数据库。

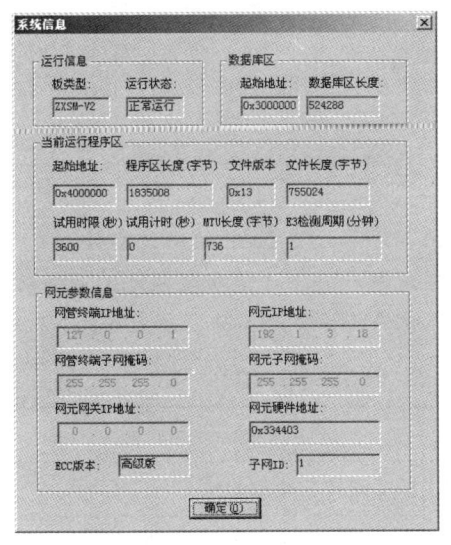

实训图 10.6　系统信息窗口

实训图 10.7　复位确认窗口

18）复位(R)

复位当前网元 NCP 板并与当前网元断开连接，只有建立连接后可以操作。单击该按钮，弹出如实训图 10.7 的确认窗口，确认后将执行复位操作并与当前网元断开连接，程序执行完复位操作后，在运行状态指示区会提示操作是否成功。说明：如果 GDownLoad.exe 所在目录内有帮助文件 GDownloader.chm，运行 Smcc GDownloader 时，按"F1"键可显示 Smcc

GDownloader 程序帮助信息。监视页面可对当前网元 NCP 的程序运行情况进行监视。Smcc GDownloader 监视页面如实训图 10.8 所示。

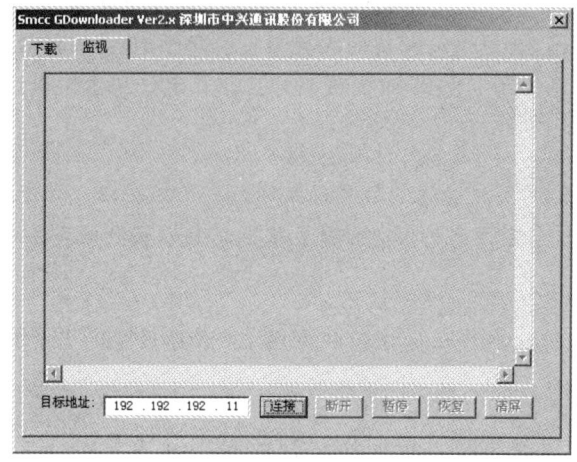

实训图 10.8　Smcc GDownloader 程序监视页面

监视操作在与网元建立连接后才能够进行。仅当网元 NCP 板处于监视状态时，才能实现监视 NCP 运行状态的操作。使用时，在目标地址栏中输入待监测网元 NCP 板的 IP 地址。建立连接后，即可监视当前网元 NCP 板的程序运行情况。监视功能为调试时使用，在设备运行维护时不需使用，在此不作详细介绍。

四、NCP 板工作状态切换

NCP 板有 2 种工作状态，分别为配置状态（DOWNLOAD 状态）和正常运行状态（BOOTROM 状态）。

① DOWNLOAD 状态：用于本地下载 NCP 应用程序和设置 NCP 的初始参数。

② 正常运行状态：用于启动 NCP 应用程序，在这种状态下才能实现网元的业务功能和网管监控。工作状态的切换由 NCP 板 PCB 组件上的拨码开关决定，见实训表 10.1。

实训表 10.1　NCP 板状态说明（ZXMP S320/S360）

设备	NCP 板硬件版本	拨码开关	状态	拨码开关位置
ZXMP S320	—	S3	DOWNLOAD	第 1 到 4 位全为 ON
			正常运行	第 1 到 4 位不全为 ON，也不全为 OFF
ZXMP S360	B000201	S2	DOWNLOAD	第 1 到 8 位全为 ON
			正常运行	第 4 位拨码开关拨到 OFF，其余位拨到 ON
	B990800 和 B991100	S1	DOWNLOAD	第 1 到 8 位全为 ON
			正常运行	第 4 位拨码开关拨到 OFF，其余位拨到 ON

五、利用网管软件下载数据库

（1）启动 ZXONM E300 网管软件。

（2）在网管客户端操作窗口，选择待下载数据的网元，单击"系统"→"NCP 数据管理"→"数据库下载"菜单项，在数据库下载对话框中完成数据下载操作。

（3）如果下载成功，NCP 板自动复位。如果没有自动复位，可人工复位。

（4）网元自检结束，在网管客户端操作窗口，选择下载数据网元，单击"维护"→"时间管理"菜单项。取当前网元的 NCP 时间，若 NCP 时间不为 0，表示数据库下载成功。

六、操作注意事项

（1）进行配置操作前应核对 NCP 板上的芯片型号和主程序版本，NCP 板只能使用适用于本板的 FLASH ROM 芯片。

（2）确保先启动 NCP 板，再启动计算机上的 GDownLoad.exe 程序，否则可能导致程序执行操作的进度不正常。

（3）如果连接失败，请正确复位 NCP 板，并重新启动 GDownLoad.exe。

（4）如果多次连接失败，但在计算机上"ping 192.192.192.11"能够 Ping 通，可重新启动计算机并正确复位 NCP 板，再启动 GDownLoad.exe。

（5）只在使用擦除、下载或上载命令时才需要选择区域类型。

（6）必须确认下载时选择的是正确的文件类型（BIN 或 HEX）。

（7）请勿随便擦除程序区，下载数据之前必须擦除数据库，但无需擦除程序区。

（8）请根据需要进行操作，不推荐进行不必要的操作，否则会影响 NCP 板正常运行。

（9）远程升级时，Smcc GDownloader 允许不经过试用而直接启用新版程序，但使用者必须保证新版程序的正确性，否则升级失败后将无法与网元重新建立连接。

七、修改网元状态

1. 任务目的

将各网元离线状态改为在线状态。

2. 实现任务

在客户端操作窗口中，选择网元，单击"设备管理"→"网元配置"→"网元属性"菜单项，将所有网元修改为在线状态。

3. 结果验证

以网元 A 为例，网元状态修改成功后，在网管计算机上，执行"ping 193.55.1.18"命令，可以 Ping 通网元 A。

八、下载网元数据库

1. 任务目的

将所有的配置数据下载到网元设备的 NCP 板上。

2. 实现任务

在客户端操作窗口中，选择所有在线网元，单击"系统"→"NCP 数据管理"→"数据库下载"菜单项，在数据库下载对话框中，将配置数据下发至 NCP 板，如实训图 10.9 所示。

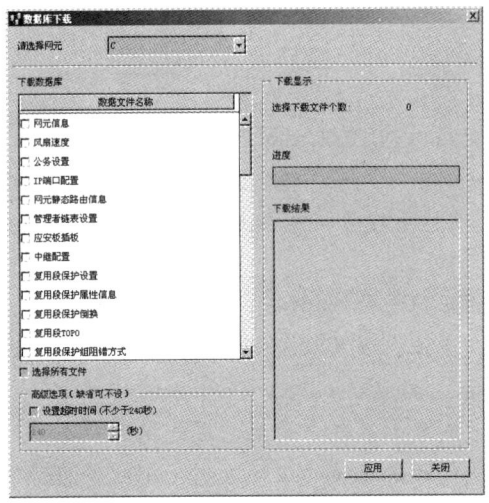

实训图 10.9　下载 NCP 数据对话框

3. 结果验证

数据下载后，设备可正常运行。

在客户端操作窗口中，选择网元，单击"维护"→"时间管理"菜单项，弹出时间管理对话框。单击"查询"按钮，对话框中显示 NCP 时间，表示网管与网元通信正常，完成组网配置操作。

本章小结

数字同步网是现代通信网的一个必不可少的重要组成部分，能准确地将同步信息从基准时钟向同步网各同步节点传递，从而调整网中的时钟以建立并保持同步，满足电信网传递业务信息所需的传输和交换性能要求，它是保证网络定时性能的关键。

同步是指两个或两个以上信号之间在频率或相位上保持某种特点的关系，也就是说两个或两个以上信号在相对应的有效瞬间其相位差或频率差在约定的容许范围内。通信网的同步是通信网中各数字通信设备内的时钟之间的同步。

本章描述了同步的基本定义，详细介绍了 SDH 网络的同步方式——主从同步、伪同步，以及同步网中节点时钟的三种工作模式。通过本章学习，要求掌握 SDH 网对网同步的要求及 SDH 网主从同步时钟的质量级别划分，记住网中主从同步的实现方法。学会使用 E300 网管软件进行时钟配置、公务配置、完成综合组网实训，并能够对 S320 设备进行开局配置。

习　题

一、填空题

1. 数字网的常见同步方式是＿＿＿＿＿＿、＿＿＿＿＿＿。
2. 一个 SDH 网元可选的时钟来源＿＿＿＿、＿＿＿＿＿、＿＿＿＿＿、＿＿＿＿＿。
3. ZXMP S320 设备提供了基于 SSM 信息的同步方案的主要作用是＿＿＿＿＿＿。
4. 简述 SDH 同步网所广泛采用的同步方式是＿＿＿＿＿。
5. 简述网元正常工作时的时钟模式是＿＿＿＿＿＿。

二、简答题

1. 请简要说明 SDH 系统中 S1 字节的含义和应用。
2. 请简述网同步的原理。
3. 简述 SDH 网络时钟类型和几种工作模式。
4. 简述我国同步网的结构和等级。

第 8 章 SDH 网络管理

网络管理是对网络资源进行合理的分配和控制,从而满足电信运营商及用户的要求。网络管理包括检测、控制和管理三大功能。

监测是对网络运行状态及网络中的业务性能进行实时监控,收集和分析网络运行性能的数据,对数据进行加工处理,并能及时发出警告信号。

控制功能是根据检测得到的网络运行数据对网络运行状态进行动态调整。如当网络出现拥塞时进行实时调度等。

管理则是对网络运行数据的统计分析,并根据分析结果对网络进行规划配置,包括计费统计、安全管理、网络规划、配置管理等。

随着计算机技术及电信交换技术的发展,实现了网络管理的自动化。网络管理工作中的检测、控制和管理都可以由计算机来完成。同时,通过计算机间的互联逐步形成了电信管理网(TMN)。

SDH 网络管理是电信管理网(TMN)的一部分,主要负责 SDH 网元的管理。

8.1 电信管理网概述

8.1.1 TMN 管理框架

为对电信网实施集成、统一、高效的管理,国际电联(ITU-T)提出了电信管理网(TMN)概念。TMN 的基本概念是提供一个有组织的体系结构,实现各种类型的操作系统(网管系统)和电信设备之间的互通,并且使用一种具有标准接口(包括协议和信息规定)的统一体系结构来交换管理信息,从而实现电信网的自动化和标准化管理,并提供各种管理功能。TMN 在概念上是一种独立于电信网而专职进行网络管理的网络,与电信网有若干不同的接口,可以接收来自电信网的信息并控制电信网的运行。TMN 也常常利用电信网的部分设施来提供通信联络,因而两者可以有部分重叠。TMN 和电信网的关系如图 8.1 所示。

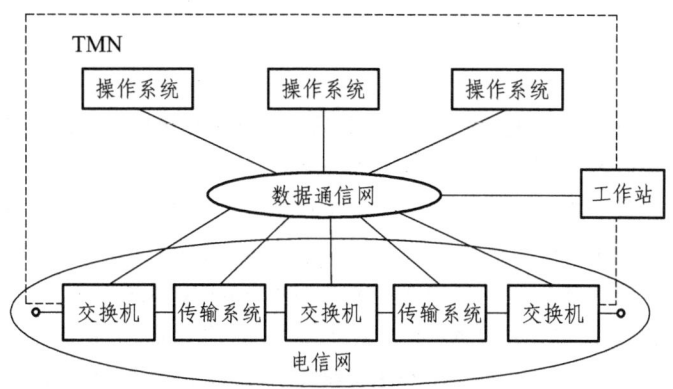

图 8.1　TMN 和电信网的关系示意图

8.1.2　TMN 物理结构

TMN 物理结构主要描述 TMN 内的物理实体及其接口，其简化物理结构如图 8.2 所示。OS 表示操作系统，即网管系统，是执行 OSF 的系统，实际上是一种大型的管理网络资源的系统程序；MD 表示协调设备，是执行 MF 的设备，完成 OS 与 NE 间的协调功能，也能提供 QAF 和 WSF，有时甚至 OSF，MD 可以按分级方式实现；QA 表示 Q 适配器，是完成 NE 与非 TMN 接口适配互连的设备。

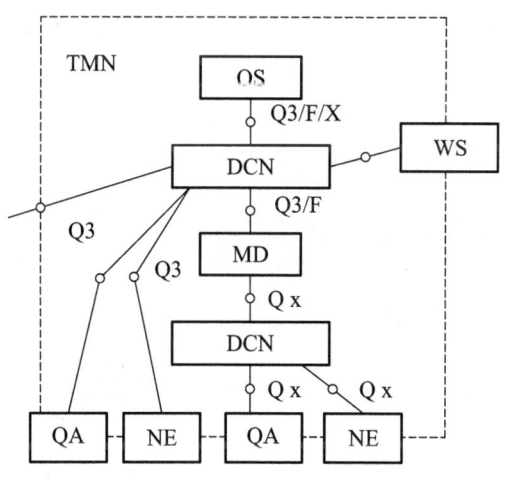

图 8.2　TMN 物理结构图

数据通信网 DCN 是 TMN 内支持 DCF 的通信网，实现 OSI 参考模型的下三层功能，而不提供第四到第七层功能。DCN 可以由不同类型的子网（例如 X.25 或 DCC 等）互联而成。网络单元 NE 由执行 NEF 的电信设备（或者是其中一部分）和支持设备组成，可以包含其他 TMN 功能块，最常见的是包含 MF。通常，NE 具备一个或多个标准 Q 接口，也可以有 F 接口。工作站 WS 是执行 WSF 的设备，完成 f 参考点信息与 g 参考点显式格式间的转换功能。

8.1.3 TMN 接口

为了简化多厂家设备互通的问题需要规定标准的 TMN 接口，这是 TMN 的关键之一。标准接口需要对协议栈以及协议所携带的消息做出统一的规定。

（1）Q 接口。通常 Q 接口对应 Qx 接口，Qx 接口互连 MD 和 MD，NE 和 MD，QA 和 MD，以及 NE 和 NE（其中至少有一个含 MF 功能）。在传统 PDH 系统中，Qx 接口往往只含 OSI 参考模型的下三层功能，因而适合连接像复用器和线路系统一类较简单的设备，其协议栈可以选择 ITU-T 建议 G.773 中的 A1 或 A2 协议栈，前者是面向连接方式的，而后者是面向无连接方式工作的（局域网技术）。在 SDH 系统中，Qx 接口往往含有全部七层功能，其协议栈可以选择 ITU-T 建议 Q.811 和 Q.812 中的 CONS1、CLNS2 和 CLNS1。其中 CONS1 是 X.25 分组网接口，CLNS1 是使用局域网技术的无连接模式接口，而 CLNS2 是在 X.25 协议基础上使用互通协议的无连接模式接口。

（2）F 接口。F 接口对应 f 参考点，它可以将远端工作站经 DCN 连至 OS 或 MD。G 接口对应 g 参考点，而 X 接口对应 x 参考点。通常 X 接口对安全的要求要高于 Q 接口。

8.1.4 TMN 层次划分

TMN 的管理层模型依照 ITU-T M.3010 划分为：网元层（NEL）、网元管理层（EML）、网络管理层（NML）、业务管理层（SML）、事务管理层（BML）。如图 8.3 所示，显示了最高到业务管理层的 TMN 的管理层次划分。其中，NE 可为 SDH 设备，也可为 PDH 或交换机等任何可被管理的设备。

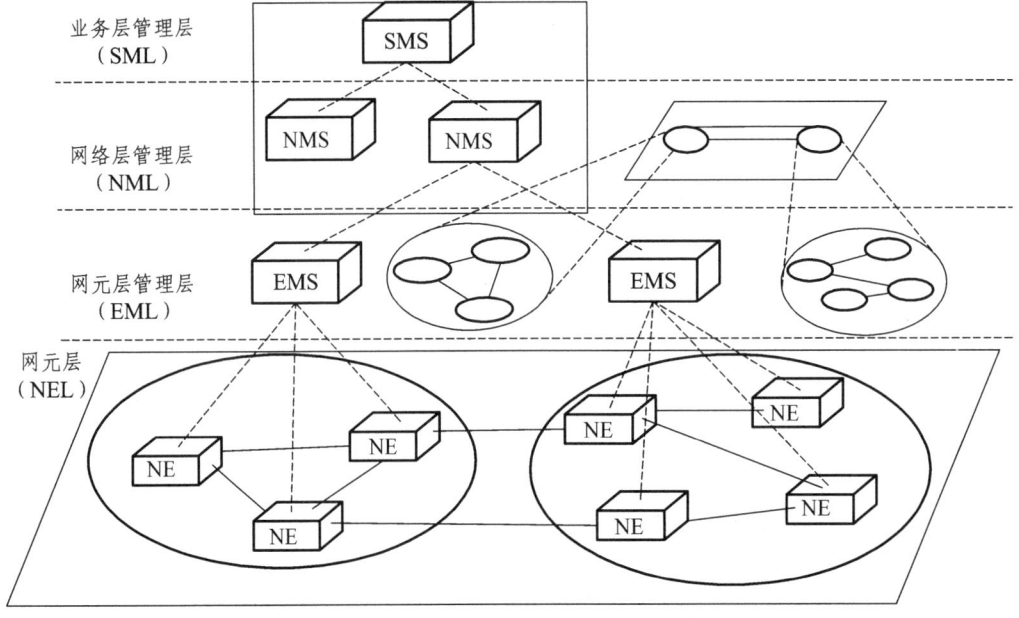

图 8.3 TMN 管理层次示意图

8.2 SDH 网络管理

8.2.1 SMN 与 TMN

SDH 管理网（SMN）实际就是管理 SDH 网络单元的 TMN 的子集。它可以细分为一系列的 SDH 管理子网（SMS），这些 SMS 由一系列分离的 ECC 及站内数据通信链路组成，并构成整个 TMN 的有机部分。具有智能的网络单元和采用嵌入的 ECC 是 SMN 的重要特点，这两者的结合使 TMN 信息的传送和响应时间大大缩短，而且可以将网管功能经 ECC 下载给网络单元，从而实现分布式管理。具有强大的、有效的网络管理能力是 SDH 的基本特点。

Unitrans ZXONM 网络管理系统可以是一个 SDH 管理子网（SMS），也可以是一个 SDH 管理网（SMN），它和电信管理网（TMN）的关系如图 8.4 所示，TMN 是最一般的管理网范畴，SMN 是其子集，专门负责管理 SDH NE，SMN 又是由多个 SMS 组成。由于 Unitrans ZXONM 网络管理系统是 TMN 的一部分，可以提供标准接口接受上层网管中心的管理。在 SDH 系统内传送网管消息通道的逻辑通道为 ECC，其物理通道应是 DCC，它是利用 SDH 再生段开销 RSOH 中 D1～

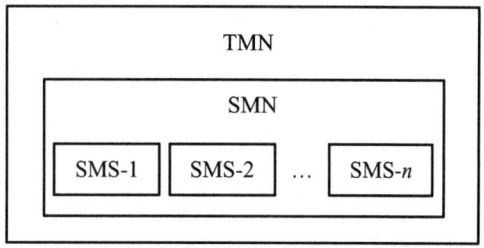

图 8.4 SMS、SMN、TMN 的关系图

D3 字节和复用段开销 MSOH 中 D4～D12 字节组成的 192 kbps 和 576 kbps 通道，分别称为 DCC（R）和 DCC（M），前者可以接入中继站和端站，后者是端站间网管信息的快车道。与 SDH 管理网有关的操作运行接口为 Qx 接口和 F 接口。SMS 将通过 Qx 接口与 TMN 通信。

8.2.2 SDH 管理的分层结构

SDH 网络管理可以划分为 5 层：从下至上为网元层（NEL）、网元管理层（EML）、网络管理层（NML，又称网络控制层）、业务管理层（SML）和商务管理层，如图 8.5 所示。

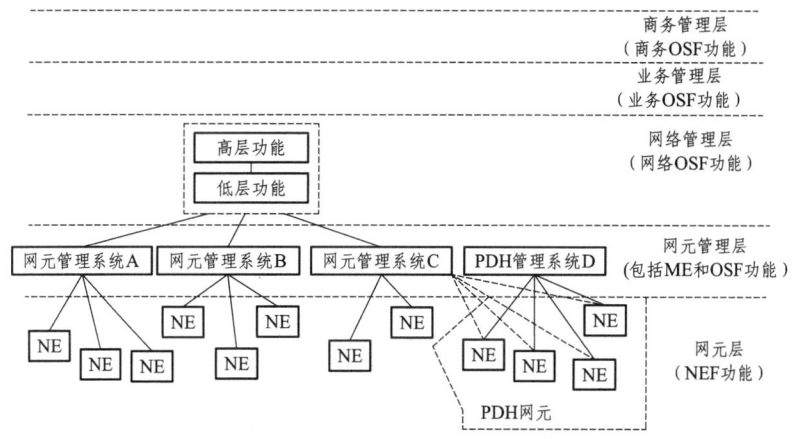

图 8.5 SDH 管理网的分层结构

1. 网元层（NEL）

网元本身也具有一些管理功能。对待定的管理区域，把单元管理者设置在一个网元内可带来一定的灵活性。网络单元的基本功能应包含单个的配置、故障、性能等管理功能。在某些情况下可以实现分布式管理。此时单个单元具有很强的管理功能。这种实现就网络响应各种事件的速度来说具有很大的好处，尤其是为保护倒换目的而进行的通路恢复情况更是如此。

另一种选择是给网元以很弱的功能，将大部分管理功能集中在网元管理层上。

2. 网元管理层（EML）

网元管理层应提供诸如配置管理、故障管理、性能管理、安全管理等功能，还应提供一些附加的管理软件包以支持进行资源及维护分析功能。通常的做法是在某些操作系统（如工作站）上开发一系列软件（包括界面显示）来完成该层的功能，这套装置习惯上称之为网元管理系统或网元管理器（EM）。有些情况下，又可利用子网级管理系统管理多个 EM，以便在更大的范围内实现网元管理层的功能。

3. 网络管理层（NML）

网络管理层负责对所辖管理区域进行监视和控制，应具备 TMN 所要求的主要管理应用功能，完成对若干个网元管理系统（EM）或子网级管理系统的管理和集中监控。

在部署 NML 的初期阶段，要求 NML 能同来自一定范围的不同厂家的网元管理系统通信。这些网元管理系统可包含通过协调设备提供监视现存准同步设备（PDH）的系统。

4. 业务管理层（SML）

只关心合同方面，在提供和中止服务、计费、服务质量、故障报告方面提供与用户的基本联系点，与服务提供者交互，与 NML 交互，与 BML 交互，保护统计数据。

5. 商务管理层（BML）

负责总的计划和运营者之间达成的协议。本标准暂不涉及业务管理层和商务管理层。

8.2.3 SMN 系统功能

ITU-T 规定了网管系统的五大功能：配置管理（configuration management）、故障管理（fault management）、性能管理（performance management）、安全管理（security management）、计费管理（accounting management）。

1. 配置管理

对传输网络的资源和业务配置，包括网络数据的配置，设备数据的配置，链路通道的配置，保护倒换功能的配置，同步时钟源分配策略的配置，公务设备的配置，线路接口参数的配置，支路接口的配置，网元时间的配置，配置信息的查询、备份、恢复，通路资源的查询和统计等。

2. 故障管理

对设备的故障进行检测、分析和定位，包括告警级别的设置，告警实时显示，告警确认、屏蔽、过滤、反转、声音的设置，当前历史告警的查询，告警定位，告警统计分析等。

3. 性能管理

对设备的各种性能进行有效检测和分析，包括设置性能门限，当前和历史性能数据查询，性能数据分析等。

4. 安全管理

对设备的维护提供安全保证，包括设置用户的级别、操作权限和管理区域，对用户登录进行管理，对用户的操作进行日志管理等。

5. 计费管理

提供与计费有关的基础信息，包括电路建立时间、持续时间、服务质量等。有时也将维护管理作为一个功能模块单独列出来。维护管理用于对设备的正常运行和问题定位提供手段，包括环回控制、告警插入、误码插入等。

8.3 城域网概述

近年来，随着 IP 和 Ethernet 等数据业务的迅猛发展，从提供 Internet 接入基于 IP 的虚拟专用网络、IP 电话、多媒体应用、电子商务等服务都要求有一个覆盖范围广、高速带宽、便捷服务的数据网络。同时，由于城市具有经济发达、人口密集、覆盖地域紧凑、信息交流旺盛等特点，导致信息化建设飞速发展，种种原因使得对城域网的要求越来越高。

城域网通常被认为是具有统一协议的、连接政府机关、教育科研等企事业用户、公司以及家庭用户的宽带网络，主要提供数据业务和分组化的话音、图像、视频等多媒体应用的综合业务，覆盖城市及其郊区范围的本地公用网络。城域网以统计和分组技术为基础，网络层次结构清晰，所用产品和技术商用化程度高、扩展性好，用户和业务管理手段灵活方便、可靠性强。

城域网具有容量速率宽带化、信息传输高效化、接入手段多样化、内容获取本地化、用户访问个性化、业务提供特色化、新业务推出快速化、扩容延伸灵活化、升级发展预见化的特点。

8.3.1 城域网的分类方式

城域网包括纵向和横向两种分类方式。

1. 纵向分类

纵向分类包括接入层、汇聚层和核心层。

（1）接入层：主要完成各种类型用户的接入，如路由器、LAN 等。

（2）汇聚层：负责汇集分散的接入点，完成数据复用、数据传送、数据交换功能，提供流量控制和用户管理功能，如 MSTP、OADM 等。

（3）核心层：完成整个网络高速信息交互，实现和骨干网络的互联，主要包括城域 OADM 设备。

城域网的基本结构如图 8.6 所示。

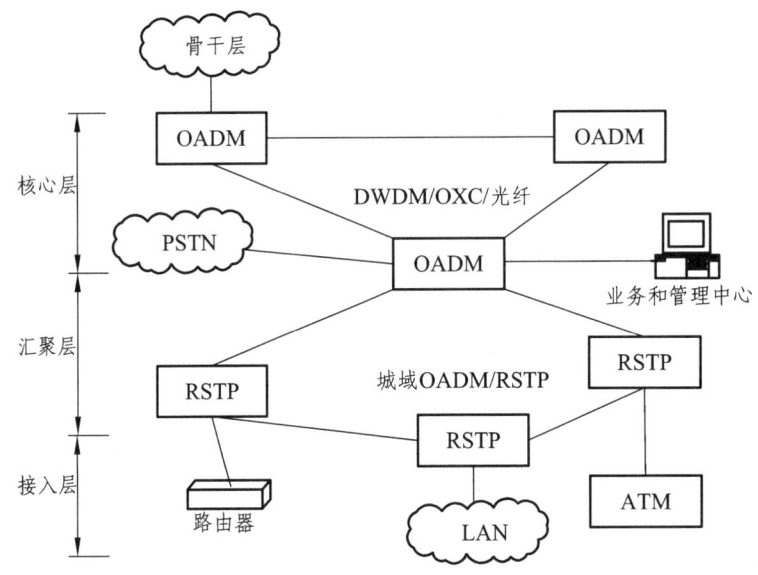

图 8.6 城域网基本结构

在网络建设初期，根据网络规模，将汇聚层与核心层合并，形成汇聚层和接入层两个层次结构。

2. 横向分类

横向分类包括业务层和传送层。

（1）业务层。

实现窄带话音、Internet 业务、远程计算及事务处理、电子商务、会议电视、可视电话、多媒体综合信息服务、计算机远程通信与控制、线路租赁等多种业务，主要由各类 ATM 及 IP 设备构成。

（2）传送层。

承载业务层各类业务的城域光网络，为各类业务提供高效、大容量、低成本的统一传送平台，主要由 DWDM 和 SDH 设备构成。

城域光网络作为用户和骨干网之间的桥梁，按照纵向分层划分，各分层具有不同的特点。

8.3.2 城域光网络核心层的特点

（1）强大的业务接入容量。

随着城域网业务的不断发展，对带宽的需求也呈指数型增长，所有这些都需要大容量的城域光网络来保证，因此，核心层系统的初期建设容量至少要达到 10 G，并具备继续升级的能力。

（2）多业务汇聚和透明传输能力。

由于城域光网络必须能够承载传统的窄带话音业务以及各种速率等级、格式的数据业务，因此，为充分利用现有的网络资源，一方面要求核心层能有效地完成对各种低速业务的汇聚，将各种不同速率、不同协议和多种业务封装进单一波长中，节省波长资源，使网络建设更经济；另一方面要求核心层可对承载的业务以原模式进行传送，避免由于转换协议或帧格式匹配引入额外的开销，以充分利用带宽资源。

（3）高可靠性的设备和超强的网络保护能力。

网络的安全可靠是业务传输正常的根本保障。不但要求在设备级提供多种硬件的冗余保护措施，在网络级也要求能够实现各种等级的通道级与复用段级的保护。

（4）具备较低的组网成本。

8.3.3 城域网光网络汇聚层的特点

（1）带宽的动态分配。

城域光网络承载业务的多样性决定该网络必须能够根据不同的用户需求灵活分配带宽，在网络管理层实现端到端的业务配置，对不同的业务等级提供不同的带宽。

（2）ATM、IP 等数据业务的带宽收敛。

业务流量的突发性是数据业务的主要特征之一，通常情况下各数据端口都不会达到满容量，汇聚层的带宽收敛功能可有效地利用传输带宽，起到与带宽动态分配相辅相成的作用。

（3）强大的虚拟数据网（VDN）。

利用汇聚层传输设备扩展的数据业务处理功能，可以在原有传输网络的基础上迅速提供大量的虚拟数据网（VDN），同一传输网络中的虚拟局域网其用户业务相互隔离，提高了数据的安全性。在虚拟数据网中，传输设备不但演变为虚拟网桥和虚拟路由器，还可以实现诸如 VP-RING、VLAN、L2 层交换等数据网络层的功能。虚拟数据网的出现起到对现有数据网络的延伸作用。

（4）分等级的业务保护能力。

除通常的网络保护与恢复功能外，汇聚层还可针对不同业务等级提供不同的保护方案，提高网络的运行效率。

（5）较低的组网成本。

8.3.4　城域网光网络接入层的特点

（1）丰富的接口。

接入层传输设备提供的 SDH、PDH、FE 以及低速率的数据音频等接口直接满足不同用户的需求。

（2）较低的组网成本，良好的扩展能力和环境适应能力。

（3）灵活的组网和保护功能。

本章小结

随着计算机技术及电信交换技术的发展，实现了网络管理的自动化。网络管理工作中的监测、控制和管理都可以由计算机来完成对网络资源进行合理的分配和控制，从而满足电信运营商及用户的要求。网络管理包括检测、控制和管理三大功能。

监测是对网络运行状态及网络中的业务性能进行实时监控，收集和分析网络运行性能的数据，对数据进行加工处理，并能及时发出警告信号；控制功能是根据检测得到的网络运行数据对网络运行状态进行动态调整；管理则是对网络运行数据的统计分析，并根据分析结果对网络进行规划配置。

本章主要介绍了电信管理网的框架和物理结构，以及 TMN 的接口和层次划分。通过本章的学习，要求重点掌握 SDH 网络管理的分层结构和系统功能，了解城域网的划分和每个层次的特点。

习　题

一、简答题

1. 简述 TMN 的定义与电信网的关系。
2. 试画出实用的 SMN 分层结构图，并说明各层的作用。
3. SDH 网络管理主要有哪些功能？
4. SDH 在网络单元中主要有哪些操作运行接口？简述各接口的作用。

第 9 章 传输网的日常操作维护

9.1 光传输网的维护

9.1.1 机房环境

通信设备是精密电子设备，只有在具备适当的温度、湿度以及良好的防尘、防静电、防水的环境下，才能长期稳定地工作。这就要求在放置传输设备的通信机房里，不但应装备保持机房温度和湿度的设备，如空调、加湿器等，还应具有合理的防尘、防水和防静电设施以及可靠的接地设施。

根据《铁通公司标准化机房及标准化线路区段的标准及要求》，有人值守的一类、二类机房温度要求为：23 ℃±5 ℃，相对湿度范围为：30%～70%；有人值守的三类机房温度要求为：25 ℃±5 ℃，相对湿度范围为：30%～80%；无人值守机房温度要求为：15 ℃～35 ℃，相对湿度范围为：20%～80%。各类机房必须配备温、湿度表，以随时监测机房的温、湿度状况。

设备正常工作时，要求保持风扇正常运转。擅自关闭风扇会引起设备温度升高，导致设备工作异常，并可能因此损坏单板。不要在设备子架上通风口处放置杂物，还应每月定时清理风扇的防尘网。

直流配电系统应具有断电保护措施，通常应配置蓄电池。为了防止长时间停电，还应配置柴油发电机作为交流电的备用电源。

9.1.2 运行环境与设备指示检查

维护人员应定时巡视机房，进行运行环境与设备指示的检查。

有人值守机房需每天定时查看温度、湿度表及空调运行状态，确保空调运行正常，温、湿度达标。

将手放于子架通风口处，检查风量，同时检查设备温度。如果温度高且风量小，应从以下几方面找原因：

（1）子架的上隔板上是否放置了影响设备通风的杂物，如果有杂物应该清除。
（2）防尘网上是否积灰过多，需清洗防尘网。

（3）是否风机盒本身问题，应该更换风机盒。

（4）是否风机盒到工作子架的电源接口接触不好，导致到风机盒馈电中断，应该检查电源插座是否有电压输出，若没有电压的话可能需要更换子架。

维护人员需熟悉各种设备指示灯所代表的不同意义，每天定时查看告警指示灯状态，据此来初步判断设备是否正常工作。

首先从整体上观察设备是否有告警，可通过观察机柜的告警指示灯来获得。再进一步查看具体单板的告警指示灯状态，确定告警来源。与设备正常运行时的状态作对比，发现异常情况及时通知网管中心的维护人员。

在日常维护中，设备的告警声通常比其他告警更容易引起维护人员的注意，因此在日常维护中应保持该告警来源的通畅。定期检查设备告警声音开关，正常情况应置于打开状态。如果告警外接到集中告警设备，则定期检查集中告警设备上的开关及接线是否正常。

当听到设备告警声时，应查看设备告警指示灯，进一步查找告警原因。

9.1.3 风扇检查和定期清洗

良好的散热是保证设备长期正常运行的关键，在机房的环境不能满足清洁度要求时，防尘网很容易堵塞，造成通风不良，严重时甚至可能损坏设备。因此需要定期检查风机盒的运行情况和设备的通风情况。

（1）保证风机盒时刻处于运转状态。

（2）确保各小风扇运转正常。

（3）定期清理防尘网，至少每月1次。

风机盒的防尘网带有把手，可以抽出。防尘网抽出后可以拿到室外用水冲洗干净，然后用干抹布擦净，并在通风处吹干。清理工作完成后，应将防尘网插回原位置，沿子架下部的滑入导槽将防尘网调整好位置轻轻地推入，不可强行推入。

9.1.4 网管告警和性能查询

网管是例行维护的一个重要工具。为保证设备的安全可靠运行，网管站的维护人员应每天定时通过网管对设备进行检查。网管的例行维护项目主要包括告警检查、性能事件检查、网管数据库的维护和网管计算机本身的维护等几方面。

9.1.5 网管数据库备份

网管数据库应定期进行备份，防止因计算机硬/软件故障、病毒破坏、人为错误操作等原因造成数据损坏或丢失。

在系统升级、大量数据修改等危险操作前后，必须进行数据库备份，保证万一操作失败能及时恢复原状。

作网管数据库定期备份时，除了将数据存放在网管计算机硬盘上外，还应拷贝到软盘、移动硬盘或磁带进行脱机保存。

9.1.6 台账和标签整理

台账内容应对设备及电路的资源情况、运用情况、具体位置、径路走向、设备间连接情况及与室外接口关系表述清楚，并可从任一元素均能查出与其有关的其他信息，便于快速查找和进行台账的维护管理。

传输台账应包括设备台账、电路台账、设备端口台账、光纤台账、DDF架台账和ODF架台账等。

台账的管理应有专人负责，定期核对，及时更新，台账摆放整齐、目录清楚，便于使用。

设备标签标识应标明设备名称、总排序号、列号、行号、端子排号及端子号。标识字体清晰，位置显著。

9.2 注意事项与基本操作

1. 尾纤的清洁与更换

光纤通信特别是波分系统对尾纤活接头的清结程度有较高要求，尾纤活接头端面不清洁会造成系统接收端光功率下降或发射端回光反射增强，引发误码、帧失步、丢帧、光信号丢失、业务中断等故障。当发现局内跳纤有问题时，必须进行清洁或更换。

2. 单板的复位

有时候由于外界因素（如温度、湿度、瞬间供电异常、强烈的电磁干扰等）的影响，或设备自身原因（如硬件/软件设计缺陷等），致使设备某些单板进入异常工作状态。此时的故障现象，如出现异常告警且无法用常规办法排除、业务中断、ECC通信中断等。在这种情况下，往往需要复位单板，使单板重新进入正常工作状况。在怀疑单板已坏的时候，往往也通过复位单板后进行观察，证实单板是否真坏。

单板复位分为软复位和硬复位两种，其区别在于：软复位不重新初始化相关芯片的数据，而硬复位则重新初始化相关芯片的数据。

复位单板是危险操作，会影响单板与控制板之间的通信，甚至导致业务中断。因此在复位单板时必须非常谨慎。

可以通过网管命令对单板进行软复位和硬复位。在机房中，可以通过拔插单板进行单板硬复位；对于控制板，通常其面板上有复位按钮，可以通过按复位按钮来进行硬复位。

拔插单板时，应先完全拧松单板面板上的固定螺钉和松开面板上、下两端的扳手的固定卡套，然后同时向外扳动面板上下扳手，使单板插头脱离母板插座，将单板拔出一段距离，单板掉电。此时单板停留在导槽上，不必将单板完全拔出。等待数分钟后，再抓住面板上下扳手，使扳手保持水平，将单板沿上下导槽轻轻推入至本槽位底部，并且使面板上下扳手末端插入机架的上下边沿。注意确保单板插针正好对准母板插座，然后再稍用力将面板上下扳手向里扣，使新单板插头完全插入母板插座，单板重新上电。插入时当感觉到单板插入有阻碍时严禁强行插入，应调整单板位置后再进行尝试。拔插复位单板时可以不用拔掉单板上的纤缆。

对经过拔插复位后的单板进行观察，如果其重新进入正常工作状态，则旋紧单板固定螺钉，整理好纤缆；否则进行换板处理。

3. 单板的更换

当经过分析和拔插复位试验，证实单板已坏时，须作更换处理。

更换单板前，首先要通过比较面板上的条码，确认将要插上的单板和拔下的单板是否同一种具体型号，硬件版本是否相同。还要了解它们的软件版本是否相同，不同的软件版本可能互不兼容，软件版本可通过网管查询和进行升/降级。

注意彩色光板和光波长转换板具有多种具体型号，对应不同的输出光信号波长，不同波长的单板不能互换。更换彩色光板和光波长转换板时须认真观察面板上的条码，确认波长一致。

更换单板时，首先在原单板的纤缆上作好标签。然后拔掉原单板上的纤缆，将尾纤套上保护帽，防止弄脏。再完全拧松原单板面板上的固定螺钉和松开面板上、下两端扳手的固定卡套，然后同时向外扳动面板上下扳手，使单板插头脱离母板插座，将单板沿上下导槽完全拔出。接着抓住新单板面板上下扳手，使扳手保持水平，将新单板沿上下导槽轻轻推入至本槽位底部，并且使面板上下扳手末端插入机架的上下边沿。注意确保新单板插针正好对准母板插座，然后再稍用力将面板上下扳手向里扣，使新单板插头完全插入母板插座，单板上电。插入时当感觉到单板插入有阻碍时严禁强行插入，应调整单板位置后再进行尝试。最后依据标签将原纤缆插入新单板。

对更换后的新单板进行观察，如果其能进入正常工作状态，则旋紧单板固定螺钉，整理好纤缆。

更换单板时要小心插拔，严格遵循插拔单板的操作步骤。不规范的操作将会导致母板上的插针歪斜或折断，严重时会引起插针相互搭接形成电气短路，造成设备故障，甚至整个网络系统故障。届时，需要关闭子架电源来修理母板。

4. 单板光口的自环

若怀疑群/支路板故障，可以将该板收口与发口自环起来观察，检验是否单板坏。

光板未用的光口一定要用防尘帽盖住。这样既可以预防维护人员无意中直视光口损伤眼睛，又能避免灰尘进入光口。

5. 收发光功率的测试

发送光功率测试：将光功率计设置在被测波长上，选择连接本站单板 OUT 接口的尾纤，将此尾纤的另一端连接光功率计的测试输入口，待接收光功率稳定后，读出光功率值，即为该光板的发送光功率。

接收光功率测试：将光功率计设置在被测波长上，选择连接本站单板 IN 光口的尾纤，信号源可能来自对端站或本站其他单板，将此尾纤连接光功率计的测试输入口，待接收光功率稳定后，读出光功率值，即为该光板的实际接收光功率。发送光功率测试示意图如图 9.1 所示。

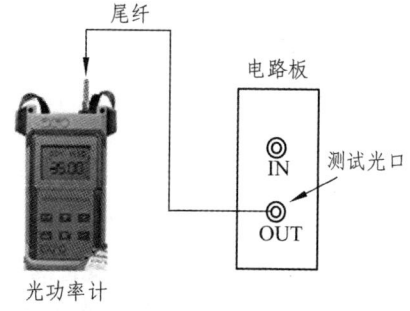

图 9.1 发送光功率测试示意图

6. 误码测试

误码测试时，以提供给用户的业务接入点为测试点，如 2 M、155 M 等接口。可选择在线或离线两种测试方式。

在线测试：先选定一条正在使用的业务通道（2 M、155 M），直接在该通道对应接口的测试接头上挂表测试误码。正常情况下应无误码。

离线测试：先选定一条业务通道（2 M、155 M），找到此业务通道在本站的 PDH/SDH 接口和在对端站的 PDH/SDH 接口，然后在对端站 PDH/SDH 接口作环回（例如在 DDF 架处的硬件自环），在本站相应的接口挂表测试误码。正常情况下应无误码。

7. 机械可调光衰减器

机械可调光衰减器用于调节光功率的大小，如图 9.2 所示。调节时使用带力矩控制的专用微型一字螺丝刀，插入调节孔中的凹槽旋转。顺时针旋转会使衰减值增大，输出光功率降低；逆时针旋转会使衰减值减小，输出光功率提高。光衰减器的灵敏度比较高，调节时须尽量缓慢。如果调节孔带保护帽，需将保护帽打开才能调节衰减值。

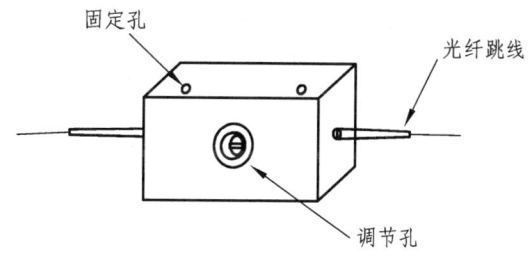

图 9.2 机械可调光衰减器结构简图

8. 网管维护与操作

网管是例行维护的一个重要工具。为保证设备的安全可靠运行，网管站的维护人员应每天通过网管对设备进行检查。网管的例行维护项目主要包括告警检查、性能事件检查、网管数据库的维护和网管计算机本身的维护等几方面。

本章小结

  ZXMP S320 光传输设备是通信网络的重要设施，其日常维护决定了数据信息传输的质量和安全、稳定性能，做好日常维护看似简单，但有着至关重要的作用，因此有必要加强日常维护工作。

  通信传输网日常维护的方针、原则要坚持预防为主的方针，做到线路设施正常、高效、安全、稳定运行，使线路和设备的性能保持正常状态，确保网络线路和传输设备的正常运转，预防出现各种故障，使设备能在清洁的状态下运行，延长其使用时间。

  本章主要介绍了传输网日常操作维护，包括机房环境、运行环境与设备指示检查、风扇检查和定期清洗、网管告警和性能查询、网管数据库备份、台账和标签整理等。通过本章的学习，要求学生了解机房维护制度、维护操作注意事项及设备与网管的例行维护操作。

习　题

一、简答题

1. 机房环境应注意哪些要求？
2. 设备维护操作应注意哪些问题？
3. 网管维护应注意哪些问题？
4. 网管日常操作维护包括哪些内容？

附录 A 英文缩略词

缩写	英文全称	中文名称
ADM	Add-Drop Multiplexer	分插复用器
AGENT		代理
AIS	Alarm Indication Signal	告警指示信号
ALS	Automatic Laser Shutdown	自动激光关闭
ANSI	American National Standards Institute	美国国家标准协会
ATM	Asynchronous Transfer Mode	异步转移模式
AU-n	Administrative Unit, level n	N 阶管理单元
AUG	Administrative Unit Group	管理单元组
BA	Booster (power) Amplifier	功率放大器
BBER	Background Block Error Ratio	背景误块比
BER	Bit Error Ratio	误比特率
C-n	Container-n	N 阶容器
DCC	Data Communications Channel	数据通信通路
DCN	Data Communication Network	数据通信网
DWDM	Dense Wavelength Division Multiplexing	密集波分复用
DXC	Digital Cross Connect	数字交叉连接
ECC	Embedded Control Channel	嵌入控制通路
EDFA	Erbium Doped Fiber Amplier	掺铒光纤放大器
EML	Element Management Layer	网元管理层
EMS	Equipment Management System	设备管理系统
ES	Error Second	误码秒
ETSI	European Telecommunication Standards Institute	欧洲电信标准协会
FAS	Frame Alignment Signal	帧定位信号
FEBBE	Far End Background Block Error	远端背景误码块
FEES	Far End Errored Second	远端误码秒
FESES	Far End Severely Errored Second	远端严重误码秒
GUI	Graphical User Interface	图形用户界面
IP	Internet Protocol	Internet 协议
ITU-T	International Telecommunication Union-Telecommunication Standardization Sector	国际电信联盟-电信标准部
LAN	Local Area Network	局域网
LAPD	Link Access Procedure On D-channel	通路链路接入规程

续表

缩写	英文全称	中文名称
LAPS	Link Access Procedure SDH	SDH链路接入规程
LCT	Local Craft Terminal	本地维护终端
LO	Lower Order	低阶
LOF	Loss of Frame	帧丢失
LOM	Loss of Multiframe	复帧丢失
LOP	Loss of Pointer	指针丢失
LOS	Loss of Signal	信号丢失
MCU	Manager Control Unit	管理控制单元
MD	Mediation Device	协调设备
MF	Mediation Function	协调功能
MM	Multi Mode	多模（光纤）
MS	Multiplex Section	复用段
MS-AIS	Multiplex Sections – Alarm Indication Signal	复用段告警指示信号
MSOH	Multiplex Section OverHead	复用段开销
MSP	Multiplex Section Protection	复用段保护
MS-PSC	Multiplex Sections – Protection Switching Count	复用段保护倒换计数
MS-PSD	Multiplex Sections – Protection Switching Duration	复用段保护倒换间隔
MS-SPRing	Multiplexer Section Shared Protection Ring	复用段共享保护环
MST	Multiplex Section Termination	复用段终端
MTIE	Maximum Time Interval Error	最大时间间隔误差
NML	Network Manager Layer	网络管理层
NMS	Network element Management System	网元管理系统
NNI	Network Node Interface	网络节点接口
OA	Optical Amplifier	光放大器
OAM	Operation，Administration and Maintenance	操作管理与维护
OOF	Out of Frame	帧失步
OSF	Operations System Function	操作系统功能
OSI	Open System Interconnect	开放系统互连
PCM	Pulse Code Modulation	脉冲编码调制
PDH	Plesiochronous Digital Hierarchy	准同步数字系列
PJE+	Pointer Justification Event：+	正指针调整事件
PJE−	Pointer Justification Event：−	负指针调整事件
PMD	Polarization Mode Dispersion	极化模式色散
POH	Path OverHead	通道开销
PPI	PDH Physical Interface	PDH物理接口
PS	Protection Switching	保护倒换

续表

缩写	英文全称	中文名称
PSE	Protection Switching Event	保护倒换事件
PTR	Pointer	指针
PVC	Permanent Virtual Circuit	永久虚电路
QA	Q Adaptor	Q 适配器
QAF	Q Adapor Funtion	Q 接口适配功能
RAM	Random Access Memory	随机存取存储器
RDI	Remote Defect Indication	远端缺陷指示
REI	Remote Error Indication	远端差错指示
RFI	Remote Failure Indication	远端失效指示
RI	Remote Information	远端信息
RS	Regenerator Section	再生段
RSOH	Regenerator Section OverHead	再生段开销
RST	Regenerator Section Termination	再生段终端
SDH	Synchronous Digital Hierarchy	同步数字体系
SEC	SDH Equipment Clock	SDH 设备时钟
SEMF	Synchronous Equipment Management Function	同步设备管理功能
SES	Severely Errored Second	严重误码秒
SESR	Severely Errored Second Ratio	严重误码秒比
SETS	Synchronous Equipment Timing Source	同步设备定时源
SM	Single Mode	单模（光纤）
SMN	SDH Management Network	SDH 管理网
SMS	SDH Management Sub-network	SDH 管理子网
SNC	Sub-Network Connection	子网连接
SNCP	Subnetwork Connection Protection	子网连接保护
SNMS	SubNetwork Management System	子网管理系统
SPRING	Shared Protection Ring	共享保护环
SSM	Synchronization Status Message	同步状态消息
STM-N	Synchronous Transport Module, level N (N = 1, 4, 16, 64)	N 阶同步传送模块（N = 1, 4, 16, 64）
TMN	Telecommunications Management Network	电信管理网
TS	Time Slot	时隙
TU-m	Tributary Unit, level m	m 阶支路单元
TUG-m	Tributary Unit Group, level m	m 阶支路单元组
UAS	Unavailable Second	不可用秒
UNEQ	Unequipped	未装备
UNI	User Network Interface	用户网络接口
VC	Virtual Container	虚容器
VC-n	Virtual Container, level n	n 阶虚容器
VLAN	Virtual Local Area Network	虚拟局域网
WAN	Wide Area Network	广域网
WDM	Wavelength Division Multiplexing	波分复用
WTR	Wait to Restore time	等待恢复时间

附录 B 时隙编号对照表

TUG-3	TUG-2	TU-12	时隙编号方式	线路编号方式
1	1	1	1	1
1	1	2	22	2
1	1	3	43	3
1	2	1	4	4
1	2	2	25	5
1	2	3	46	6
1	3	1	7	7
1	3	2	28	8
1	3	3	49	9
1	4	1	10	10
1	4	2	31	11
1	4	3	52	12
1	5	1	13	13
1	5	2	34	14
1	5	3	55	15
1	6	1	16	16
1	6	2	37	17
1	6	3	58	18
1	7	1	19	19
1	7	2	40	20
1	7	3	61	21
2	1	1	2	22
2	1	2	23	23
2	1	3	44	24
2	2	1	5	25
2	2	2	26	26
2	2	3	47	27
2	3	1	8	28
2	3	2	29	29
2	3	3	50	30

续表

TUG-3	TUG-2	TU-12	时隙编号方式	线路编号方式
2	4	1	11	31
2	4	2	32	32
2	4	3	53	33
2	5	1	14	34
2	5	2	35	35
2	5	3	56	36
2	6	1	17	37
2	6	2	38	38
2	6	3	59	39
2	7	1	20	40
2	7	2	41	41
2	7	3	62	42
3	1	1	3	43
3	1	2	24	44
3	1	3	45	45
3	2	1	6	46
3	2	2	27	47
3	2	3	48	48
3	3	1	9	49
3	3	2	30	50
3	3	3	51	51
3	4	1	12	52
3	4	2	33	53
3	4	3	54	54
3	5	1	15	55
3	5	2	36	56
3	5	3	57	57
3	6	1	18	58
3	6	2	39	59
3	6	3	60	60
3	7	1	21	61
3	7	2	42	62
3	7	3	63	63

参考文献

[1] 肖萍萍,吴健学等. SDH 原理与技术[M]. 北京:北京邮电大学出版社,2002.

[2] 李方健,周鑫. SDH 光传输设备开局与维护[M]. 北京:科学出版社,2011.

[3] 何淑贞,王晓梅. 光通信技术的新飞跃[J]. 电子科技,2004(5).

[4] 胡辽林,刘增基. 光纤通信的发展现状和若干关键技术[J]. 电子科技,2004(2).

[5] 桂厚义. 光纤通信技术的现状与发展趋势[J]. 江西通信科技,2004(1).

[6] 曹若云. 光传输技术与实训[M]. 北京:化学工业出版社,2010.

[7] 韦乐平,李英灏. SDH 及其新应用[M]. 北京:人民邮电出版社,2001.

[8] 信息产业部. YD/T 1061—2000 同步数字体系(SDH)上传送 IP 的 LAPS 技术要求[S]. 中华人民共和国通信行业标准. 北京:中国标准出版社,2001.

[9] 信息产业部. YD/T 1179—2002 在同步数字体系(SDH)上传送以太网帧的技术规范[S]. 中华人民共和国通信行业标准. 北京:中国标准出版社,2002.

[10] 信息产业部. YD/T 1443—2006 通用成帧规程[S]. 中华人民共和国通信行业标准. 北京:中国标准出版社,2006.

[11] 何召舜. 浅论光纤通信技术的特点和发展趋势[J]. 中小企业管理与科技,2010(7).

[12] 刘玉梅. 浅谈我国光纤通信的发展现状及前景[J]. 河南化工,2010(6).